国家级职业教育规划教材
人力资源和社会保障部职业能力建设司推荐
全国高等职业技术院校食品类专业教材

食品微生物基础与检验技术

郭　永　主编
杨玉红　主审

中国劳动社会保障出版社

图书在版编目(CIP)数据

食品微生物基础与检验技术/郭永主编. —北京：中国劳动社会保障出版社，2012
全国高等职业技术院校食品类专业教材
ISBN 978-7-5045-9970-4

Ⅰ. ①食… Ⅱ. ①郭… Ⅲ. ①食品微生物-高等职业教育-教材②食品微生物-食品检验-高等职业教育-教材 Ⅳ. ①TS201.3②TS207.4

中国版本图书馆 CIP 数据核字(2012)第 227448 号

中国劳动社会保障出版社出版发行
（北京市惠新东街 1 号 邮政编码：100029）
出 版 人：张梦欣
*
三河市潮河印业有限公司印刷装订 新华书店经销
787 毫米×1092 毫米 16 开本 15.75 印张 334 千字
2012 年 11 月第 1 版 2021 年 6 月第 4 次印刷
定价：29.00 元

读者服务部电话：（010）64929211/84209101/64921644
营销中心电话：（010）64962347
出版社网址：http://www.class.com.cn
http://jg.class.com.cn

前 言

随着我国食品工业的迅速发展，食品行业、企业对从业人员的知识结构和技能水平提出了更高的要求。为了更好地满足企业的用人需要，促进高等职业技术院校食品类专业教学工作的开展，加快高技能人才培养，我们组织有关院校的骨干教师和行业、企业专家，对专业培养目标、课程设置、教学模式进行了深入研究，开发了全国高等职业技术院校食品类专业教材。

本次开发的教材包括《食品生物化学》《食品微生物基础与检验技术》《食品分析与检验》《食品营养学》《食品质量管理与安全控制》《食品加工机械与设备》《水产品加工技术》《乳制品加工技术》《果蔬加工技术》《粮油食品加工技术》和《肉制品加工技术》。

本次教材开发工作的重点有以下几个方面：

第一，坚持高技能人才的培养方向，突出教材的职业特色。以职业能力为本位，从职业（岗位）分析入手，根据高等职业技术院校食品类专业毕业生所从事职业的实际需要，科学确定学生应具备的知识和能力结构。特别注重加强教材中的实验、实训环节，以提高学生的实际操作能力，为从业打好基础。

第二，体现食品行业发展趋势，突出教材的先进性。根据食品行业的发展现状，尽可能多地在教材中体现本行业的新理念、新知识、新技术和新设备，并严格执行国家有关技术标准，使教材具有鲜明的时代特征。

第三，创新编写模式，突出教材的适用性。按照学生的认知规律，合理安排教材内容，部分加工类课程以项目方式设计教学情境，以真实工作任务为项目载体，使教材更加易教、易学。在编写过程中，注重利用图表、实物照片辅助讲解知识点和技能点，激发学生的学习兴趣。

本套教材的编写得到了有关省市人力资源和社会保障厅（局）以及一批高等职业技术院校的大力支持，教材的编审人员做了大量的工作，在此表示衷心的感谢。同时，恳切希望广大读者对教材提出宝贵的意见和建议，以便修订时加以完善。

人力资源和社会保障部教材办公室

2012 年 10 月

简　介

本书为国家级职业教育规划教材，由人力资源和社会保障部职业能力建设司推荐。

本书主要内容包括：微生物主要类群的形态与结构、微生物的生理、微生物常规实验技术、微生物在食品生产中的应用、污染食品的主要致病微生物及其预防、食品腐败变质及控制、食品生产中微生物污染与安全管理、食品微生物安全检验技术等。本书在相应章节还安排了适量的实训。

本书为全国高等职业技术院校食品类专业教材，也可供相关企业人员参考。

本书由黄河水利职业技术学院郭永任主编，鹤壁职业技术学院杨玉红教授任主审。参编人员有黄河水利职业技术学院申森、张品品，山东药品食品职业学院孙丽萍，中州大学冯冲，沈阳德式冷饮食品有限公司王国明，南通出入境检验检疫局刘文斌。

目 录

绪　论

学习目标

1. 掌握微生物的概念及其生物学特点。
2. 了解微生物学发展简史。
3. 明确食品微生物学的研究内容。

一、微生物的概念及其在生物分类中的地位

微生物（microorganism，microbe）一词并非生物分类学上的专门名词，而是指一类不借助显微镜，用肉眼看不见或者看不清楚的个体微小、结构简单、数量庞大、类型极其多样的微小生物类群的统称。

在生物学发展的历史上，曾把所有的生物分为动物界和植物界两大类。而微生物不仅形体微小、结构简单，而且它们中间有些类型像动物，有些类型像植物，还有些类型既具有动物的某些特征，又具有植物的某些特征，因而归于动物或植物都不恰当。于是，1866 年海克尔（Haeckel）提出区别动物界与植物界的第三界——原生生物界，它包括藻类、原生动物、真菌和细菌。

由于科学的发展，新技术和研究方法的应用，尤其是电子显微镜和超显微结构研究技术的应用，人们发现生物的细胞核有两种类型，一种是没有真正的核结构，称为原核，其细胞不具核膜，只有一团裸露的核物质；另一种是由核膜、核仁及染色体组成的真正的核结构，称为真核。动物界、植物界及原生生物界中的大部分藻类、原生动物和真菌是真核生物，而细菌、蓝细菌等则是原核生物。真核生物和原核生物不仅细胞核的结构不同，而且其性状也有差别。根据核结构的不同，1969 年魏特克（Whittaker）提出五界系统，即动物界、植物界、原生生物界、真菌界和原核生物界，五界系统的生物都有细胞结构。病毒作为一界被提出的较晚，我国学者于 1979 年提出将无细胞结构病毒立为病毒界，从而建立了六界系统。

因此，一般来说，微生物包括原核微生物、真核微生物以及没有细胞而只有蛋白质外壳包围着的遗传物质，且不能独立生活的病毒。其中原核微生物包括单细胞原核的细菌、放线菌等；真核微生物包括真核的原生动物、某些藻类和真菌。而真菌少数是单细胞，多数具有分支的丝状体，包括单细胞的酵母菌、单细胞或多细胞的霉菌以及能够产生肉眼可见且可以食用的子实体的食用菌（又称蕈菌）。微生物种类、大小和细胞特征见表 0—1。

表 0—1　　微生物种类、大小和细胞特征

微生物	大小近似值	细胞特征
病毒	0.01～0.25 μm	非细胞
细菌	0.1～10 μm	原核生物
真菌	2 μm～1 m	真核生物
原生动物	2～1 000 μm	真核生物
藻类	1 μm～几米	真核生物

二、微生物的生物学特点

微生物和动、植物一样具有生物最基本的特征，如新陈代谢、有生命周期等，同时还有其自身的特点。

1. 种类繁多，分布广泛

微生物在自然界是一个十分庞杂的生物类群。迄今为止，人们所知道的微生物约有10万种以上。它们具有各种生活方式和营养类型，其中大多数是以有机物为营养物质的，还有些是寄生类型。微生物的生理代谢类型之多，是动、植物所不及的。微生物有着多种产能方式，如细菌光合作用、自养细菌的化能合成作用、各种厌氧产能途径；生物固氮作用；合成各种复杂有机物——次生代谢产物的能力；对复杂有机物分子的生物转化能力；分解氰、酚、多氯联苯等有毒物质的能力等。不同微生物可以产生不同的代谢产物，如抗生素、酶类、氨基酸及有机酸等。此外，自然界的物质循环也是由各种微生物参与才得以完成的。

微生物在自然界的分布极为广泛，植物体表和体内、正常人体及动物体中都有微生物的存在，可以这样说，凡是有高等生物存在的地方就有微生物存在。而即使在极端的环境条件，如高山、深海、冰川、沙漠等高等生物不能存在的地方，也有微生物存在。

2. 代谢活力强，繁殖快

微生物体积虽小，但有极大的表面积与体积的比值，因而微生物能与环境之间迅速进行物质交换，吸收营养和排泄废物，而且有最大的代谢速率。从单位质量来看，微生物的代谢强度比高等生物大几千倍到几万倍，例如，发酵乳糖的细菌在 1 h 内可分解其自身质量 1 000～10 000 倍的乳糖。微生物的这个特性为它们的高速生长繁殖和产生大量代谢产物提供了充分的物质基础，从而使微生物有可能更好地发挥“活的化工厂”的作用。人类对微生物的利用主要体现在它们的生物化学转化能力方面。

微生物繁殖速度快，易培养，是其他生物所不能比的。如大肠杆菌细胞在合适的生存条件下，每分裂一次的时间是 12.5～20.0 min，如果按 20 min 分裂一次计算，则每小时分裂 3 次，每昼夜可分裂 72 次，后代数为 4 722 366 500 万亿个（质量约为 4 722 t），48 h为 2.2×10^{43}个（约等于 4 000 个地球的质量）。但事实上，由于种种客观条件的限制，细菌的指数分裂速度只能维持数小时，因而在液体培养中，细菌的浓度一般仅能达到每毫升 10^8～10^9个。微生物的这一特性在发酵工业上具有重要的实践意义，主要体现在它的生产效率高、发酵周期短上。而且大多数微生物都能在常温、常压下，利用简单

的营养物质生长，并在生长过程中积累代谢产物，不受季节限制，可因地制宜，就地取材，这就为开发微生物资源提供了有利的条件。

3．适应性强，容易变异

微生物有极其灵活的适应性，这是高等动、植物所无法比拟的。其原因主要是因为其体积小和面积大，即比表面积大。为了适应多变的环境条件，微生物在其长期的进化过程中就产生了许多灵活的代谢调控机制，并有种类很多的诱导酶（可占细胞蛋白质含量的10%）。

微生物的个体一般都是单细胞、简单多细胞或非细胞的。它们通常都是单倍体，加上它们具有繁殖快、数量多和与外界直接接触等原因，即使其变异频率十分低（一般为10^{-10}～10^{-5}），也足以在短时间内产生大量变异后代。最常见的变异形式是基因突变，它可以涉及任何形状，如形态构造、代谢途径、生理类型以及代谢产物的质或量的变异等。人们利用微生物易变异的特点进行菌种选育，可以在短时间内获得优良菌种，提高产品质量，这在工业上已有许多成功的例子。但若保存不当，菌种的优良特性也很容易发生退化，因此，这种易变异的特点又是微生物应用中不可忽视的。

三、微生物学发展简史

1．微生物学的经验时期

古代人类虽未观察到微生物，但在工农业生产及疾病防治中积累了很多利用有益微生物和防治有害微生物的经验。公元前2000多年的夏禹时代就有仪狄酿酒的记载，北魏（公元386—534年）《齐民要术》一书中详细记载了制醋的方法。长期以来，民间常用的盐腌、糖渍、烟熏、风干等保存食物的方法实际上正是通过抑制微生物的生长而防止食物的腐烂变质。

2．实验微生物学时期

首先观察到微生物的是荷兰人列文虎克（Antory Van Leeuwenhoek，1632—1723）。他于1676年用自磨镜片制造了世界上第一架显微镜（可放大50～300倍），并从雨水、池塘水等标本中第一次观察和描述了各种形态的微生物，为微生物的存在提供了有力证据，也为微生物形态学的建立奠定了基础。

19世纪60年代，由于在欧洲一些国家占重要经济地位的酿酒工业及蚕丝业发生酒类变质和蚕病危害等，促进了人们对微生物的研究。法国科学家巴斯德（Louis Pasteur，1822—1895）首先通过实验证明有机物质的发酵与腐败是由微生物所引起的，而酒类变质是因污染了杂菌，从而推翻了当时盛行的自然发生说。巴斯德的研究开创了微生物的生理学时代，人们认识到不同微生物间不仅有形态学上的差异，在生理学特性上也有所不同，进一步肯定了微生物在自然界中所起的重要作用。从此，微生物开始成为一门独立学科。

巴斯德开创使用的通过加热处理以防止酒类变质的消毒法就是至今仍沿用于酒类和乳类的巴氏消毒法。在巴斯德的影响下，英国外科医生李斯德（Joseph Lister，1827—1912）开创使用石炭酸喷洒手术室和煮沸手术用具，为防腐、消毒以及无菌操作打下了基础。

微生物学的另一奠基人是德国学者柯赫（Robert Koch，1843—1910）。他开创使用固体培养基，可将细菌从环境或病人排泄物等标本中分离成单一菌落，以便于对各种细菌分别进行研究。同时又开创使用了染色方法和实验性动物感染，为发现各种传染病的病原体提供了有利条件。在19世纪的最后20年中，大多数细菌性传染病的病原体由柯赫和在他带动下的一大批学者发现并分离培养成功。

俄国学者伊凡诺夫斯基于1892年发现了第一种病毒即烟草花叶病毒。1897年莱夫勒（Loeffler）和弗罗施（Frosch）发现动物口蹄疫病毒。1901年美国学者沃尔特·里德（Walter Reed）首先分离出对人类致病的黄热病毒。1915年英国学者图尔特（Twort）发现了细菌病毒（噬菌体）。

3. 现代微生物学时期

近几十年来，由于生物化学、遗传学、细胞生物学、分子生物学等学科的发展，以及电子显微镜、免疫学技术、单克隆抗体技术、分子生物学技术的进步，促进了医学微生物学的发展。人们得以从分子水平上探讨病原微生物的基因结构与功能、致病的物质基础及诊断方法，使人们对病原微生物的活动规律有了更深刻的认识。相继发现了一些新的病原微生物，如军团菌、弯曲菌、拉沙热病毒、马堡病毒及人类免疫缺陷病毒等。

在传染病的治疗方面，新的抗生素不断被制造出来，有效地抑制了细菌性传染病的流行。相比之下，抗病毒药物的研究进展较慢。近年来应用细胞因子（如白细胞介素Ⅱ、干扰素等）治疗某些病毒性疾病已取得一定疗效。微生物产业在21世纪将呈现全新的局面，因此，微生物资源的开发与利用形成了继动、植物两大生物产业后的第三大产业。

四、食品微生物学的研究内容

1. 微生物学及其研究对象

概括地讲，微生物学（microbiology）是研究微生物及其生命活动规律的学科。研究的主要内容涉及微生物的形态结构、营养特点、生理生化、生长繁殖、遗传变异、分类鉴定、生态分布以及微生物在工业、农业、医疗卫生、环境保护等各方面的应用。其目的在于充分利用有益微生物，控制有害微生物，使这些微小生物更好地为人类作出贡献。

2. 食品微生物学研究内容

食品微生物学（food microbiology）是专门研究微生物与食品之间的相互关系的一门科学，它是微生物学的一个重要分支。食品微生物学研究的主要内容包括以下三个方面：

（1）在食品工业中有益的微生物及其应用

这是食品微生物学的重要部分，这部分微生物中主要涉及霉菌、细菌和酵母菌类群中的部分菌种，它们有的是通过产生有益的次级代谢产物应用于发酵工业（如柠檬酸、味精、氨基酸等发酵生产菌）；有的是自身能改变或赋予食品独特的风味或具有益生保健作用而应用于食品的制造（如用于各种发酵乳制品的乳酸菌、双歧杆菌，用于各种风味的泡菜的乳酸菌等）和日常生活用的调味品（如酱油、甜面酱、食醋等），并且随着食品微生物学研究的深入和发展，微生物在食品工业上的应用途径和范围还在不断拓展与扩大。

（2）在食品保藏过程中引起食品变质的微生物及其控制

微生物引起的食品变质主要取决于食品的营养特点和所处的环境条件与其污染的微生物的适应性；食品原料主要来源于动、植物的组织和某些器官，正常情况下就带有许多微生物，一旦条件适应，这些微生物即可利用食品的营养成分大量生长和繁殖。在其生长和繁殖的过程中，微生物在破坏食品营养结构、感官状态的同时有的还产生有害物质，从而引起食品的变质。仅就水果和蔬菜而言，每年都有约30％是因微生物引起变质而浪费。

（3）与食品安全有关的微生物

随着人们生活水平的提高，人们不仅对食品的色、香、味以及感官状态等有越来越高的要求，更重要的是要求食品符合食品安全标准。有些微生物是人类的致病菌，有些微生物则可产生毒素，如果人们食用了含有大量致病菌和毒素的食物，则会引起食物中毒或传染病传播。而研究这些对人体健康有害的微生物的目的就在于减少或避免有害微生物对食品的污染，控制其在食品上的生长和繁殖，并对食品进行检查和食品安全监督，以最大限度地避免和减少对人类的危害。

总之，食品微生物学的任务就是为人类提供既有益于健康、营养丰富，又保证生命安全的食品。

~思考与练习~

1. 什么是微生物？什么是微生物学？
2. 简述生物界的六界分类系统。
3. 简述微生物的生物学特征，并举例说明。
4. 食品微生物学的研究内容是什么？

第一章　微生物主要类群的形态与结构

学习目标

1. 掌握细菌、酵母菌、霉菌的细胞形态、结构及其特征。
2. 掌握细菌的芽孢、荚膜的结构和功能。
3. 掌握病毒的一般特性，噬菌体增殖及其对食品发酵工业的危害性及预防措施。
4. 掌握利用显微镜检验细菌、霉菌及酵母菌的形态特征的方法。

第一节　细　　菌

细菌（bacteria）是原核微生物的一大类群，在自然界分布广泛，种类多，与人类生产和生活的关系十分密切。

一、细菌个体形态

细菌是单细胞原核生物，即细菌的个体是由一个原核细胞组成的，一个细胞就是一个生活个体。虽然细菌种类繁多，但其基本形态可分为球状、杆状和螺旋状三种类型，分别将其称为球菌、杆菌和螺旋菌，如图1—1所示。

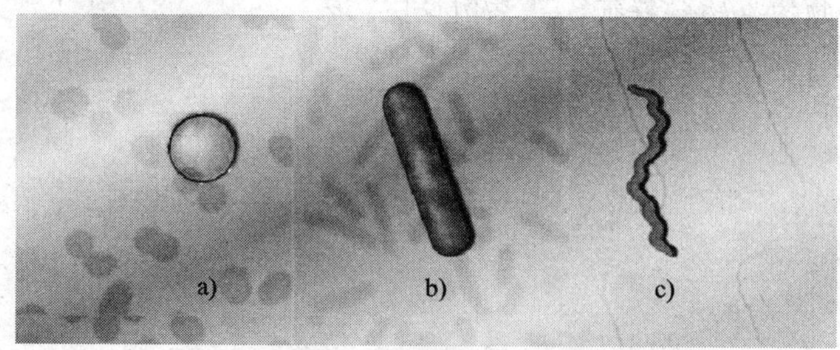

图1—1　球菌、杆菌和螺旋菌的形态

a）球菌　b）杆菌　c）螺旋菌

1. 球菌

球菌的细胞是球形或近似球形的。有的单独存在，有的连在一起。球菌分裂之后产生的新细胞常保持不同的排列方式，其形态如图1—2所示。具体可分为以下几种：

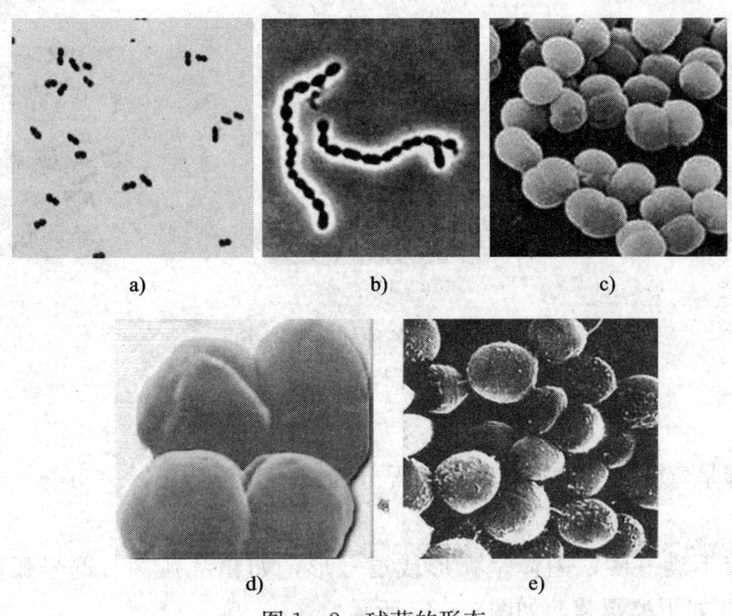

a)　b)　c)　d)　e)

图 1—2　球菌的形态

a）双球菌　b）链球菌　c）四联球菌　d）八叠球菌　e）葡萄球菌

（1）单球菌

分裂后的细胞分散而单独存在的称为单球菌，如尿素微球菌等。

（2）双球菌

双球菌分裂后两个球菌成对排列，如肺炎双球菌等。

（3）链球菌

链球菌分裂时沿一个平面进行，分裂后细胞排列成链状，如嗜热链球菌等。

（4）四联球菌

四联球菌沿两个相垂直的平面分裂，分裂后每四个细胞在一起呈田字形，如四联微球菌等。

（5）八叠球菌

八叠球菌按三个互相垂直的平面进行分裂后，每八个球菌在一起呈立方体，如尿素八叠球菌等。

（6）葡萄球菌

葡萄球菌的分裂面不规则，多个球菌聚在一起，像一串串葡萄，如金黄色葡萄球菌等。

2．杆菌

杆菌（见图 1—3）是细菌中种类最多的类型。杆菌细胞的长度大于宽度，长的杆菌呈圆柱形，有的甚至呈丝状。短的杆菌有时接近椭圆形，几乎和球菌一样，易与球菌混淆，称为短杆菌。杆菌的形态也依菌种的不同有所差异，有的菌体呈纺锤状，有的杆菌有明显分枝。杆菌两端的不同形状常作为鉴别菌种的依据。有些杆菌一端膨大而另一端细小，形如棒状，称为棒状杆菌（如用于生产谷氨酸的北京棒状杆菌等）；形如梭状的称为梭状杆菌（如肉制品中的肉毒梭状芽孢杆菌等）。此外，菌体排列的形式也有所不同，排列成对的称为双杆菌，形成链状的称为链杆菌。

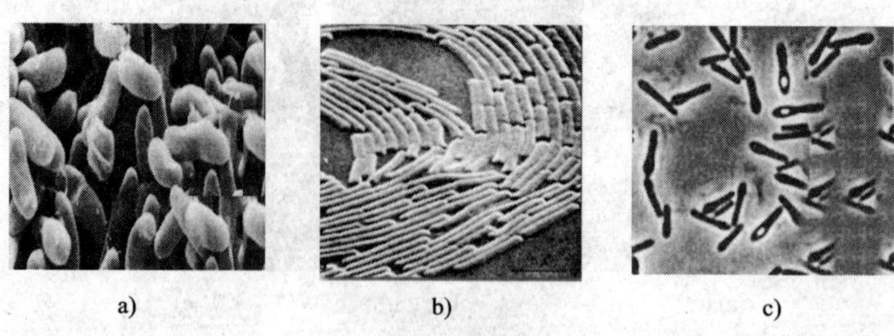
a)　　b)　　c)

图 1—3　各种杆菌的形态

a）短杆菌　b）长杆菌　c）梭状菌

3. 螺旋菌

螺旋菌细胞呈弯曲状，根据其弯曲情况分为以下几种：

（1）弧菌

弧菌的螺旋不满一圈，菌体呈弧形或逗号形，如霍乱弧菌、逗号弧菌等；螺旋满 2～6 环，螺旋状如干酪螺菌，如图 1—4a 所示。

（2）螺旋体

螺旋体的旋转周数在 6 环以上，菌体柔软，如梅毒密螺旋体等，如图 1—4b 所示。

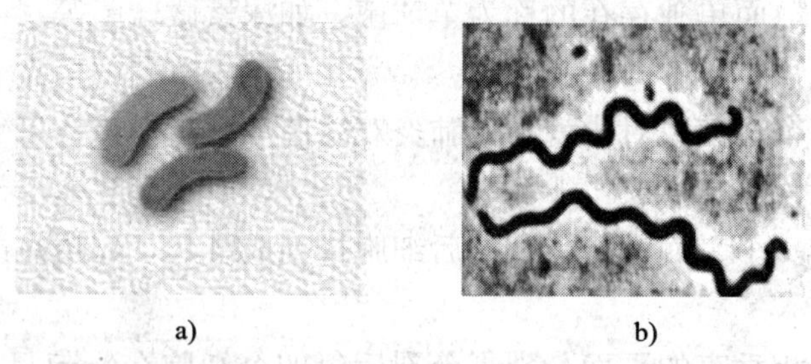
a)　　b)

图 1—4　各种螺旋菌的形态

a）弧菌　b）螺旋体

细菌的形态与环境因素有关，例如，与培养温度、培养基的成分与浓度、培养的时间等有关。各种细菌一般在幼龄时和适宜的环境条件下表现出正常形态。当培养条件变化或菌体变老时，常常引起形态的改变。尤其是杆菌，有时菌体显著伸长呈丝状、分枝状或呈膨大状，这种不整齐形态称为异常形态。

二、细菌个体的大小

细菌细胞一般都很小，必须借助光学显微镜才能观察到，因此，细菌的大小通常要使用放在显微镜中的显微测微尺来测量。细菌的长度单位为微米（μm）。如用电子显微镜观察细胞构造或更小的微生物时，则要用更小的单位纳米（nm）或埃（Å）来表示，它们之间的关系是：$1\ mm=10^3\ \mu m=10^6\ nm=10^7\ Å$。

球菌的大小以其直径表示，杆菌、螺旋菌的大小以宽度×长度来表示。螺旋菌的长度是以其自然弯曲状的长度来计算，而不是以其真正的长度计算的。细菌细胞的大小见表 1—1。

表 1—1　　细菌细胞的大小　　μm

球菌	直径	
尿素微球菌	1.0～1.5	
金黄色微球菌	0.8～1.0	
乳链球菌	0.5～0.6	
杆菌	长度	宽度
普通变形杆菌	0.5～4.0	0.4～0.5
大肠杆菌	1.0～2.0	0.5
德氏乳杆菌	2.8～7.0	0.4～0.7
枯草杆菌	1.2～3.0	0.8～1.2
巨大芽孢杆菌	3.0～9.0	1.0～2.0
螺旋菌		
霍乱弧菌	1.0～3.0	0.3～0.6
红色螺菌	1.0～3.2	0.6～0.8
迂回螺菌	10～20	1.5～2.0

虽然细菌的大小差别很大，但一般都不超过几微米，大多数球菌的直径为 0.20～1.25 μm。杆菌一般为（0.20～1.25）μm×（0.30～8）μm，产芽孢的杆菌比不产芽孢的杆菌要大。螺旋菌为（0.30～1）μm×（1～5.0）μm。

由于细菌个体大小有很大差异，以及所用固定和染色方法不同，测量结果可能不一致。一般细菌在干燥与固定过程中，细胞会明显收缩，因此测量结果往往只能得到近似值。有关细菌大小的记载常常是平均值或代表值。

三、细菌细胞的结构

细菌的基本结构主要包括细胞壁、细胞质膜、细胞质及细胞核等部分，有些细菌还有荚膜、鞭毛和芽孢等特殊结构，如图 1—5 所示。基本结构是任何一种细菌都具有的，而特殊结构只限于某些种类的细菌才有，这是细菌分类鉴定的重要依据。

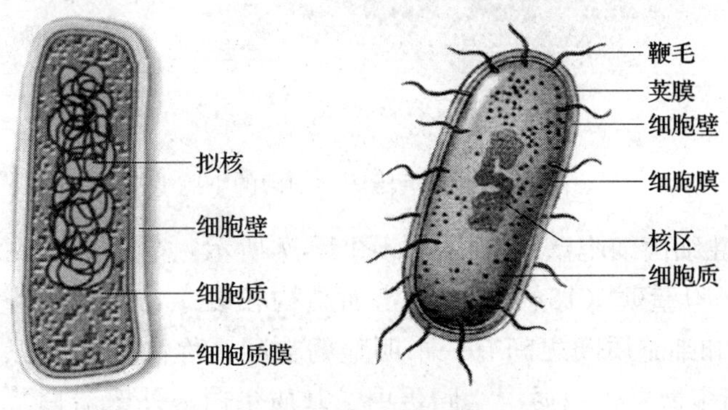

图 1—5　细菌的基本结构

1. **细菌的基本结构**

(1) 细胞壁

细胞壁在细菌菌体的最外层，为坚韧、略具有弹性的结构。细胞壁占细胞干重的10%～25%。各种细菌的细胞壁厚度不等，一般在10～80 nm之间。构成细胞壁的基本骨架是肽聚糖层，由氨基糖和氨基酸组成，它含有N-乙酰葡萄糖胺（NAG）和N-乙酰胞壁酸（NAM）两种氨基糖，这两种氨基糖或直接连接，或通过甘氨酸间搭桥而交替相连形成长链。有许多细菌在肽聚糖层外面还有外膜。

细胞壁具有保护细胞及维持细胞外形的功能。失去细胞壁的各种形态的菌体都将变成球形。细菌在一定范围的高渗溶液中细胞质收缩，但细胞仍然可保持原来的形状，在一定的低渗溶液中细胞则会膨大，但不至于破裂。这些都与细胞壁具有一定的坚韧性及弹性有关。细菌细胞壁的化学组成也与细菌的抗原性、致病性以及对噬菌体的敏感性有关。此外，细胞壁实际上是多孔性的，可允许水及一些化学物质通过，并对大分子物质有阻拦作用。

革兰氏染色法是丹麦医生革兰（Hans Christian Gram）于1884年发明的一种细菌鉴别方法。采用革兰氏染色法对细菌染色，根据其显色结果不同可将细菌区分为两类，紫色称为革兰氏阳性（G^+），红色称为革兰氏阴性（G^-）。

1）革兰氏染色法的基本步骤：涂片固定 → 结晶紫初染1 min → 碘液媒染1 min → 95%乙醇脱色0.5 min→ 番红复染。

2）革兰氏阳性细菌细胞壁的结构。革兰氏阳性细菌的细胞壁具有较厚（20～80 nm）而致密的肽聚糖层（多达20层），占细胞壁成分的60%～90%，它同细胞膜的外层紧密相连，如图1—6所示。革兰氏阳性细菌的细胞壁中含有磷壁酸，也称胞壁质，它是甘油和核糖醇的聚合物，磷壁酸通常以糖或氨基酸酯的形式存在。

图1—6　革兰氏阳性细菌的细胞壁

3）革兰氏阴性细菌细胞壁的结构。如图1—7所示，革兰氏阴性细菌的细胞壁比革兰氏阳性细菌的细胞壁薄（15～20 nm），而结构较复杂，分为外壁层和内壁层（2～3 nm），在细胞壁和细胞质膜之间有一个明显的空间，称为壁膜间隙。外壁层位于内壁层的外部，包括脂多糖、蛋白质层（脂蛋白、基质蛋白、外壁蛋白）和磷脂。内壁层仅由1～2层肽聚糖分子构成，占细胞壁干重的5%～10%，无磷壁酸。

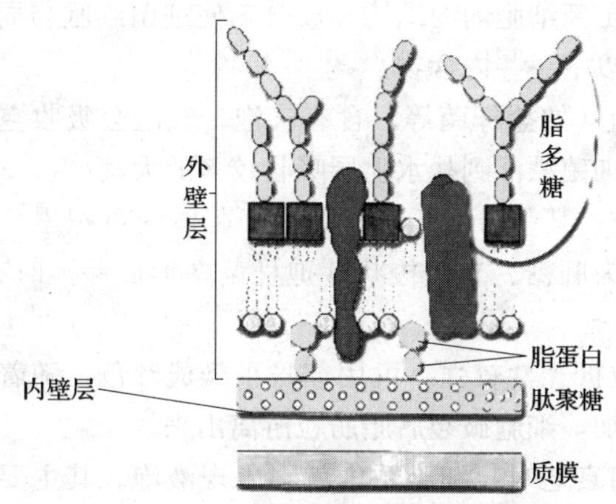

图 1—7　革兰氏阴性细菌的细胞壁

4）革兰氏染色原理。细菌的不同显色反应来自于细胞壁对乙醇的通透性和抗脱色能力的差异，主要是由肽聚糖层的厚度和结构决定的。经结晶紫染色的细胞用碘液处理后形成不溶性复合物，乙醇能使它溶解，所以染色的前两步结果是一样的。但在 G^+ 细胞中，乙醇还能使厚的肽聚糖层脱水，导致孔隙变小，由于结晶紫和碘的复合物分子太大，不能通过细胞壁，保持着紫色。而在 G^- 细胞中，乙醇处理不但破坏了胞壁外膜，还可能损伤肽聚糖层和细胞质膜，于是被乙醇溶解的结晶紫和碘的复合物会从细胞中渗漏出来，当再用衬托的染色液复染时，便显现红色。红色染料虽然也能进入已染成紫色的 G^+ 细胞，但被紫色盖没，红色显示不出来。

（2）细胞膜与中间体

细胞膜又称细胞质膜，简称质膜，是围绕细胞质外面的双层膜结构。它使细胞具有选择吸收性能，并控制物质的吸收与排放，也是许多生化反应的重要部位。质膜的基本结构是磷脂双层，含有高度疏水的脂肪酸和相对亲水的甘油两部分。质膜很薄，厚 5～10 nm。蛋白质镶嵌在双层磷脂中，并伸向膜的内外两侧。

细菌的细胞膜褶皱陷入细胞质内，形成一些管状或囊状的形体，称为中体或中间体，其中酶系发达，是能量代谢的场所。此外，它与细菌细胞分裂时，与细胞壁的隔膜的合成以及核的复制有关。

（3）细胞质

细胞质是位于细胞膜内的无色透明黏稠状胶体，是细菌细胞的基础物质，其基本成分是水、蛋白质、核酸和脂类，也含有少量的糖和无机盐类。细菌细胞质与其他生物细胞质的主要区别是其核糖核酸含量高，核糖核酸的含量可达固形物的 15%～20%。据近代研究表明，细菌的细胞质可分为细胞质区和染色质区。细胞质区含有核糖核酸，染色质区则含有脱氧核糖核酸。由于细菌细胞质中含有核糖核酸，因而嗜碱性强，易被碱性和中性染料所着色，尤其是幼龄菌。老龄菌细胞中核糖核酸常被作为氮和磷的来源而被利用，核酸含量减少，故着色力降低。

细胞质具有生命物质所有的各种特征，含有丰富的酶系，是营养物质合成、转化和代谢的场所。它不断地更新细胞内的结构和成分，使细菌细胞与周围环境不断地进行新陈代谢。细胞质内还有以下一些内含物：

1）气泡。某些细菌（如盐杆菌等）含有气泡，气泡会吸收空气，以其中的氧气组分供代谢需要，并帮助细菌漂浮到盐水上层吸收较多的大气。

2）肝糖粒与淀粉粒。某些肠道杆菌和芽孢杆菌体内可积累一些多聚葡萄糖，用稀碘液可染成红棕色，即为肝糖。有些梭状芽孢杆菌在形成芽孢时有细菌淀粉粒的积累，可被碘液染成蓝色。

3）脂肪粒。脂肪粒折光性较强，可用苏丹Ⅲ染成红色，随着细菌的生长，细菌体内脂肪粒的数量也会增加，细胞破裂后脂肪粒游离出来。

4）液泡。许多细菌衰老时，细胞质内就会出现液泡。其主要成分是水和可溶性盐类，被一层含有脂蛋白的膜包围。

5）核糖体。核糖体是细胞中核糖核蛋白的颗粒状结构，由核糖核酸（RNA）与蛋白质组成，其中核糖核酸约占60%，蛋白质占40%。核糖体分散在细胞质中，是细胞合成蛋白质的场所，其数量的多少与蛋白质合成直接相关，依菌体生长速度而异。

由于细菌的发育阶段不同，以及营养和环境的差异，各种细菌甚至同种细菌之间内含物的数量和成分也可不同。但是同一菌种在相同的环境条件下常含有相同的内含物，这一点有助于细菌的鉴定。

(4）细胞核

细菌只具有比较原始形态的核，或称拟核。它没有核膜、核仁，只有一个核质体或称染色质体。一般呈球状、棒状或哑铃状。由于细胞核的分裂在细胞分裂之前进行，所以，在生长迅速的细菌细胞中有两个或四个核，生长速度低时只有一个或两个核。由于细菌核质体比其周围的细胞质电子密度低，在电子显微镜下观察呈现透明的核区域，用高分辨率的电子显微镜可观察到细菌的核为丝状结构，实际上是一个巨大的、连续的环状双链DNA分子（其长度可达1 mm，比细菌本身长很多倍）折叠缠绕形成的。细胞核在遗传性状的传递中起重要作用。

在很多细菌细胞中还存有染色体外的遗传因子，为环状DNA分子，分散在细胞质中能自我复制，称为质粒。而附着在染色体上的质粒称为附加体。质粒携带着遗传信息，一般质粒携带的基因是细菌细胞的次级代谢基因。质粒可自我复制，稳定遗传，并随细菌的繁殖在子代细胞中代代相传。质粒在细胞中有时可自行消失，但没有质粒的细菌不能自行产生。质粒在基因工程的研究中是重要的基因载体工具之一。

2. 细菌细胞的特殊结构

(1）鞭毛

某些细菌能从体内长出纤细呈波状的丝状物，称为鞭毛，是细菌的“运动器官”。在电子显微镜下观察能看到鞭毛起源于细胞质膜内侧，细胞质区内的一个颗粒状小体，此小体称为基粒。鞭毛自基粒长出，穿过细胞壁延伸到细胞外部，鞭毛长度一般可超过菌体若干倍，而直径极微小，为10～25 nm，由于已超过普通光学显微镜的可视度，只有用电子显微镜直接观察或经过特殊的染色方法（鞭毛染色），使染料堆积在鞭毛上而使鞭毛加粗，才可用光学显微镜观察到。另外，用悬滴法及暗视野映光法观察细菌的运动状态以及半固体琼脂穿刺培养，从菌体生长扩散情况也可以初步判断细菌是否具有鞭毛。

大多数球菌不生鞭毛，杆菌中有的生鞭毛，有的不生鞭毛，弧菌与螺旋菌都生鞭毛。鞭毛着生的位置、数目是细菌种的特征，依鞭毛的数目与位置不同分为单生和周生两种，如图1—8所示。

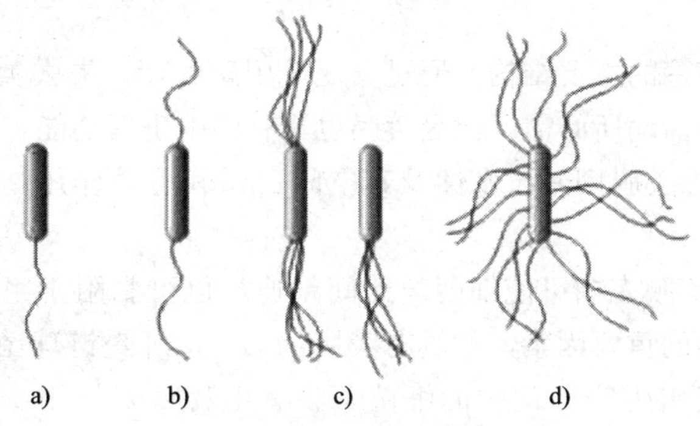

图1—8　几种鞭毛类型

a）单毛菌　b）双毛菌　c）丛毛菌　d）周毛菌

鞭毛主要的化学成分是鞭毛蛋白，它与角蛋白、肌球蛋白、纤维蛋白属于同类物质，所以鞭毛的运动可能与肌肉收缩相似。

鞭毛是细菌的运动器官，有鞭毛的细菌在液体中借助鞭毛运动，其运动方式依鞭毛着生位置与数目不同而不同。单毛菌和丛毛菌多做直线运动，运动速度快，有时也可轻微摆动。周毛菌常呈不规则运动，而且常伴有活跃的滚动。

（2）荚膜

有些细菌在生命过程中会在其表面分泌一层松散、透明的黏液物质，这些黏液物质具有一定外形，相对稳定地附于细胞壁外面，称为荚膜。荚膜一般围绕在每一个细菌细胞的外围，但也有多个细菌的荚膜连在一起，其中包含着许多细菌的，称为菌胶团，其形态如图1—9所示。

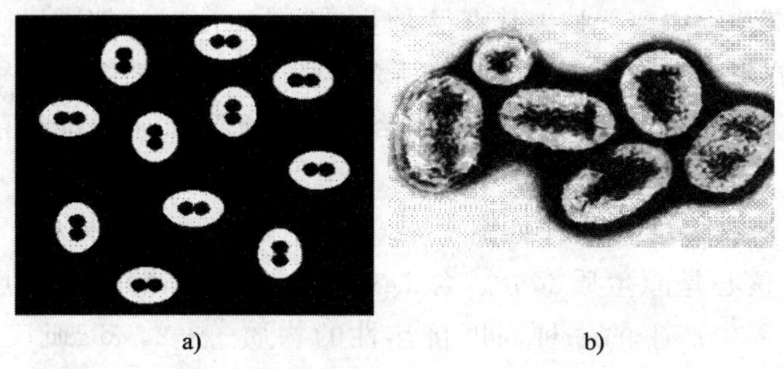

图1—9　双球菌荚膜及菌胶团的形态

a）荚膜　b）菌胶团

荚膜的折光率很低，不易着色，含有大量水分，约占90%。多数细菌的荚膜由多糖组成，多糖的分子组成和构型多样，令其结构极为复杂，如肠膜明串珠细菌的荚膜物质为葡聚糖，可用于生产右旋糖苷，作为代血浆的成分。少数细菌荚膜为多肽，如炭疽芽孢杆菌、鼠疫杆菌等。荚膜的形成既由遗传特性所决定，又与环境条件有密切关系。生长在含糖量高的培养基上的菌容易形成荚膜，如肠膜明串珠细菌，只有在含糖量高、含氮量低的培养基中才能产生荚膜。某些病原菌（如炭疽芽孢杆菌等）只在寄主体内才形成荚膜，在人工培养基上不形成荚膜。形成荚膜的细菌也不是整个生活期内都形成荚膜，如肺炎双球菌在生长缓慢时形成荚膜。某些链球菌在生长早期形成荚膜，后期荚膜会消失。

荚膜虽然不是细菌的主要结构，通过突变或用酶处理，失去荚膜的细菌仍然能正常生长，所以不是生命活动所必需。但是荚膜也具有以下生理功能：

1）抗吞噬作用。荚膜因其亲水性及其空间占位和屏障作用，可有效抵抗寄主吞噬细胞的吞噬作用。

2）黏附作用。荚膜多糖可使细菌彼此间粘连，也可黏附于组织细胞或无生命物体的表面，是引起感染的重要因素，如具有荚膜的S－型肺炎链球菌毒力强，有助于肺炎链球菌侵染人体；废水生物处理中的细菌荚膜有生物吸附作用，能够将废水中的有机物、无机物及胶体吸附在细菌体表面。

3）抗有害物质损伤的作用。荚膜处于细菌细胞最外层，犹如盔甲，可有效保护菌体免受或少受多种杀菌、抑菌物质的损伤，如溶菌酶等。

4）抗干燥作用。荚膜多糖为高度水合分子，含水量在95%以上，可帮助细菌抵抗干燥对生存的威胁。

5）当缺乏营养时，荚膜可被用做碳源和能源，有的荚膜还可作为氮源。

另外，某些细菌由于荚膜的存在而具有毒性，如具有荚膜的肺炎双球菌毒性很强，当失去荚膜时则失去毒性。

（3）芽孢

有些细菌（多为杆菌）在一定条件下，其细胞质高度浓缩脱水所形成的一种抗逆性很强的球形或椭圆形的休眠体称为芽孢或内生孢子。各种细菌芽孢形成的位置、形状与大小是一定的，是细菌鉴定的重要依据。有的可位于细胞的中央，有的位于顶端或中央与顶端之间。若芽孢在中央，如果其直径大于细菌的宽度时，细胞呈梭状，如丙酮丁醇梭菌等；若芽孢在细菌细胞顶端，如其直径大于细菌的宽度时，细胞呈鼓槌状，如肉毒梭菌等；芽孢直径如小于细菌细胞宽度，则细胞不变形，如常见的枯草芽孢杆菌、蜡状芽孢杆菌等。

成熟的芽孢具有多层结构（见图1—10），主要包括芽孢外壁、芽孢衣、皮层和核心，其中芽孢核心是原生质部分，含DNA、核糖体和酶类；皮层是最厚的一层，在芽孢的形成过程中产生的一种高度抗热性的物质——2，6－吡啶二羧酸即存在于皮层中；芽孢壳是一种类似角蛋白的蛋白质，非常致密，无通透性，可抵抗化学药物的侵入。因此，芽孢对不良环境条件（如高温、紫外线、干燥、电离辐射和很多有毒的化学物质）都具有很强的抗性。同时，含水量低，壁厚而致密，通透性差，不易着色。

细菌是否形成芽孢由其遗传性决定，但也需要一定的环境条件。菌种不同，需要的环境条件也不相同，大多数芽孢杆菌是在营养缺乏、温度较高或代谢产物积累等不良条件下，在衰老的细胞体内形成芽孢的。但有的菌种需要在营养丰富、适宜温度的条件下形成芽孢，如苏云金芽孢杆菌就是在营养丰富、温度和通气等条件适宜时，在幼龄细胞中大量形成芽孢。芽孢在营养、水分、温度等条件适宜时即可萌发。芽孢是细菌的休眠体，一个细胞内只形成一个芽孢，一个芽孢萌发也只产生一个营养体，因此，芽孢只是休眠体而非繁殖体。

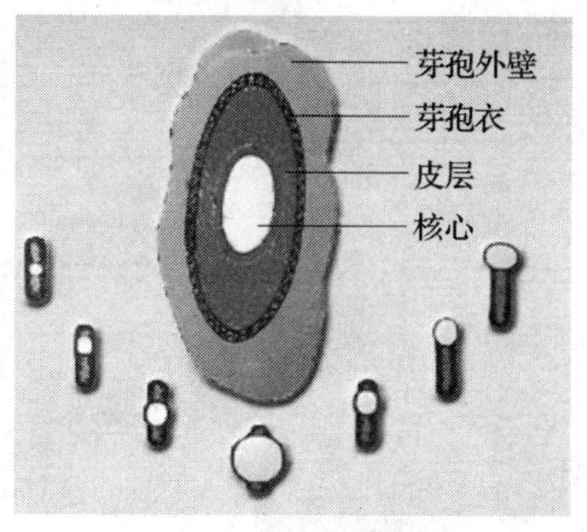

图 1—10　芽孢的结构

芽孢是抗性较强的生活细胞，因此，在微生物实验室或在食品工业中，把是否能消灭芽孢作为衡量各种消毒灭菌手段是否合格的最重要指标。如嗜热脂肪芽孢杆菌在121℃、12 min才能被杀死，故高压蒸汽灭菌选择的指标是121℃、15 min。

另外，对于那些能够形成芽孢的细菌，由于芽孢是抗性强、酶活低的休眠体，可在自然界存活10～20年以上，因此，在实验室保藏条件下可存活更长的时间。

四、细菌的繁殖与菌落特征

1. 细菌的繁殖

细菌繁殖主要是指简单的、无性的二分裂法繁殖。分裂时首先菌体伸长，核质体分裂，菌体中部的细胞膜从外向中心做环状推进，然后闭合而形成一个垂直于细胞长轴的细胞质隔膜，把菌体分开，细胞壁向内生长把横隔膜分为两层，形成子细胞壁，然后子细胞分离形成两个菌体。球菌依分裂方向及分裂后子细胞的状态不同，可以形成各种形态的群体，如单球菌、双球菌、四联球菌、八叠球菌、葡萄球菌等。杆菌繁殖的分裂面都与长轴垂直，分裂后的排列形式也因菌种不同而形态各异，有的单生、有的双生、有的结成短链或长链、有的呈八字形、有的呈栅状排列。除无性繁殖外，经电子显微镜观察及遗传学研究证明，细菌也存在有性结合，不过细菌的有性结合发生的频率极低。

2. 细菌菌落特征

如果把单个微生物细胞接种到适合的固体培养基上，在适合的环境条件下细胞就能迅速生长繁殖，繁殖的结果是形成一个肉眼可见的细胞群体，这个微生物细胞群体称为菌落（colony）。

不同菌种的菌落特征不同，同一菌种因生活条件不同，其菌落形态也不尽相同。但是同一菌种在相同培养条件下所形成的菌落形态是一致的，所以菌落形态特征对菌种的鉴定有一定的意义。菌落形态特征包括菌落的大小、形态（如圆形、丝状、不规则状、假根状等），可以从菌落隆起程度（如扩展、台状、低凸状、乳头状等），菌落表面状态（如光滑、皱褶、颗粒状龟裂、同心圆状等），表面光泽（如闪光、不闪光、金属光泽等），质地（如油脂状、膜状、黏、脆等），颜色与透明度（如透明、半透明、不透明等）方面进行观察，如图1—11所示。

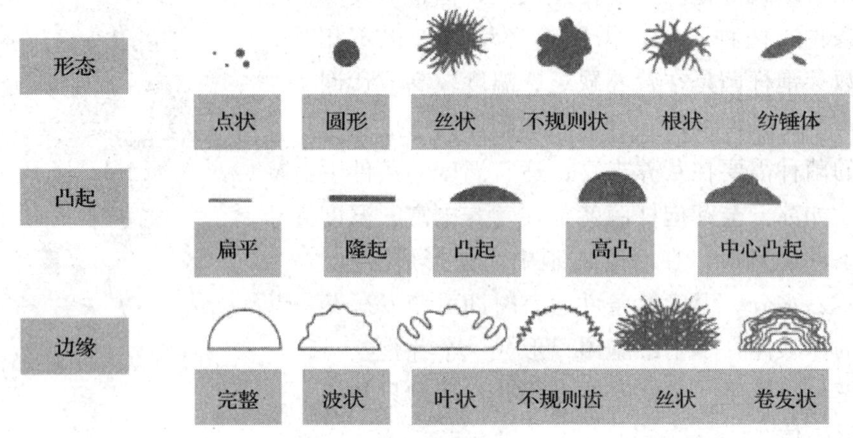

图 1—11　细菌菌落的特征形态

菌落特征还受其他方面的影响，如产荚膜的菌落表面光滑、黏稠状为光滑型（S-型）。不产荚膜的菌落表面干燥、皱褶为粗糙型（R-型）。此外，菌落的形态、大小有时也受培养空间的限制，如果两个相邻的菌落相靠太近，就会由于营养物有限，以及有害代谢物的分泌和积累而使生长受阻。因此，进行菌落的形态观察时一般以培养 3～7 天为宜，观察时要选择菌落分布比较稀疏，处于孤立状态的菌落。菌落在微生物学工作中，主要用于微生物的分离、纯化、鉴定、计数等研究和育种选育等的实际工作。

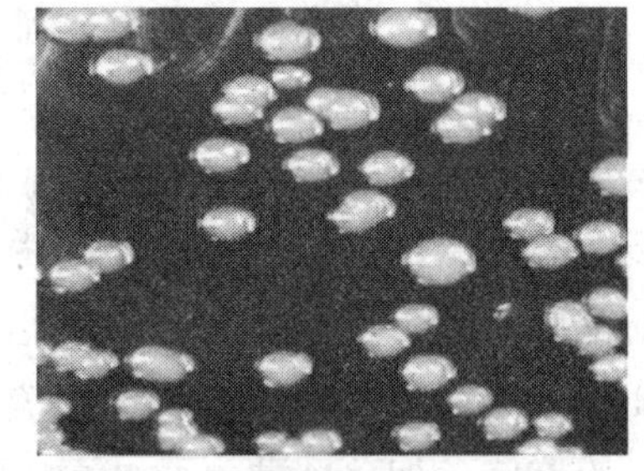

图 1—12　平板上的细菌菌落形态

细菌菌落的共同特征有湿润、较光滑、较透明、较黏稠、易挑起（菌体和培养基结合不紧密）、质地均匀以及菌落正反面或边缘与中央部位的颜色一致等，平板上的细菌菌落形态如图 1—12 所示。

五、食品中常见的细菌

1. 假单胞菌属

在食品中最常见的是假单胞菌属。该菌属为革兰氏阴性、无芽孢、需氧、直或稍弯曲杆状。菌体大小为（0.5～1）μm×（1.5～4）μm，大部分端生鞭毛，能运动。营养要求简单，大部分菌种在不含维生素、氨基酸的合成培养基中仍能良好生长。假单胞菌属的细菌多具有分解蛋白质和脂肪的能力，其中有些分解能力很强。部分菌株可产生水溶性荧光色素。

此外，假单胞菌还具有一些特点：增殖速度快；一些种能在 5℃的低温下生长；具有很强的产生氨气等腐败产物的能力。因而，假单胞菌在污染肉及肉制品、鲜鱼、贝类、禽蛋类、牛乳和蔬菜等食品后可引起腐败变质，并且是冷藏食品腐败的重要原因菌。

2. 醋酸杆菌属

醋酸杆菌属的细胞为椭圆形至杆状，直或稍弯曲，以单个、成对或成链存在。有些菌株经常出现退化的类型。以周生鞭毛或侧生鞭毛运动，或不运动，无芽孢。菌落呈灰白色，大多数菌株不产生色素，少数菌株产生褐色水溶性色素，或由于细胞内含卟啉而使菌落呈粉红色。专性好氧。幼龄为革兰氏阴性杆菌，老龄常变为阳性。最适宜的生长温度为25～30℃。该菌属能将乙醇氧化成醋酸，并可将醋酸和乳酸氧化成CO_2和水。其生长所需的最好碳源是乙醇、甘油和乳酸。有些菌株能够合成纤维素，当这些菌株生长在静止的液体培养基中时，会在表面形成一层纤维素薄膜。醋酸杆菌属的细菌主要分布在花朵、果实、葡萄酒、啤酒、苹果汁、醋和果园土等环境中，并可引起菠萝的粉红病和苹果、梨的腐烂。

3. 埃希氏肠杆菌属

埃希氏肠杆菌属细胞呈直杆状，单个或成对存在。许多菌株具有荚膜或微荚膜，周生鞭毛运动或不运动。有些菌株表面生有大量菌毛。化能有机营养，兼性厌氧。埃希氏菌属中的代表菌种是大肠埃希氏菌，简称大肠杆菌。大肠杆菌多具有鞭毛，能发酵乳糖产酸、产气，产生吲哚，通常单生。菌落光滑、凸起、潮湿和灰白，表面有光泽，边缘整齐，或粗糙、干燥，也可形成黏液状菌落。大肠杆菌是人和动物肠道的正常菌群之一，绝大多数大肠杆菌在肠道内无致病性，极少部分可产生肠毒素等致病因子，引起食物中毒。此外，该菌大多具有组氨酸脱羧酶活性，污染食品后，可在食品中产生组胺，引起过敏性食物中毒。大肠杆菌是食品中常见的腐败菌，也是食品和饮用水的粪便污染指示菌之一。大肠杆菌污染食品引起腐败变质后，可产生不洁净或粪便气味。

4. 沙门氏菌属

沙门氏菌属呈直杆状，两端钝圆，通常以周生鞭毛运动。菌落大多数不透明，略有光泽。呈白色、粉色或红色，许多菌株可产生红色色素。兼性厌氧。该菌属广泛分布于水、土壤和植物表面，是腐败作用较强的腐败细菌，也是人类的条件致病菌。对食品中的蛋白质具有较强的分解能力，并产生大量挥发性氨态氮等腐败性产物，使食品产生很强的腐败性气味。

5. 变形菌属

变形菌属呈直杆状，并随培养条件不同，可形成丝状、球杆状。以周生鞭毛运动，能急速运动。在湿润的培养基表面，大多数菌株有由于周期性的群游而产生的同心圆带，或扩展成均匀的菌膜。该菌属为兼性厌氧，广泛分布于动物肠道、土壤和水中，具有很强的蛋白质分解能力，是重要的食品腐败菌之一。该菌污染食品后可在食品中迅速增殖，初期使食品的pH值稍下降，以后产生盐基氮，使食品转为碱性并使其软化。

6. 枯草芽孢杆菌

枯草芽孢杆菌菌落呈圆形或不规则形状，表面粗糙或有皱纹，呈奶油色或褐色，菌落形态与培养基成分有关。枯草芽孢杆菌污染面粉后，可以使发酵面团产生液化黏丝状现象，使烤制的面包或馒头出现斑点或斑纹，并且伴有异味。在肉类表面可产生黏液并有异味。在肉类罐头及其他肉制品上经常可以分离到该菌，但在密封的罐头中较少引起变质。在牛乳中生长，可以使牛乳变稠，有时在不变酸的情况下可使牛乳凝固，即产生所谓的甜凝乳现象，也包括可用于食品工业生产的枯草芽孢杆菌。

7. **嗜热脂肪芽孢杆菌**

嗜热脂肪芽孢杆菌菌落为圆形或不规则圆形小菌落，表面光滑或粗糙，能在 49～65℃范围内生长，对热的抵抗力很强。该菌在 pH 值 5.0 以下的培养基上不生长。该菌主要可引起罐藏食品和淀粉类食品的腐败。

8. **梭菌属**

梭菌属的绝大多数种为厌氧菌，只有少数种可在大气条件下生长，但在大气中不形成芽孢。该菌属形成的芽孢多呈球形，位于菌体中央，使菌体呈梭状。对不良环境条件具有极强的抵抗力。该菌属对营养的需要因菌种不同而异。可耐受浓度为 2.5%～6.5% 的 NaCl 的渗透压，对亚硝酸钠和氯敏感。

梭菌广泛分布于土壤、下水污泥、海水沉淀物、腐败植物、食品以及人和其他哺乳动物的肠道内。该菌属中的一些菌种（如丁酸梭菌等）可分解碳水化合物并产生各种有机酸（乙酸、丙酸、丁酸）和醇类（乙醇、异丙醇、丁醇），在食品加工中可用以生产某些酸、醇和酮类。一些菌种（如腐化梭菌等）分解蛋白质和氨基酸，会产生 H_2S、硫醇、甲基吲哚（粪臭素）等具有恶臭味的腐败产物，在乳液中生长时可使乳液中的酪蛋白完全胨化；在熟肉上生长会使肉变黑；在罐头中生长时，因产气会使罐头发生膨胀。

9. **乳杆菌属**

乳杆菌属细胞呈杆状，规则，大小为（0.5～1.2）μm×（1.0～10.0）μm。通常呈长杆状，但有时是球杆状，通常呈短链。革兰氏阳性，革兰氏染色或美蓝染色时，有的菌株显示出两极体、细胞内颗粒或横纹。不生芽孢。细胞罕见以周生鞭毛运动。菌落凸起、全缘，直径为 2～5 mm。兼性厌氧，有时微好氧，在有氧时生长差，降低氧分压时生长较好；有的菌在刚分离时为厌氧菌。通常 5%的 CO_2 可促进生长。发酵分解糖代谢，终产物中 50%以上是乳酸。最适宜的生长温度为 30～40℃。广泛分布于乳制品、肉制品、鱼制品、谷物及果蔬制品等许多环境。它们是人类和许多动物口腔、消化道和阴道的正常菌群，罕见致病。该菌属中的许多种可用于生产乳酸或发酵食品，污染食品后也可以引起食品变质。

10. **棒杆菌属**

棒杆菌属为直的或弯曲的棒状杆菌，有时呈椭圆、卵圆形，细胞突然分裂而形成“八”字形和栅栏状排列。不运动。过氧化氢酶阳性。好氧或兼性厌氧。主要分布在土壤、水和动物、植物上。通常可以在奶酪、乳、鸡肉、鸡蛋、肉类及鱼类等食品中发现。可引起食品腐败，但是腐败作用不强。该菌属中有人和动物病原菌、植物病原菌和腐生菌。

11. **短杆菌属**

短杆菌属幼龄培养物的细胞呈不规则的杆状，大小为（0.6～1.2）μm×（1.5～6.0）μm。单个或成对排列，常成 V 形排列，可出现分支，但不形成菌丝体，老培养物变成球状。革兰氏阳性，不运动，不产芽孢，可在含有 8%的 NaCl 的培养基中生长。具有蛋白分解能力，可在灭菌鱼肉中生长，引起腐败，但腐败能力不强。广泛分布于乳制品，某些菌株可参与干酪成熟过程。

12. 丙酸杆菌属

丙酸杆菌属为不规则的杆菌，有分枝，有时呈球状。不形成芽孢，不运动。兼性厌氧。能使葡萄糖发酵产生丙酸、乙酸和气体。最适宜的生长温度为 30～37℃。主要存在于乳酪、乳制品和人的皮肤上，参与乳酪成熟，使乳酪产生特殊香味和气孔。

13. 双歧杆菌属

双歧杆菌属细胞呈各种形态的杆状，包括弯状、棒状和分支状。单生、成对、V 形排列，有时呈链状，细胞平行呈栅栏状，或玫瑰花结状。偶尔呈膨大的球杆状。大小为（0.5～1.3）μm×（1.5～8.0）μm。革兰氏阳性，通常染色不规则。不运动，不产芽孢。厌氧，少数种可在含 10%的 CO_2 的空气中生长。pH 值低于 4.5 和高于 8.5 时不生长。发酵碳水化合物活跃，发酵产物主要是乙酸和乳酸，不产生 CO_2，最适宜的生长温度为 37～41℃，主要存在于人和各种动物的肠道内。双歧杆菌是肠道益生菌，有一定的保健作用，在一些发酵乳制品及保健饮料中常常加入双歧杆菌。

第二节　其他原核微生物

一、放线菌

放线菌由于首先发现的菌落呈放射状而得名。它是一类呈菌丝状生长，主要以孢子繁殖和陆生很强的具有多核的单细胞原核生物，革兰氏染色阳性。大多是腐生菌，少数为寄生菌。在自然界分布很广泛，土壤是它们的主要习居场所。放线菌与人类关系相当密切，目前生产的抗生素绝大多数都是由放线菌产生的。

1. 放线菌的形态

放线菌菌体由无隔膜的分支状菌丝组成，直径很小（<1 μm），由于形态和功能的不同分为基质菌丝、气生菌丝和孢子丝三种，如图 1—13 所示。

基质菌丝是紧贴固体培养基表面并向培养基里面生长的菌丝。基质菌丝也称营养菌丝，能产生黄、橙、红、紫、蓝、绿、灰、褐、黑等色素或不产色素。色素分为脂溶性或水溶性，水溶性色素在培养过程中向培养基扩散可使菌落周围的培养基呈现颜色。主要功能是固定和吸收营养。

气生菌丝是自培养基表面向空气中生长的较粗、颜色较深的菌丝。

孢子丝是由气生菌丝特化形成的，其形状以及在气生菌丝上的排列方式随不同种类而异，有直的、弯曲、螺旋、轮生等各种形态，如图 1—14 所示为放线菌的孢子丝类型。孢子呈白、黄、绿、浅紫、粉红、蓝、褐、灰等颜色。其中以螺旋状的孢子丝最为常见。

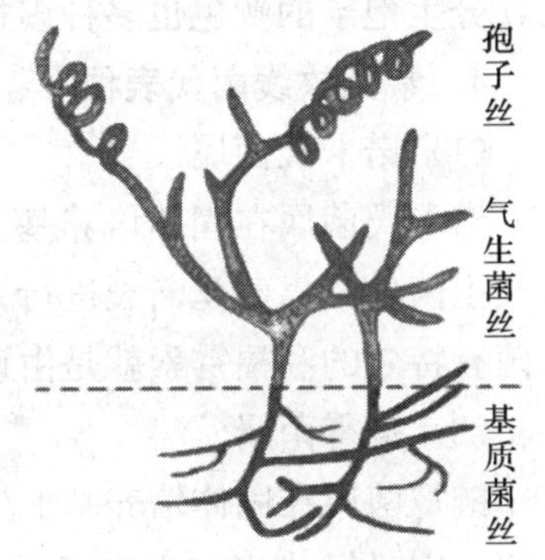

图 1—13　放线菌的一般形态特征

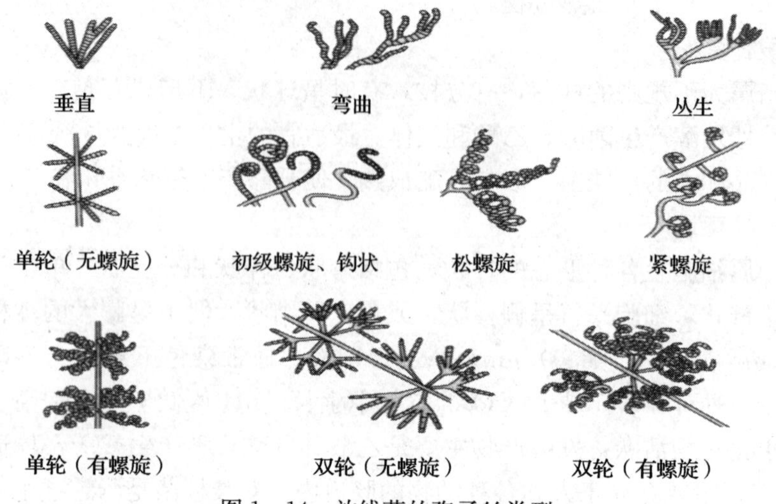

图 1—14　放线菌的孢子丝类型

2. 放线菌的菌落特征

放线菌的菌落特征因种而异，大致分为两类：一类是以链霉菌为代表，其早期菌落类似细菌，后期由于气生菌丝和分生孢子的形成而变成表面干燥、粉粒状并常有辐射皱褶。菌落一般小，质地较密，不易挑起并常有各种不同的颜色。另一类中以诺卡氏菌为代表，菌落一般只有基质菌丝，结构松散，黏着力差，易挑取，也有特征性的颜色，如图 1—15 所示。

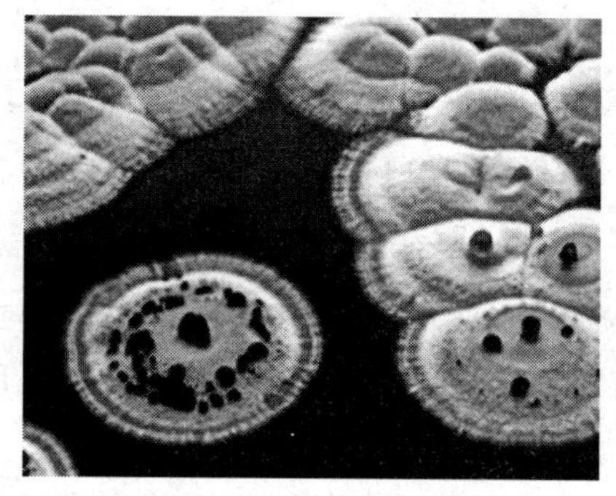

图 1—15　放线菌的菌落特征

3. 放线菌的繁殖

放线菌主要通过形成无性分生孢子的方式进行繁殖，通过电子显微镜观察表明：孢子丝的分裂只有横隔分裂的方式。长在空气中的气生菌丝顶端先弯曲成为孢子丝，然后形成横隔，细胞壁加厚并收缩，形成一个一个的细胞，最后细胞成熟，形成一串分生孢子。分生孢子的形态有球状、杆状、圆柱状、瓜子状、梭状等，表面光滑或者带刺或毛，分生孢子的颜色也多种多样。少数放线菌也可靠菌丝片断进行繁殖。

4. 常见放线菌代表种

(1) 诺卡氏菌属

诺卡氏菌属在固体培养基上生长时，只有基质菌丝，没有气生菌丝或只有很薄的一层气生菌丝，靠菌丝断裂进行繁殖。并可产生多种抗生素。对结核分枝杆菌和麻风分枝杆菌有特效的利福霉素就是由该菌属产生的。

(2) 链霉菌属

链霉菌属在固体培养基上生长时，会形成发达的基质菌丝和气生菌丝。气生菌丝生长到一定时候分化产生孢子丝，孢子丝有直、波曲、螺旋形等各种形态。孢子有球形、椭圆、杆状等各种形态，并且有的孢子表面还有刺、疣、毛发等各种纹饰。链霉菌的气生菌丝和基质菌丝有各种不同的颜色，有的菌丝还产生可溶性色素分泌到培养基中，使培养基呈现各种颜色。链霉菌的许多种类能产生对人类有益的抗生素。如链霉素、红霉素、四环素等都是由链霉菌中的一些种产生的。

（3）小单孢菌属

小单孢菌属的菌丝体纤细，只形成基质菌丝，不形成气生菌丝，在基质菌丝上长出许多小分枝，顶端着生一个孢子。此属也是产生抗生素较多的一个属，如庆大霉素就是由该属的绛红小单孢菌和棘孢小单孢菌产生的。

二、蓝细菌

蓝细菌在过去曾一直被称为蓝藻或蓝绿藻。自从发现这类微生物的细胞核是原核而不是像其他藻类的核是真核之后，已改属于原核生物界，称为蓝细菌。蓝细菌的形态为球状和丝状，细胞壁外有黏质，称为鞘或荚膜。蓝细菌一般借滑动行动。蓝细菌的生殖方式目前仅知为无性生殖，还没有发现有性生殖。蓝细菌在地球上分布很广泛，自热带到寒带都有，普遍生长在淡水、海水和土壤内。它们是光合自养细菌，能耐受极端的环境条件，如高温和干燥等。因此，在干旱的沙漠地区内，单细胞的蓝细菌能在岩石下的缝隙内利用少量湿气和日光生活，有些蓝细菌可以固定大气氮作为代谢的氮源。蓝细菌含有光合作用的色素，包括叶绿素 a、类胡萝卜素，特别是β—胡萝卜素和两种水溶有色蛋白：一种是蓝色藻青蛋白，另一种是红色藻红蛋白。在大多数的蓝细菌内，以蓝色藻青蛋白占优势。通常这类色素与叶绿素掺和在一起，使细胞呈蓝绿色，因而得名为蓝细菌。若在细胞内含有大量的红色藻红蛋白，细胞将呈现红色、紫色、褐色或黑色。

三、螺旋体

螺旋体的形态特征和行动方式均不同于其他细菌，可归纳为一个独立的类群。这类原核生物的菌体细而长，是曲折、螺旋状卷曲的单细胞，在一螺旋体内有一个或多个小螺旋，宽 0.09～0.75 mm，长度为 2～500 mm；革兰氏染色阴性，无鞭毛，靠体内轴丝运动。通过螺旋横向二分分裂繁殖；厌氧或兼性厌氧。有寄生或腐生，也有的为兼性寄生。其腐生性的生存环境广阔，包括淡水、海水、污水、沼泽地、动物器官等。昆虫的消化道内生存有螺旋体，特别是以木材为饲料的白蚁。瘤胃动物的肠道内也有螺旋体。人类、猿类、猪、狗、鼠等的大肠上皮细胞以及人类口腔也有螺旋体的存在，最重要的寄生性螺旋体有密螺旋体和疏螺旋体两种。密螺旋体存在于人类和动物的肠道、口腔和生殖道内。

第三节　酵　母　菌

酵母菌（yeast）是一群单细胞的真核微生物。酵母菌主要分布在含糖质较高的偏酸性环境，诸如果品、蔬菜、花蜜和植物叶子上，特别是葡萄园和果园的土壤中。它们多为腐生菌，少数为寄生菌。酵母菌应用很早，与人类关系密切，在酿造、食品、医药工业等方面占有重要地位。酵母菌也常给人类带来危害，腐生型酵母菌能使食物、纺织品和其他原料腐败变质，少数嗜高渗压酵母菌（如鲁氏酵母、蜂蜜酵母等）可使蜂蜜、果酱腐败；还有的是发酵工业的污染菌，它们会消耗酒精，降低产量或产生不良气味，影响产品质量。

一、酵母菌的形态结构

酵母菌是典型的真核微生物，细胞的形态通常有球状、卵圆状、椭圆状、柱或香肠状等多种，典型结构如图 1—16 所示。当它们进行一连串的芽殖后，如果长大的子细胞与母细胞并不立即分离，其间仅以极狭小的面积相连，这种藕节状的细胞串就称为假菌丝。酵母细胞一般比细菌个体大得多，为（1～5）μm×（5～30）μm。

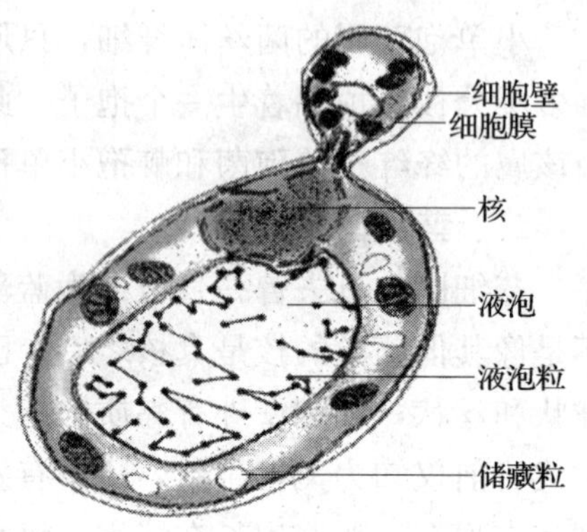

图 1—16　酵母菌的形态结构

1. 细胞壁

细胞壁厚约为 25 nm，约占细胞干重的 25%，是一种坚韧的结构。其化学组成主要是：外层为甘露糖，内层为葡聚糖，其间夹有一层蛋白质分子。蛋白质约占细胞壁干重的 10%，其中有些是以与细胞壁相结合的酶的形式存在的，如葡聚糖酶、甘聚糖酶、蔗糖酶、碱性磷酸酶和脂酶等。此外，细胞壁上还含有少量类脂和以环状形式分布在芽痕周围的几丁质。

2. 细胞膜

酵母细胞膜的成分主要由蛋白质（其中含有可吸收糖和氨基酸的酶）、类脂（如甘油脂、磷脂、甾醇等）和糖类（如甘露聚糖等）组成。在酵母细胞膜上所含的各种甾醇中，尤以麦角甾醇居多。它经紫外线照射后可形成维生素 D_2。

3. 细胞核

酵母菌的细胞核由核被膜、染色质、核仁和核基质组成。核由双层膜包被，核膜上有许多核孔。染色质的基本单位是核小体，它由 DNA 与组蛋白结合而成。

4. 细胞质和细胞器

细胞质位于细胞膜内，是一种黏稠液体，内含各种细胞器，如线粒体、内质网、核糖体、微体、液泡等。液泡存在于成熟的酵母菌细胞中，其内含有一些水解酶以及聚磷酸、类脂、中间代谢物和金属离子等。液泡起着营养物和水解酶类的储藏库的作用，同时还有调节渗透压的功能。

二、酵母菌的繁殖方式和生活史

1. 酵母菌的繁殖方式

酵母菌的繁殖方式有多种类型。通常以芽殖或裂殖来进行无性繁殖，极少数种可产生子囊孢子进行有性繁殖。现将几种有代表性的繁殖方式表述如下：

（1）无性繁殖

1）芽殖。芽殖是酵母菌最常见的繁殖方式。在良好的营养和生长条件下，酵母生长迅速，这时，可以看到所有细胞上都长有芽体，而且在芽体上还可形成新的芽体，所以经常可以见到呈簇状的细胞团。

芽体的形成过程如下：在细胞形成芽体的部位，由于水解酶对细胞壁多糖的分解，使细胞壁变薄，大量新细胞物质——核物质（染色体）和细胞质等在芽体起始部位上堆积，使芽体逐步长大；当芽体达到最大体积时，它与母细胞相连的部位便形成了一块隔壁；隔壁的成分是由葡聚糖、甘露聚糖和几丁质构成的复合物；最后，母细胞与子细胞在隔壁处分离；于是，在母细胞上就留下一个芽痕，而在子细胞上就相应地留下一个蒂痕，如图 1—17 所示。

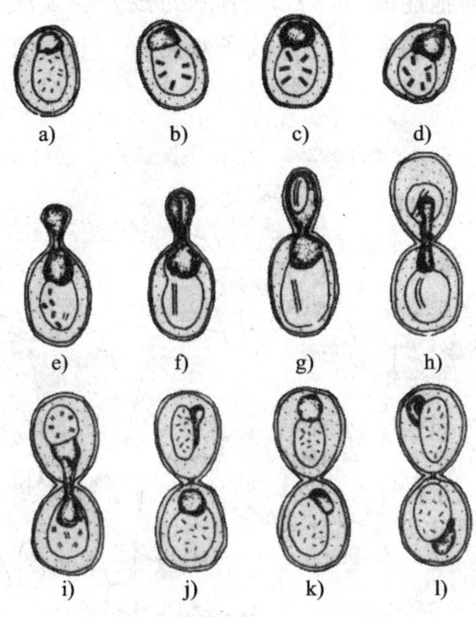

图 1—17　酵母菌芽殖过程

2）裂殖。酵母菌的裂殖过程是细胞伸长，核分裂为二，然后细胞中央出现隔膜，将细胞横分为两个大小相等、各具有一个核的子细胞。进行裂殖的酵母菌种类很少，如裂殖酵母属的八孢裂殖酵母等。

3）无性孢子繁殖。有些酵母菌可形成一些无性孢子进行繁殖。这些无性孢子有掷孢子、厚垣孢子等。如掷孢酵母属等少数酵母菌产生的掷孢子，外形呈肾状。其首先是在卵圆形的营养细胞上生出的小梗上形成的，该孢子成熟后，通过一种特有的喷射机制将孢子射出。因此，如果用倒置培养皿培养掷孢酵母并使其形成菌落，则常因其射出掷孢子而可在皿盖上见到由掷孢子组成的菌落模糊镜像。此外，有的酵母（如白假丝酵母等）还能在假菌丝的顶端产生厚垣孢子。

（2）有性繁殖

酵母菌是以形成子囊和子囊孢子的方式进行有性繁殖的。它们一般通过邻近的两个性别不同的细胞各自伸出一根管状的原生质突起，随即相互接触、局部融合，并形成一个通道，再通过质配、核配和减数分裂，形成 4 个或 8 个子核，每一子核与其附近的原生质一起，在其表面形成一层孢子壁后，就形成了一个子囊孢子，而原有营养细胞就成了子囊。

2. 酵母菌的生活史

生物个体经一系列生长、发育阶段后而产生下一代个体的全部过程称为该生物的生活史或生命周期。各种酵母菌的生活史可分为以下三个类型。

(1) 单倍体型

单倍体型即营养体只能以单倍体（n）形式存在，其主要特点是：营养细胞为单倍体；无性繁殖以裂殖方式进行；二倍体细胞不能独立生活，故此阶段很短。其主要过程为：单倍体营养细胞借助裂殖进行无性繁殖；两个营养细胞接触后形成接合管，发生质配后即行核配，于是两个细胞连成一体；二倍体的核分裂 3 次，第一次为减数分裂；形成 8 个单倍体的子囊孢子；子囊破裂，释放子囊孢子（见图 1—18a）。八孢裂殖酵母是这一类型的代表。

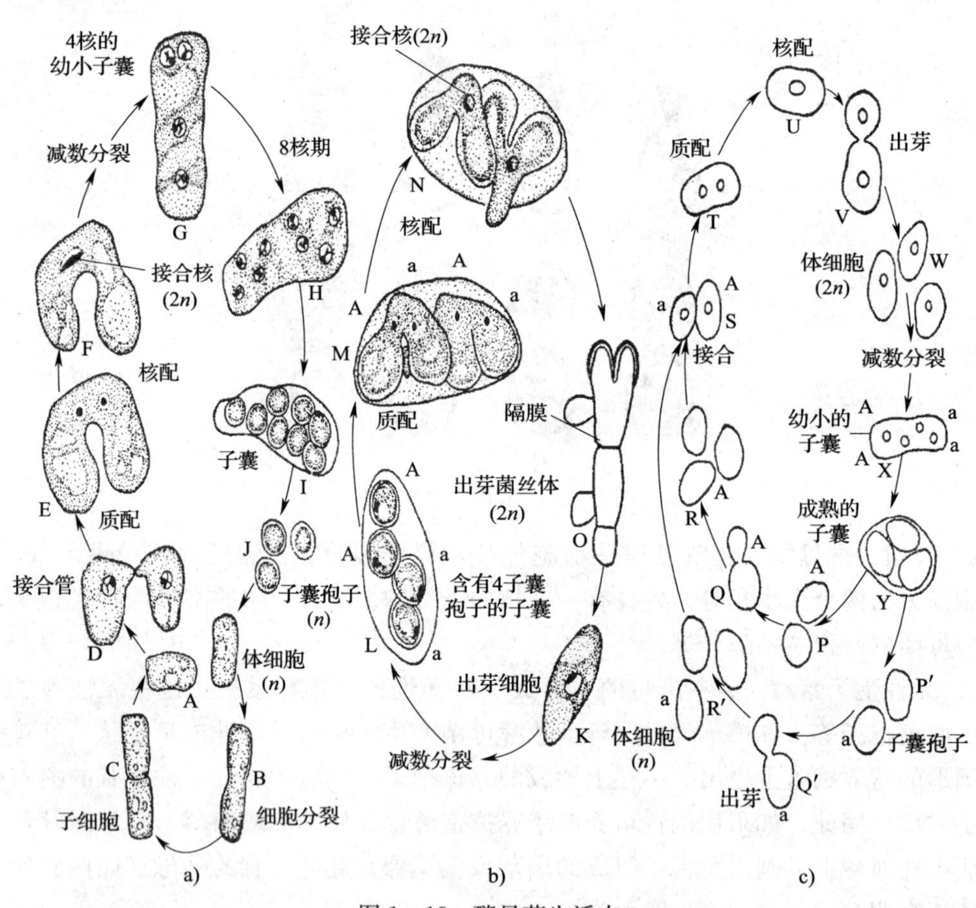

图 1—18 酵母菌生活史

a) 单倍体型 b) 双倍体型 c) 单双倍体型

(2) 双倍体型

双倍体型即营养体只能以双倍体形式存在，其特点为：营养体为双倍体，不断进行芽殖，此阶段较长；单倍体的子囊孢子在子囊内发生接合；单倍体阶段仅以子囊孢子形式存在，故不能进行独立生活。其主要过程为：单倍体子囊孢子在孢子囊内成对接合，并发生质配和核配；接合后的双倍体细胞萌发，穿破子囊壁；双倍体的营养细胞可独立生活，通过芽殖方式进行无性繁殖；在双倍体营养细胞内的核发生减数分裂，营养细胞成为子囊，其中形成4个单倍体子囊孢子，如图1—18b所示。路德类酵母是这一类型的典型代表。

（3）单双倍体型

单双倍体型即营养体既可以单倍体（n）也可以二倍体（$2n$）形式存在，其特点为：一般情况下都以营养体状态进行出芽繁殖；营养体既可以单倍体形式存在，也能以二倍体形式存在；在特定条件下进行有性繁殖。从图1—18c中可见其生活史的全过程：子囊孢子在合适的条件下发芽产生单倍体营养细胞；单倍体营养细胞不断进行出芽繁殖；两个性别不同的营养细胞彼此接合，在质配后即发生核配，形成二倍体营养细胞；二倍体营养细胞并不立即进行核分裂，而是不断地进行出芽繁殖；在特定条件下，二倍体营养细胞转变成子囊，细胞核进行减数分裂，并形成4个子囊孢子；子囊经自然破壁或人为破壁（如加蜗牛消化酶溶壁，或加硅藻土和石蜡油研磨等）后，释放出单倍体子囊孢子。二倍体营养细胞因其体积大、生存力强，故广泛地应用于工业生产、科学研究或遗传工程实践中，酿酒酵母是这一类型的代表。

三、酵母菌的菌落特征

酵母菌都是单细胞微生物，且细胞都是粗短的形状，在细胞间充满着毛细管水，故它们在固体培养基表面形成的菌落也与细菌相仿，一般都有湿润，较光滑，有一定的透明度，容易挑起，菌落质地均匀以及正反面和边缘、中央部位的颜色都很均一等特点。但由于酵母的细胞比细菌的细胞大，细胞内颗粒较明显，细胞间隙含水量相对较少以及不能运动等特点，故反映在宏观上就产生了较大、较厚、外观较稠和较不透明的菌落。酵母菌菌落的颜色比较单调，多数都呈乳白色，少数为红色，个别为黑色。另外，凡不产生假菌丝的酵母菌，其菌落更为隆起，边缘圆整；而会产生假菌丝的酵母则菌落较平坦，表面和边缘较粗糙。酵母菌的菌落一般还会散发出一股悦人的酒香味。典型啤酒酵母菌菌落的形态如图1—19所示。

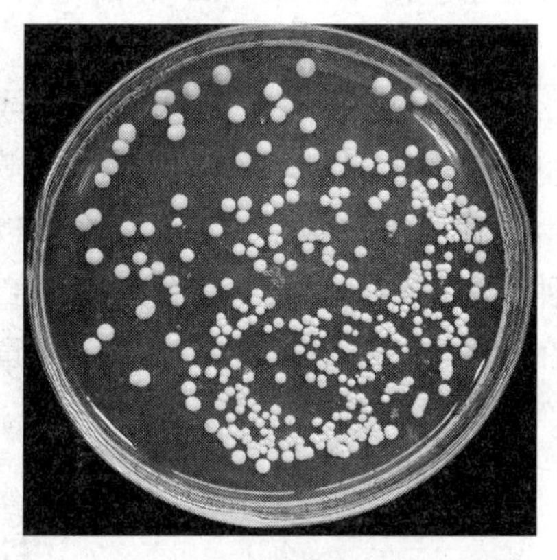

图1—19　啤酒酵母菌菌落的形态

四、食品中常见的酵母菌

1. 啤酒酵母

啤酒酵母是酵母菌属中的典型菌种，也是重要的菌种，广泛应用于啤酒、白酒、果酒的酿造和面包的制造中，由于酵母菌含有丰富的维生素和蛋白质，因而可作为药用，也可用于饲料，具有较高的经济价值。其分布也很广泛，在各种水果的表皮上，发酵的果汁、酒曲、土壤中，特别是果园土壤中都可分离到。

啤酒酵母的种类也很多，根据细胞长与宽的比例，可将啤酒酵母分为三类。第一类的细胞多为圆形、短卵形或卵形，细胞长与宽之比为1～2。应用广泛，如啤酒、白酒和酒精发酵及面包制作中多应用这类菌种。第二类的细胞为卵形或长卵形，长与宽之比通常为2，常用于葡萄酒和果酒的酿造。第三类的细胞为长圆形，长与宽之比大于2。这类酵母比较耐高渗透压。用甘蔗糖蜜作为原料时可供酒精发酵。在麦芽汁琼脂上的啤酒酵母菌的菌落为乳白色，有光泽，平坦，边缘整齐。

2．葡萄汁酵母

娄德于1970年将卡尔斯伯酵母、娄哥酵母和葡萄汁酵母合并成一种，统称为葡萄汁酵母。它与啤酒酵母的主要区别是全发酵棉子糖。在25℃下的麦芽汁中培养3天，细胞呈圆形、卵形、椭圆形或长形。供啤酒酿造底层发酵，或作为饲料和药用。

3．热带假丝酵母

热带假丝酵母是最常见的假丝酵母。热带假丝酵母氧化烃类的能力强，在23～29℃石油馏分的培养基中，经22 h后，可得到相当于烃类质量92%的菌体。所以，是生产石油蛋白质的重要菌种。用农副产品和工业废弃物也可培养热带假丝酵母。如用生产味精的废液培养热带假丝酵母作为饲料，既扩大了饲料的来源，又减少了工业废水对环境的污染。

4．产朊假丝酵母

产朊假丝酵母又叫产朊圆酵母或食用圆酵母。其蛋白质和维生素B的含量都比啤酒酵母高，它能以尿素和硝酸作为氮源，在培养基中不需要加入任何生长因子即可生长。它能利用五碳糖和六碳糖，既能利用造纸工业的亚硫酸废液，还能利用糖蜜、木材水解液等生产出可食用的蛋白质。

5．球拟酵母

球拟酵母细胞为球形、卵形或略长形，生殖方式为芽殖。无假菌丝，无色素，有酒精发酵能力。有些种能产生甘油等多元醇。在适宜条件下能将40%的糖转化为多元醇。由于甘油是重要的化工原料，所以该属的酵母菌是工业用菌种中的重要种类。其代表菌种为白色球拟酵母，广泛存在于自然界，能发酵甘油。球形球拟酵母能耐高渗透压，可在高糖浓度的基质（如蜜饯、蜂蜜等食品）上生长。有的菌种也可进行石油发酵，可生产蛋白质或其他产品。

第四节 霉　　菌

霉菌是形成分枝菌丝的真菌的统称，也是丝状真菌的俗称，意即“发霉的真菌”。它们往往能形成分枝状的菌丝体，但又不像蘑菇那样产生大型的子实体。霉菌不是分类学的名词，在分类上属于真菌门的各个亚门。

一、霉菌的形态和结构

1．霉菌的菌丝和菌丝体

霉菌菌体是由分枝或者不分枝的菌丝构成，许多菌丝交织在一起，就称为菌丝体。菌丝是由细胞壁包被的一种管状细丝，大都无色透明，宽度一般为3～10 mm，比细菌的宽度大几倍到几十倍。霉菌的菌丝分有隔膜菌丝和无隔膜菌丝两种类型，如图1—20

所示。霉菌菌丝可以分化，在固体培养基上，一部分菌丝伸入培养基内部，吸收营养，称为营养菌丝或基内菌丝。另一部分菌丝伸出基质外向空中生长，称为气生菌丝。气生菌丝发育到一定阶段，一部分会产生孢子，称为繁殖菌丝。有些菌丝会分泌各种颜色的色素，甚至有的菌丝分泌的细胞外色素渗入基质。

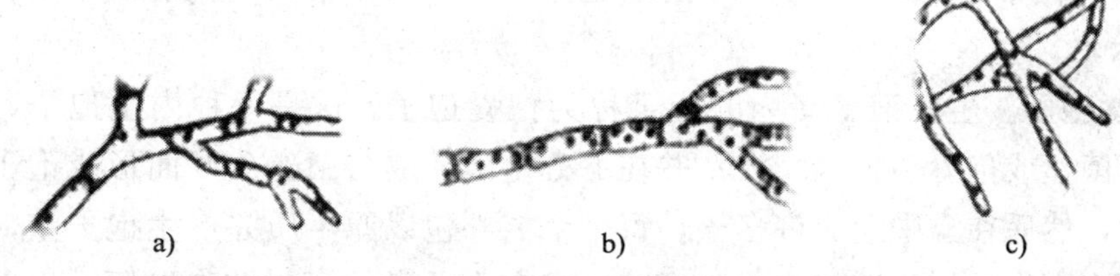

图 1—20　霉菌的菌丝形态

a）单核有隔菌丝　b）多核有隔菌丝　c）无隔菌丝

（1）有隔膜菌丝

菌丝中有横隔膜将菌丝分隔成多个细胞，在菌丝生长过程中，细胞核的分裂伴随着细胞的分裂，每个细胞含有 1 个至多个细胞核。不同霉菌菌丝中的横隔膜的结构不一样，有的为单孔式，有的为多孔式，还有的为复式。但无论哪种类型的横隔膜，都能让相邻两细胞内的物质相互沟通。

（2）无隔膜菌丝

无隔膜菌丝中没有横隔膜，整个菌丝就是一个单细胞，菌丝内有许多核，在菌丝生长过程中只有核的分裂和原生质量的增加，没有细胞数目的增多。

2. 菌丝的特异化

为了适应环境变化，有些霉菌菌丝会特异化成各种特殊结构，如产生假根、吸器、菌核和子实体等。

（1）假根

假根是根霉属真菌的匍匐枝与基质接触处分化形成的根状菌丝，在显微镜下假根的颜色比其他菌丝要深，它起固定和吸收营养的作用。

（2）吸器

吸器是某些寄生性真菌从菌丝上产生出来的旁枝，侵入寄主细胞内形成指状、球状或丛枝状结构，用以吸收寄主细胞中的养料。

（3）菌核

菌核是由菌丝团组成的一种硬的休眠体，一般有暗色的外皮，在条件适宜时可以生出分生孢子梗、菌丝子实体等。

（4）子实体

子实体由大量气生菌丝体特化而成，子实体是指在菌丝里面或上面可产生孢子的、有一定形状的任何构造，如闭囊壳、子囊壳和子囊盘等。

二、霉菌的繁殖方式和生活史

1. 霉菌的繁殖方式

霉菌的繁殖可分为无性繁殖和有性繁殖两种方式。

（1）无性繁殖

无性孢子是霉菌进行繁殖的主要方式，这些孢子有以下几种：

1）游动孢子。游动孢子是具有鞭毛可以游动的孢子，其产生在由菌丝膨大而成的游动孢子囊内，孢子通常为圆形、洋梨形或肾形，具有一根或两根鞭毛，能够游动。在水中游动一段时间后，鞭毛收缩，产生细胞壁进行休眠，然后萌发形成新个体，如图1—21a所示。

2）孢囊孢子。生在孢子囊内的孢子称为孢囊孢子。这是一种内生孢子，在孢子形成时，气生菌丝或孢囊梗顶端膨大，并在下方生出横隔与菌丝分开而形成孢子囊。孢子囊逐渐长大，然后在囊中形成许多核，每一个核外包以原生质并产生孢子壁，即成为孢囊孢子。原来膨大的细胞壁就成为孢囊壁。带有孢子囊的梗叫做孢囊梗。孢囊梗伸入孢子囊中的部分叫做囊轴。孢子囊成熟后破裂，孢囊孢子扩散出来，遇适宜条件即可萌发成新个体，如图1—21b所示。

3）分生孢子。分生孢子是霉菌中常见的一类无性孢子，是生于菌丝细胞外的孢子，所以又称为外生孢子。分生孢子着生于已分化的分生孢子梗或具有一定形状的小梗上，也有些真菌的分生孢子就着生在菌丝的顶端，如图1—21c所示。

4）节孢子。由菌丝断裂而成，又称粉孢子或裂孢子。节孢子的形成过程是菌丝生长到一定阶段，菌丝上出现许多横隔，然后从横隔处断裂，产生许多形如短柱状、筒状或两端呈钝圆形的节孢子，如图1—21d所示。

5）厚垣孢子。又称厚壁孢子，它是由菌丝中间（少数在顶端）的个别细胞膨大、原生质浓缩和细胞壁变厚而形成的休眠孢子。厚垣孢子呈圆形、纺锤形或长方形，它是霉菌度过不良环境的一种休眠细胞，寿命较长，菌丝体死亡后，上面的厚垣孢子还活着，一旦环境条件好转，就能萌发成菌丝体，如图1—21e所示。

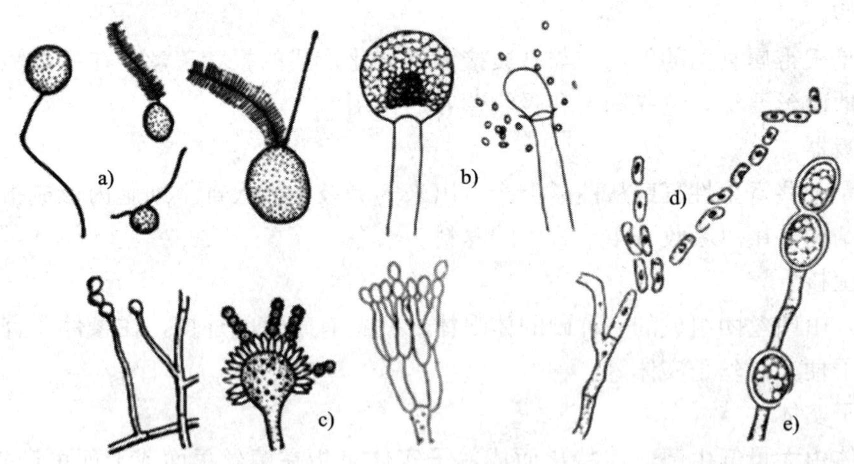

图1—21　无性繁殖各种孢子形态

a）游动孢子　b）孢囊孢子　c）分生孢子　d）节孢子　e）厚垣孢子

（2）有性繁殖

霉菌的有性繁殖靠产生有性孢子进行。霉菌有性孢子是经过两个性细胞（或菌丝）

的结合而形成的。有性孢子的形成过程一般经过质配、核配和减数分裂三个阶段。在霉菌中，有性繁殖不及无性繁殖普遍，仅发生于特定条件下，而且一般培养基上不常出现。常见的霉菌有性孢子有卵孢子、接合孢子、子囊孢子和担孢子。

1）卵孢子。它是由两个大小不同的配子囊结合发育而成的。小型配子囊称为雄器，大型配子囊称为藏卵器。藏卵器中的原生质与雄器配合以前，收缩成一个或数个原生质团，称为卵球。当雄器与藏卵器配合时，雄器中的细胞质和细胞核通过受精管而进入藏卵器与卵球配合，此后卵球生出外壁即成为卵孢子。卵孢子的数量取决于卵球的数量，其形态如图 1—22 所示。

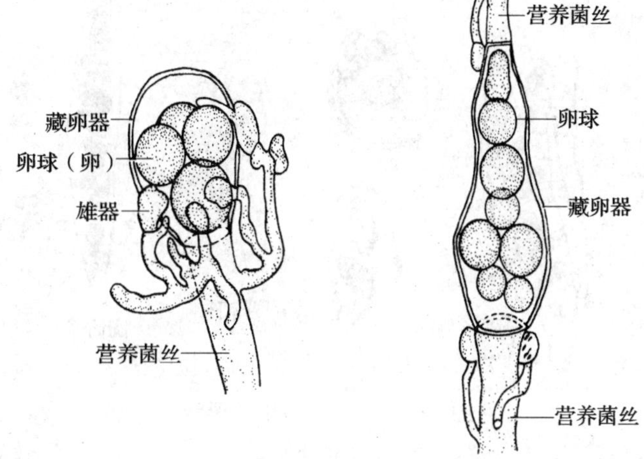

图 1—22　卵孢子的形态

2）接合孢子。它是由菌丝生出的形态相同或略有不同的配子囊接合而成的。接合孢子的形成过程是两个相邻的菌丝相遇，各自向对方生出极短的侧枝，称为原配子囊。原配子囊接触后，顶端各处膨大并形成横隔，即为配子囊，配子囊下面的部分称为配囊柄。相接触的两个配子囊之间的横隔消失，其细胞质与细胞核互相配合，同时外部形成厚壁，即为接合孢子，其形成过程如图 1—23 所示。在适宜的条件下，接合孢子可萌发成新的菌丝体。

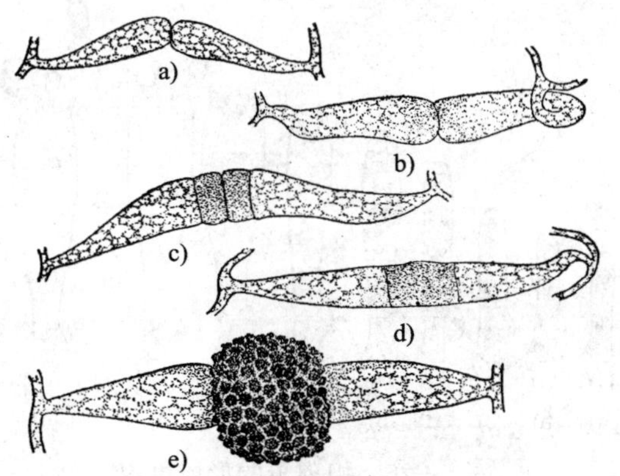

图 1—23　接合孢子的形成过程

a)、b) 形成原配子囊　c)、d) 形成配子囊　e) 形成接合孢子

3）子囊孢子。子囊孢子形成于子囊中，先是同一菌丝或相邻的两菌丝上的两个大小和形状不同的性细胞互相接触并互相缠绕。接着两个性细胞经过受精作用后形成分枝的菌丝，称为造囊丝。造囊丝经过减数分裂，产生子囊。每个子囊产生 2～8 个子囊孢子。在子囊和子囊孢子的发育过程中，原来的雄器和藏卵器下面的细胞会生出许多菌丝，它们有规律地将造囊丝包围，于是形成了子囊果。子囊果有各种不同形状，有分隔形、球形、具柄宽卵形、棍棒形及圆筒形等，如图 1—24 所示。子囊孢子成熟后即被释放出来。子囊孢子的形状、大小、颜色、纹饰等差别很大，多用来作为子囊菌的分类依据。

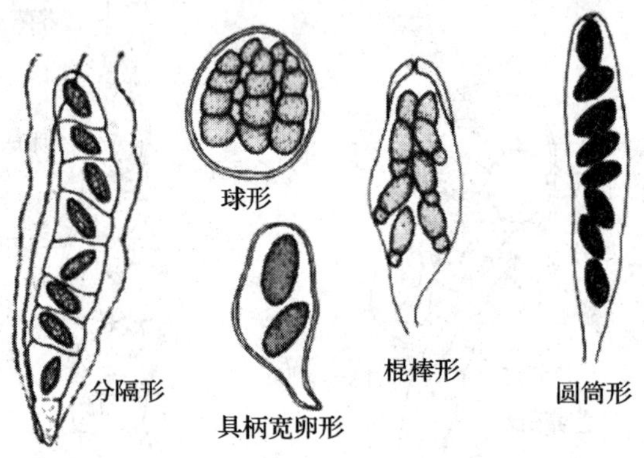

图 1—24　子囊孢子的形状

4）担孢子。担孢子是担子菌产生的有性孢子。在担子菌中，两性器官多退化，以菌丝结合的方式产生双核菌丝，在双核菌丝的两个核分裂之前可以产生钩状分枝而形成锁状联合，这有利于双核并裂。双核菌丝的顶端细胞膨大为担子，担子内两个不同性别的核配合后形成 1 个二倍体的细胞核，经减数分裂后形成 4 个单倍体的核，同时在担子的顶端长出 4 个小梗，小梗顶端稍微膨大，最后 4 个核分别进入小梗的膨大部位，形成 4 个外生的单倍体的担孢子，其形成过程如图 1—25 所示。担孢子多为圆形、椭圆形、肾形和腊肠形等。

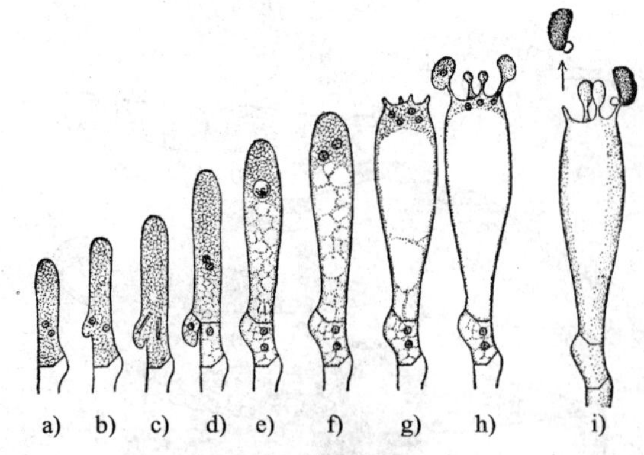

图 1—25　担孢子的形成过程

a）、b）、c）、d）锁状联合形成　e）末端细胞内核配合并膨大形成担子

f）、g）双倍体核减数分裂　h）担孢子形成　i）担孢子弹射

2. 霉菌的生活史

霉菌的生活史是指霉菌从孢子萌发开始，经过一定的生长和发育，到最后又产生孢子的过程。整个过程包括无性繁殖阶段和有性繁殖阶段。

无性繁殖阶段：菌丝体（营养体）在适宜的条件下产生无性孢子，无性孢子萌发形成新的菌丝体，多次重复。

有性繁殖阶段：在发育后期的一定条件下，在菌丝体上分化出特殊性器官（细胞），质配、核配、减数分裂后形成单倍体孢子，再萌发形成新的菌丝体。

霉菌的无性孢子通常具有抗干燥和辐射的能力，但不耐高温，不是休眠体，只要条件适宜就能萌发。霉菌的有性孢子一般能休眠，较能耐热，经活化后才能萌发。

三、霉菌的菌落特征

霉菌的菌落是由分枝状菌丝体组成的，由于菌丝较粗而长，形成的菌落比较疏松，常呈现绒毛状、棉花样絮状或蜘蛛网状。有些霉菌，如根霉、毛霉、链孢霉等的菌丝生长很快，在固体培养基表面蔓延，以致菌落没有固定大小。菌落表面常呈现肉眼可见的不同结构和色泽特征，这是因为霉菌形成的孢子有不同的形状、构造和颜色。有的产生水溶性色素可分泌到培养基中，使菌落背面出现不同的颜色。一些生长较快的霉菌菌落，其菌丝生长向外扩展，所以菌落中部的菌丝菌龄较大，而菌落边缘的菌丝是最幼嫩的。同一种霉菌，在不同成分的培养基中形成的菌落特征可能有变化；但各种霉菌在一定的培养基上形成的菌落大小、形状、颜色等相对是比较一致的。因此，菌落特征也是霉菌鉴定的主要依据之一。典型霉菌的菌落形态如图 1—26 所示。

四、食品中常见的霉菌

1. 毛霉属

毛霉属种类较多，毛霉的菌丝体发达，呈棉絮状，由许多分枝的菌丝构成。菌丝无隔膜，有多个细胞核，其无性繁殖为孢囊孢子。毛霉的形态如图 1—27 所示。在自然界广泛分布，如在土壤、空气中经常发现。毛霉是食品工业的重要微生物，如毛霉分泌产生的淀粉酶活力很强，可把淀粉转化为糖。在酿酒工业上多用做淀粉质原料酿酒的糖化菌。另外，有些毛霉还能产生蛋白酶，有分解大豆蛋白质的能力，多用于制作豆腐乳和豆豉。有些毛霉还能产生草酸、乳酸、琥珀酸和甘油等。

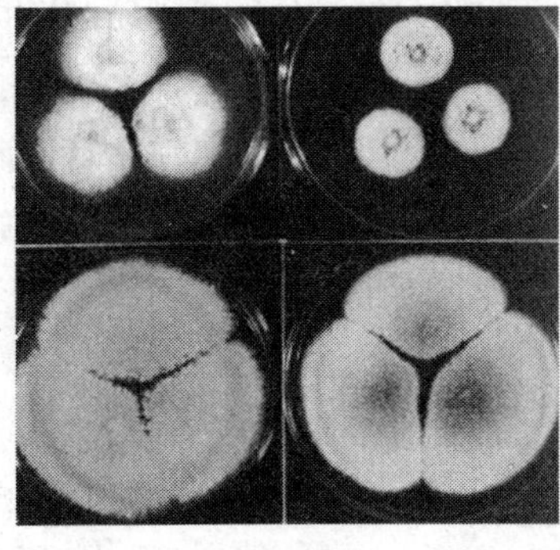

图 1—26　霉菌的菌落形态

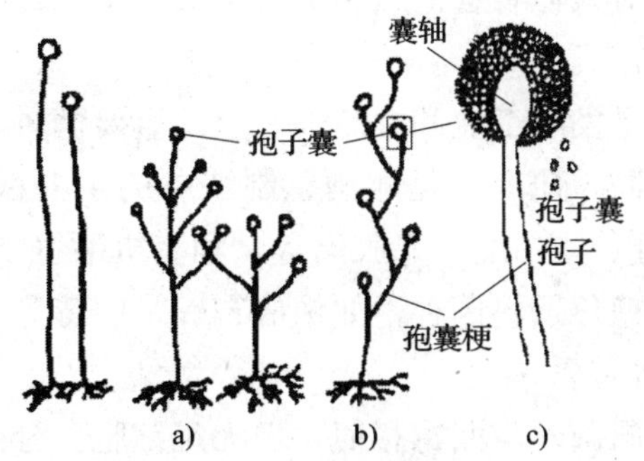

图 1—27　毛霉的形态
a）单轴式孢囊梗　b）假轴式孢囊梗　c）孢子囊的结构

毛霉生长迅速，产生发达的菌丝。菌丝一般呈白色，不具隔膜，不产生假根，是单细胞真菌。以孢囊孢子进行无性繁殖，孢子囊呈黑色或褐色，表面光滑。有性繁殖则产生接合孢子。

2. **根霉属**

根霉属与毛霉属有很多特征相似，主要区别在于：根霉有假根和匍匐菌丝。匍匐菌丝呈弧形，在培养基表面水平生长。匍匐菌丝着生孢子囊梗的部位，接触培养基处，菌丝伸入培养基内呈分枝状生长，犹如树根，故称为假根，这是根霉的重要特征，其形态如图 1—28 所示。其有性繁殖产生接合孢子，无性繁殖形成孢囊孢子。根霉菌菌丝体呈白色，无隔膜，单细胞，气生性强，在培养基上交织成疏松的絮状菌落，生长迅速，可蔓延覆盖整个表面。根霉在自然界分布很广泛，空气、土壤以及各种器皿表面都存在，并常出现于淀粉质食品上，引起馒头、面包、甘薯等发霉变质，或造成水果、蔬菜腐烂。根霉在生命活动过程中能产生淀粉酶、糖化酶，是食品工业上有名的生产菌种。有的用做发酵饲料的曲种。我国酿酒工业中，用根霉作为糖化菌种已有悠久的历史，同时也是家用甜酒曲的主要菌种。常见的根霉有匍枝根霉、即黑根霉（俗称面包霉）和米根霉等。

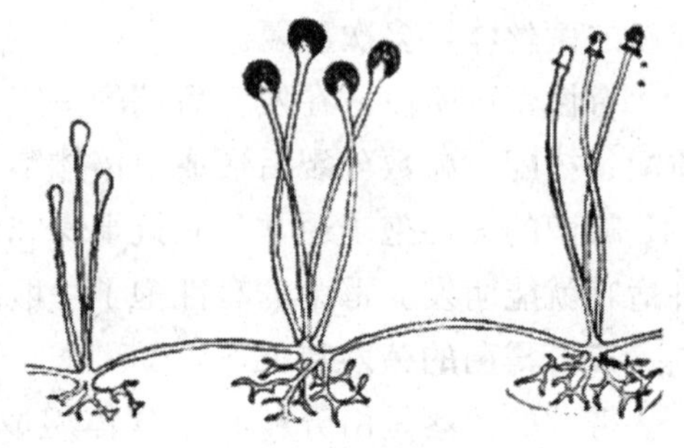

图 1—28　根霉的形态

3. **曲霉属**

曲霉属菌丝有隔膜，为多细胞霉菌。在其幼小而活力旺盛时，菌丝体会产生大量的分生孢子梗。分生孢子梗顶端膨大成为顶囊，一般呈球形。顶囊表面长满一层或两层辐射状小梗（初生小梗与次生小梗）。最上层小梗呈瓶状，顶端着生成串的球形分生孢子。以上几部分结构合称“孢子穗”。孢子呈绿、黄、橙、褐、黑等颜色。这些都是菌种鉴定的依据。分生孢子梗生于足细胞上，并通过足细胞与营养菌丝相连。曲霉孢子穗的形态，包括分生孢子梗的长度，顶囊的形状，小梗着生是单轮还是双轮，分生孢子的形状、大小、表面结构及颜色等，都是菌种鉴定的依据。

曲霉广泛分布在谷物、空气、土壤和各种有机物上。生长在花生和大米上的曲霉有的能产生对人体有害的真菌毒素，如黄曲霉毒素 B_1 能导致癌症，有的则引起水果、蔬菜、粮食霉腐。

曲霉是发酵工业和食品加工业的重要菌种，已被利用的近 60 种。2 000 多年前，我国就用制酱，曲霉也是酿酒、制醋曲的主要菌种。现代工业利用曲霉生产各种酶制剂（如淀粉酶、蛋白酶、果胶酶等）和有机酸（如柠檬酸、葡萄糖酸、五倍子酸等），在农业上用做糖化饲料菌种，如黑曲霉、米曲霉等。

4. **青霉属**

青霉属菌丝与曲霉相似，但无足细胞。分生孢子梗顶端不膨大，无顶囊，经多次分枝，产生几轮对称或不对称的小梗，小梗顶端产生成串的青色分生孢子。孢子穗形如扫帚。美国研究者 Thom 按照分生孢子梗的形态把青霉属分为四组。即一轮青霉，分生孢子梗只有一轮分枝；二轮青霉，分生孢子梗产生两轮分枝；多轮青霉，分生孢子梗具三轮以上分枝；不对称青霉，分生孢子梗上不对称地产生或多或少轮层的分枝。

青霉属是产生青霉素的重要菌种。广泛分布于空气、土壤和各种物品上，常生长在腐烂的柑橘皮上，呈青绿色。目前已发现几百种，其中黄青霉、点青霉等都能大量产生青霉素。青霉素的发现及其大规模地生产、应用，对抗生素工业的发展起到了巨大的推动作用。此外，有的青霉菌还用于生产灰黄霉素及磷酸二酯酶、纤维素酶等酶制剂和有机酸。

5. 红曲霉属

红曲霉属菌丝体最初呈白色，以后呈红色、红紫色，色素可分泌到培养基中，在麦芽汁琼脂上菌落呈膜状的蔓延生长物。闭囊壳为橙红色，球形，子囊球形，含 8 个子囊孢子。子囊孢子呈卵圆形，光滑，无色或呈浅红色。分生孢子着生在菌丝及其分枝的顶端，单生或成链，呈球形或梨形。

由于红曲霉属能产生红色色素，可用做食品加工中天然红色色素的来源，如在红腐乳、饮料、肉类加工中用的红曲米，就是用红曲霉制作的。常用的菌种为紫红曲。

第五节　食　用　菌

食用菌是一类可供食用的、能形成大型的肉质（或胶质）子实体或菌核组织的高等真菌的总称（也叫蕈菌），俗称菇或蕈。在分类学上属于真菌门，担子菌纲或子囊菌纲的菌类。

一、伞菌的形态结构

无论是野生的，还是人工栽培的各类食用菌，它们的形态都是多种多样的，其中伞菌最多，一般由菌丝体、子实体两部分组成，如图 1—29 所示。

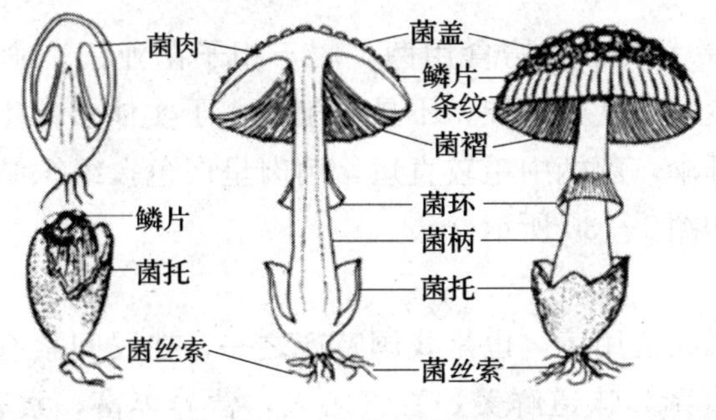

图 1—29　伞菌的形态结构

1. 菌丝体

菌丝体呈丝状，是食用菌的营养器官。菌丝体常在培养基质内，它的主要功能是分解基质，吸收营养。生长在基质内或基质上的菌丝体向各个方向分枝、延伸，以便利用基质的营养繁殖自己。其中由大量菌丝体缠结在一起形成菌丝索。由菌丝体的菌丝相互紧密缠结在一起而成的菌丝组织体称为菌核。

2. 子实体

伞菌的子实体是供人们食用的部分，子实体由以下几部分组成：

（1）菌盖

菌盖像一个伞盖，保护着下部的子实层体不至于受到风吹、雨淋和日晒。

（2）子实层体

子实层体紧连着菌肉，着生着菌褶（菌管），菌褶两侧（或菌管里）布满由担子、囊状体等组成的子实体；担子上着生着担孢子，这部分总称为子实层。

（3）菌杆

菌杆是菌盖的支撑物，多数着生在菌盖中央，少数偏生或侧生；有的菌柄极短，有的长达 30 cm 以上。菌柄表面有的光滑，有的有网纹、沟槽、鳞片，有的实心，有的中空。菌柄的形状往往随生长阶段不同产生一定变化。

（4）外菌幕与菌托

伞菌的子实体幼小时由一层薄膜包裹着，这层薄膜称为外菌幕，子实体长大，外菌幕被撑破，其大部或全部留在菌柄基部形成一个囊状物，包裹着菌柄基部，称为菌托。伞菌的外菌幕往往在子实体生长发育过程中逐渐消失，并不形成菌托。

（5）内菌幕与菌环

伞菌的子实体幼小时，菌褶表面有一层薄膜或丝状组织称为内菌幕。在子实体生长过程中，内菌幕有的遗留在菌柄上，形成菌环；有的残留在菌盖边缘，形成盖缘附属物。

二、典型食用菌

目前，世界上已被发现的真菌达 12 万余种，能形成大型子实体或菌核组织的达 6 000 余种，可供食用的有 2 000 余种。但目前能大面积人工栽培的只有 40～50 种。我国食用菌资源十分丰富，广泛栽培的食用菌有双孢菇、香菇、草菇、木耳、银耳、平菇、滑菇、灵芝等。

1. 双孢菇

双孢菇是世界第一大人工栽培食用菌，属于担子菌亚门，伞菌目，伞菌科，蘑菇属。菌丝呈银白色，生长速度中偏快，不易结菌被，子实体多单生，圆形、呈白色、无鳞片，菌盖厚，不易开伞，菌柄中粗较直短，菌肉呈白色，组织结实，菌柄上有半膜状菌环，孢子印褐色，如图 1—30 所示。

2. 香菇

香菇是世界上第二大食用菌，也是我国特产之一，在民间素有“山珍”之称。它是一种生长在木材上的真菌。味道鲜美，香气沁人，营养丰富，素有“植物皇后”美誉。香菇富含维生素 B 群、铁、钾、维生素 D 原（经日晒后转成维生素 D）。香菇子实体单生、丛生或群生，子实体中等大至稍大。菌盖直径为 5～12 cm，有时可达 20 cm，幼时呈半球形，后呈扁平至稍扁平，表面呈浅褐色、深褐色至深肉桂色，中部往往有深色鳞片，而边缘常有污白色毛状或絮状鳞片。菌肉呈白色，稍厚或厚，细密，具香味。幼时边缘内卷，有白色或黄白色的绒毛，随着生长而消失。菌盖下面有菌幕，后破裂，形成不完整的菌环。老熟后盖缘反卷，开裂。菌褶呈白色、密、弯生、不等长。菌柄常偏生、呈白色、弯曲，一般长 3～8 cm，粗 0.5～12 cm，菌环以下有纤毛状鳞片，纤维质，内部实心。菌环易消失，呈白色。孢子印白色。孢子光滑，无色，呈椭圆形至卵圆形，以孢子生殖方式繁殖。双核菌丝有锁状联合，如图 1—31 所示。

图 1—30　双孢菇

图 1—31　香菇

3．木耳

我国最常见的木耳是黑木耳，子实体丛生，常覆瓦状叠生。呈耳状、叶状或近鳞状，边缘波状，薄，宽 2～6 cm，最大者可达 12 cm，厚 2 mm 左右，以侧生的短柄或狭细的基部固着于基质上。初期为柔软的胶质，黏而富弹性，以后稍带软骨质，干后强烈收缩，变为黑色硬而脆的角质至近革质。背面外面呈弧形，紫褐色至暗青灰色，疏生短绒毛。绒毛基部呈褐色，向上渐尖，尖端几无色。里面凹入，平滑或稍有脉状皱纹，呈黑褐色至褐色。菌肉由有锁状联合的菌丝组成，粗约 2～3.5 μm。子实层生于里面，由担子、担孢子及侧丝组成。担子长 60～70 μm，粗约 6 μm，横隔明显。孢子呈肾形，无色；分生孢子近球形至卵形，无色，常生于子实层表面，如图 1—32 所示。黑木耳是一种营养丰富的食用菌，并且还有药用价值，是保健食品。黑木耳在我国的分布很广泛，北至黑龙江，南到海南岛，西自甘肃，东至福建和台湾都可生长和栽培。

图 1—32　木耳

4．平菇

平菇在生物分类学中隶属于真菌门、担子菌纲、伞菌目、白蘑科、侧耳属，又称为北风菌、蚝菌等，种类繁多，也是栽培广泛的食用菌之一。平菇含丰富的营养物质，每百克干品含蛋白质 20～23 g，而且氨基酸成分种类齐全，矿物质含量十分丰富。菌丝体均呈白色，子实体的共同形态特征是：菌褶延生，菌柄侧生、丛生或散生，如图 1—33 所示。主要栽培品种有糙皮侧耳、佛罗里达侧耳、凤尾菇等。

5．灵芝

灵芝在生物分类学中隶属于真菌门、担子菌纲、多孔菌科、灵芝属，是赤芝和紫芝的总称，担子果一年生或多年生，木质或木栓质，有柄或无柄。灵芝的菌盖表面有坚硬的皮壳，它的柄或菌盖从下端到上端都覆盖着一层坚硬的像漆膜一样有光泽的物质；菌盖腹面多管孔，管孔内生担子和担孢子，如图 1—34 所示。它具备很高的药用价值，以紫灵芝药效为最好。经研究证实：灵芝对于增强人体免疫力，调节血糖，控制血压，辅助肿瘤放、化疗，保肝护肝，促进睡眠等方面均具有显著疗效。常寄生于栎树及其他阔叶树根部，近年来也有人工栽培。

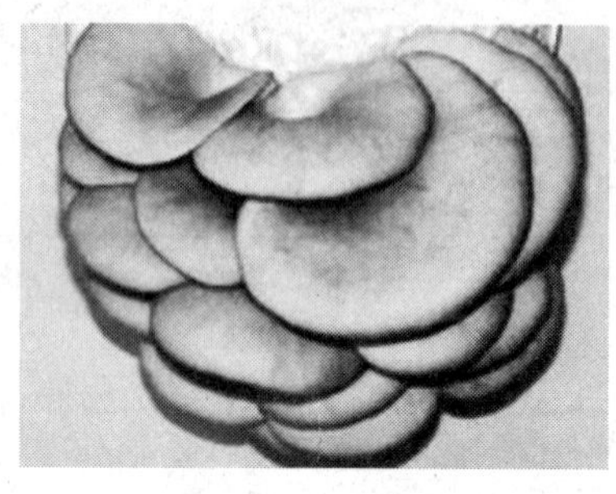
图 1—33　平菇

图 1—34　灵芝

第六节　非细胞生物——病毒

病毒（virus）是一类比细菌更微小，能通过细菌滤器，只含一种类型的核酸（DNA 或 RNA），仅能在活细胞内生长繁殖的非细胞形态的微生物。从 1892 年俄国科学家伊万诺夫斯基发现烟草花叶病毒以后，牛口蹄疫病毒、人黄热病毒、细菌病毒（即噬菌体）和昆虫病毒相继被发现。近年来，继真菌病毒后又发现了蓝绿藻病毒、支原体病毒等。病毒广泛分布在自然界中，无论动物、植物和人类都可受到病毒的危害。例如，由微生物引起的人类传染性疾病就有 80%是由病毒所引起的。在食品发酵工业生产中，噬菌体往往是造成生产菌种污染的主要因素之一。病毒传播的重要特点是传染性高、流行面广、有较高的死亡率。因此，掌握病毒的特性，认识病毒的传染和发病特点，对控制和防止病毒对食品造成污染，危害人类，以及减少发酵食品生产中因噬菌体污染而造成的损失均有一定的意义。

一、病毒的形态、结构及主要类群

1. 病毒的形态和大小

病毒比其他微生物结构更简单，它是由蛋白质围绕着核酸组成的复合分子构成的，为非细胞结构型，而且每一种病毒只含有一种核酸，核酸构成病毒的基因组，病毒没有完整的酶系统。

成熟的具有侵染力的病毒颗粒称为病毒粒子。在电子显微镜下观察到的病毒粒子一般为球状、棒杆状、蝌蚪状和线状等多种形态。人、动物和真菌的病毒大多呈球状（如腺病毒、蘑菇病毒等），少数为弹状或砖状（如弹状病毒、痘病毒等）。植物病毒和昆虫病毒则多数为线状和杆状（如烟草花叶病毒、家蚕核型多角体病毒等），少数为球状（如花椰菜花叶病毒、骨髓灰质炎病毒、禽流感病毒、流感病毒等）。细菌病毒称为噬菌体（bacteriophage），部分呈蝌蚪状（T_2. T_4. λ 噬菌体），部分呈线状（fd、M_{13} 等）或球状（MS2. φX174 等）。几种常见病毒的形态如图 1—35 所示。

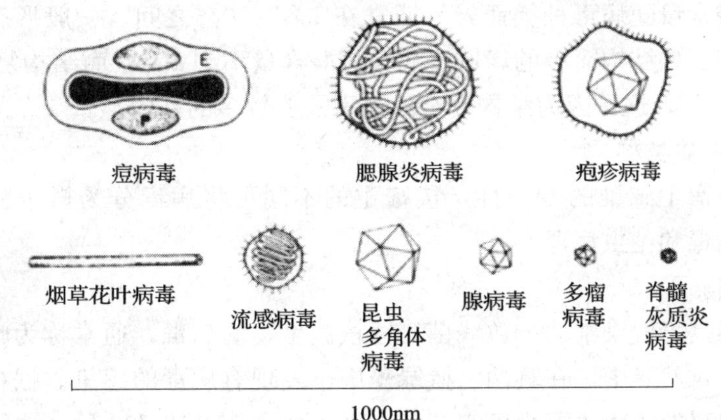

图 1—35 几种常见病毒的形态

病毒个体用纳米（nm）来量度。病毒的大小悬殊，直径在 10～300 nm 之间，通常在 100 nm 左右。较大的病毒如痘类病毒，其大小为（250～300）nm×（50～200）nm，比最小的细菌支原体（直径为 200～250 nm）还大。最小的病毒如菜豆畸矮病毒，粒子大小仅为 9～11 nm，比血清蛋白分子（直径为 22 nm）还小。

2. 病毒的结构与化学组成

（1）病毒粒子的结构

病毒主要由壳体和核酸两部分构成。壳体和核酸统称为核壳。有些病毒在核壳外还有一层外套，称为包膜，有的包膜上还有刺突。包膜由脂肪或蛋白组成。壳体的化学成分是蛋白质，由称为壳粒的亚单位组成。病毒结构剖面图如图 1—36 所示。壳粒是电子显微镜下所能见到的最小形态学单位，由一种或多种肽链折叠而成。

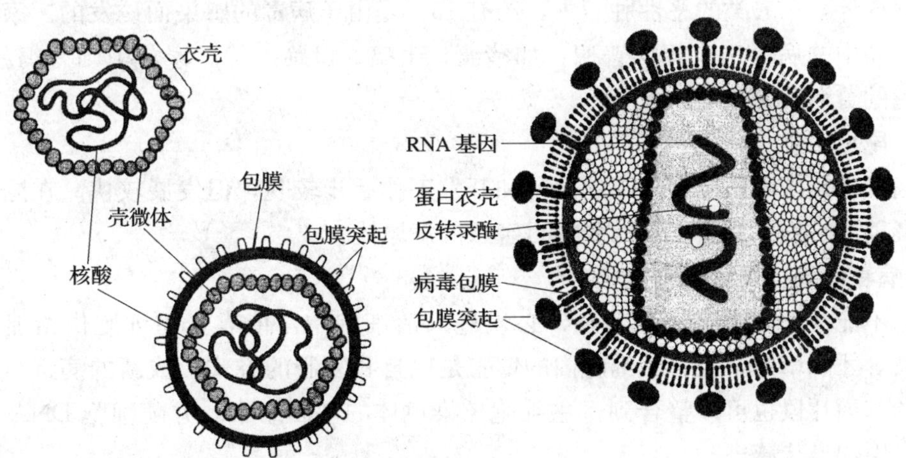

图 1—36 病毒结构剖面图

（2）病毒的化学组成

多数病毒只含蛋白质和核酸两种成分。少数大型病毒还含有脂类和糖类。大部分病毒的遗传物质为DNA，少数RNA病毒能以RNA为遗传物质。病毒的核酸主要也由四种核苷酸组成。但病毒所含的核苷酸数比高等生物少得多，一般只含103～106个核苷酸。

病毒的核酸含量随病毒种类而异，通常在1%～50%之间。一般形态结构复杂的病毒核酸含量较多，如结构简单的新城疫病毒核酸含量不到1%，而结构复杂的T_2噬菌体核酸含量超过50%，这是因为结构复杂的病毒需要较多的基因。

3. 病毒的主要类群

根据病毒对宿主感染的专一性，按宿主的不同可将病毒分为微生物病毒、植物病毒、脊椎动物病毒和昆虫病毒。

(1) 微生物病毒

微生物病毒是指侵染细菌、放线菌等原核微生物的病毒，通常称为噬菌体，微生物病毒广泛存在于自然界中，在真菌、蓝绿藻中也发现有病毒的感染。据报道，至今已做过电子显微镜观察的噬菌体至少已有2 850种（株），其中2 700种（株）是有尾的。

(2) 植物病毒

植物病毒大部分属于ssRNA病毒，其基本形态有杆状、丝状和等轴对称的近球状二十面体，一般没有包膜。只有少数种类才有包膜，如植物弹状病毒组的莴苣坏死黄化病病毒等。植物病毒虽是严格的细胞内寄生物，但是它们的专化性并不强，往往一种病毒可寄生在不同种、属甚至不同科的植物上。植物患病毒病后，主要出现三类症状：因叶绿体被破坏或不能合成新的叶绿素，而引起花叶、黄化或红化等症状；植株发生矮化、丛枝或畸形等；形成枯斑或坏死等症状。

(3) 脊椎动物病毒

在人类、哺乳动物、禽类和鱼类等各种脊椎动物中广泛存在着相应的病毒。目前，研究得较广泛和深入的还是那些与人类健康、畜牧业发展直接相关的脊椎动物病毒。常见的如流感、麻疹、腮腺炎、肝炎、疱疹、流行乙型脑炎、艾滋病以及狂犬病等。此外，根据统计，在人类的恶性肿瘤中，约有15%是由于病毒的感染而诱发的。家禽和其他哺乳动物中的病毒病也相当普遍，如猪瘟、牛瘟、口蹄疫等。家禽中则有鸡新城疫、鸡瘟和鸡的劳斯氏肉瘤等。

(4) 昆虫病毒

在病毒学领域内，昆虫病毒的研究和开发工作起步较晚，但发展较快。在昆虫病毒中，80%以上是农林业中常见的鳞翅目害虫的病原体。

4. 病毒的繁殖与生活特点

病毒不能在人工培养基上繁殖，必须进入活细胞中，依靠寄主细胞供给能量、养料、酶类等才能增殖，在寄主细胞内的增殖是以自我复制的方式形成新的病毒粒子。某些病毒的基因片段也可以整合到寄主细胞核染色体的基因组中，并随细胞DNA的复制而复制，引起潜伏感染。

在活细胞内生活的病毒，对于能干扰细胞代谢的各种因素具有明显的抵抗力。如对甘油有耐受作用，不像细菌等微生物那样可被甘油脱水而死亡，也能抵抗多种抗生素的作用，但干扰素可阻止它的生长和成熟。

病毒在寄主细胞外存在时，只保留着在适宜条件下感染寄主细胞的潜在能力。这种潜在的感染能力很容易变性失活。它对温度很敏感，在55～60℃的环境温度下，病毒悬液几分钟内就变性。X—射线、γ—射线、紫外线照射都能使病毒变性失活，带封套的病毒容易被脂肪溶剂破坏，无封套的病毒对多种常用消毒剂的抗性较强。因此，人们常用甲醛等消毒剂来消毒被病毒污染的器具和空气。

二、噬菌体

1. 噬菌体的形态与结构

噬菌体是侵染细菌的微生物病毒，广泛分布于自然界中。与其他病毒一样，噬菌体都是由蛋白质和核酸组成的。核酸以单链或双链分子组成环状或线状，病毒粒子外壳有不同的形状和大小。基本形态为蝌蚪形、微球形和线状三种。从结构看又可以分为六种不同的类型，如图1—37所示。

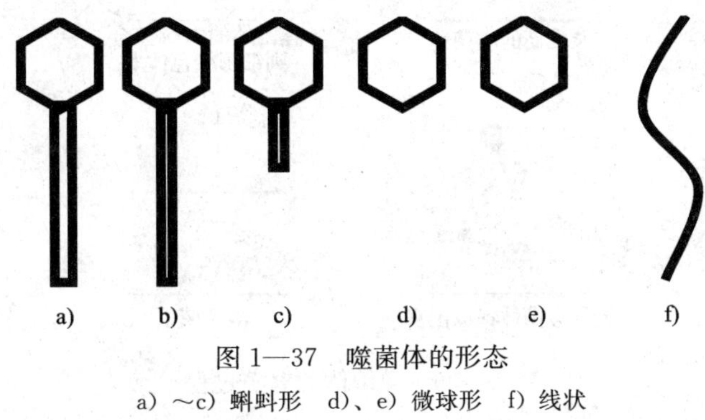

图1—37　噬菌体的形态

a）～c）蝌蚪形　d）、e）微球形　f）线状

典型噬菌体的结构如大肠杆菌 T_4 噬菌体，其构造如图1—38所示，形状如蝌蚪状，其头部外壳由8种蛋白质组成呈椭圆形的20面体，含212个壳粒，核酸埋藏在蛋白质外壳中。T_4 噬菌体的尾部为螺旋对称结构，含有两种分子量较大的蛋白质和4种分子量较小的蛋白质，由144个壳粒组成，排成棒状，共分24个螺旋。尾部中央为尾髓，中空，是注射核酸的通道。除此之外，T_4 还有尾鞘、尾板、尾刺和尾丝等附属结构。

2. 噬菌体的繁殖过程

噬菌体的繁殖过程和其他病毒一样，其生活周期包括吸附、侵入、复制、组装和释放五个阶段，如图1—39所示。

（1）吸附

噬菌体与敏感的寄主细菌首先接触，然后在寄主细菌细胞的特异性受点上结合，即为吸附。T_4 噬菌体以尾部末端与寄主的受点吸附。一种细菌可被多种噬菌体感染，不同的感染噬菌体在同一寄主细菌的不同受点上吸附。因此，一个寄主细菌（如大肠杆菌等）与一种噬菌体（如 T_4 等）饱和吸附后，并不妨碍其与另一种噬菌体再吸附。

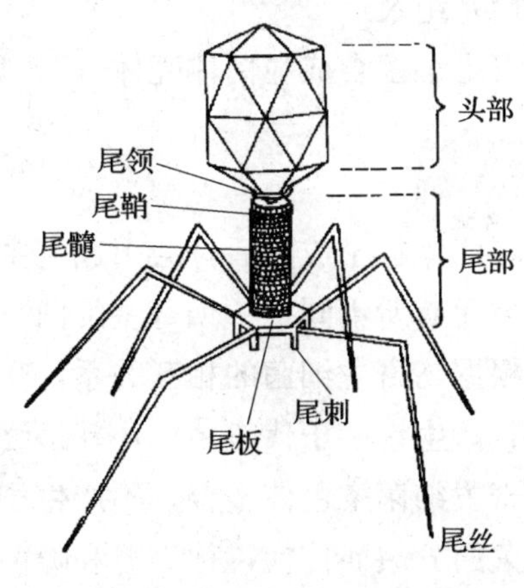

图1—38　大肠杆菌 T_4 噬菌体的构造

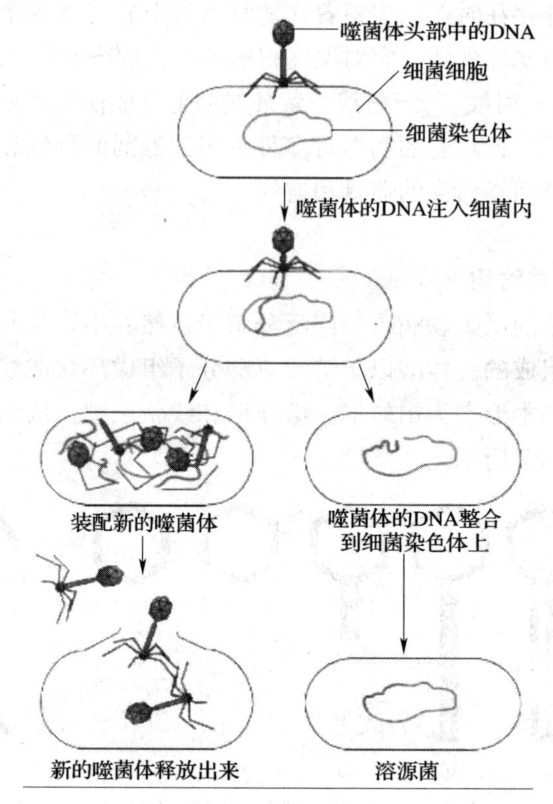

图 1—39　噬菌体的繁殖过程

(2) 侵入

噬菌体吸附在细菌细胞壁的受点上以后，核酸注入细菌细胞中，蛋白质壳体留在外面，从吸附到侵入的时间间隔很短，只有几秒到几分钟。

(3) 复制

噬菌体核酸进入寄主细胞后，操纵寄主细菌的代谢机能，大量复制噬菌体核酸，并合成病毒所需要的蛋白质，但不形成带壳体的粒子。

(4) 组装

寄主细菌合成噬菌体壳体（T4 噬菌体包括头部、尾部），并组装成完整的噬菌体粒子。

(5) 释放

噬菌体粒子成熟后，会引起寄主细菌的裂解，并释放出病毒粒子。噬菌体的释放量随种类而有所不同，一个寄主细菌可释放 10～10 000 个噬菌体粒子。

根据与寄主细菌的相互关系，噬菌体可分成两种类型：一种是能在寄主细菌内复制增殖，产生许多子代噬菌体，并最终裂解的细菌，称为毒性噬菌体。另一种是噬菌体基因与寄主细菌染色体整合，不产生子代噬菌体，但噬菌体 DNA 能随细菌 DNA 复制，并随细菌的分裂而传代，称为温和噬菌体或溶源性噬菌体。含有温和噬菌体的寄主细胞称为溶源细胞（或细胞溶源化），在溶源细胞内的噬菌体核酸称为原噬菌体（或前噬菌体)。

溶源细胞(溶源细菌)正常繁殖时绝大多数不发生裂解现象,只有极少数(大约 10^{-6})溶源细胞中的原噬菌体发生大量复制的现象,并接着成熟为噬菌体粒子,这时导致寄主细菌裂解,这种现象称为溶源细菌的自发裂解。也就是说少数溶源细菌中的温和噬菌体变成了毒性噬菌体。

在细菌培养液中,细菌被噬菌体感染,导致细胞裂解,混浊的菌悬液就会变成透明的裂解溶液。在双层平板固体培养基上,稀释的噬菌体悬液会引起点状感染,在感染点上进入反复的侵染过程,所产生的透明空白斑称为噬菌斑。

除噬菌体外,自然界还存在侵染其他微生物的病毒,包括真菌病毒、藻病毒和原生动物病毒。它们可能被用做生物防治剂,控制真菌病和藻类繁殖。

3. 噬菌体的危害

在发酵工业和食品工业上,噬菌体给人类带来的危害是污染生产菌种,造成菌体裂解,无法累积发酵产物,发生倒罐事件,损失极其严重。

(1)危害种类

1)丙酮、丁醇发酵与噬菌体污染。丙酮、丁醇发酵与噬菌体污染可为发酵受害的典型代表。当受噬菌体感染,出现发酵速度缓慢,产气减少,发酵液对流也不旺盛,甚至菌数减少,逐渐使发酵停止的情况时,可以采用噬菌体抗性菌株,每隔一周交换使用一次,这样对稳定生产有一定好处。

2)抗生素发酵与噬菌体污染。采用灰色链霉菌发酵生产链霉素时,由于噬菌体污染会出现溶菌现象,菌体减少,培养液变黑,抗生素效价不上升。1951 年以来,曾有关于金色链霉菌的噬菌体的报道,四环素发酵生产中也出现过类似异常现象。

3)食品工业上的噬菌体污染。食品工业上常采用乳酸菌、醋酸菌、棒状杆菌等进行发酵,生产各种不同的产品。如果生产过程中受到相应的噬菌体感染,发酵作用就会减慢,周期明显延长,甚至停止;发酵液变清,不积累发酵产物,菌体很快消失,整个发酵生产就被破坏。所以在微生物发酵工业中必须采取一定预防措施,以减少由噬菌体造成的损失。

(2)预防措施

要防治噬菌体危害,首先要提高有关人员的思想认识,建立“防重于治”的观念。预防的措施主要有以下几点:

1)绝不可使用可疑菌种,认真检查摇瓶、斜面及种子罐所使用的菌种,坚持废弃任何可疑菌种。

2)严格保持环境卫生。

3)绝不排放或丢弃活菌液,坚持严格消毒或灭菌后才能排放。

4)注意通气质量,空气过滤器要保持质量并经常灭菌。

5)加强管道和发酵罐的灭菌工作。

6)不断筛选抗性菌种,并经常轮换生产菌种。

7)严格执行会客制度。

一旦发现噬菌体污染，要及时采取合理措施。一般采用以下措施：尽快提取成品；使用药物抑制，加入某些金属螯合剂（如0.3%～0.5%的草酸盐、柠檬酸铵，可抑制噬菌体的吸附和侵入）、抗生素、表面活性剂等；及时改用抗噬菌体的生产菌株。

4. 噬菌体的应用

（1）用于细菌鉴定和分型

由于噬菌体的作用具有高度的种、型特异性，即一种噬菌体只能裂解与它相应的该种细菌的某一型，因此可用于细菌鉴定。目前已利用噬菌体将金黄色葡萄球菌分为132型，将伤寒杆菌分为72型。

（2）用于诊断和治疗疾病

噬菌体感染相应细菌后，会迅速繁殖并产生噬菌体子代。利用这一特性可将已知噬菌体加入被检材料中，如出现噬菌体效价增长，就证明材料中有相应细菌存在。在疾病治疗中可使用噬菌体来裂解细菌，特别是当有些细菌对抗生素产生抗药性时，最好的办法就是采用相应噬菌体来治疗。

~思考与练习~

1. 试比较原核微生物和真核微生物的异同点。
2. 细菌有哪几种形态？如何观察细菌的形态结构？
3. 什么是革兰氏染色？其原理是什么？它有什么意义？
4. 试比较革兰氏阳性菌和革兰氏阴性菌细胞壁的成分及构造的区别。
5. 细菌的细胞结构包括一般结构和特殊结构，试说明这些结构及其生理功能。
6. 芽孢有什么特殊生理功能？其抗性机理是什么？芽孢的这些特点对实践有什么指导意义？
7. 什么是菌落？怎样识别细菌和放线菌的菌落？
8. 举例说明在食品工业中常见的几种细菌形态特征。
9. 什么是真菌、霉菌和酵母菌？
10. 霉菌的营养菌丝和气生菌丝有什么特点？其功能分别是什么？
11. 霉菌无性繁殖的各种孢子和有性繁殖的各种孢子的特点如何？
12. 简述酵母菌的形态和繁殖方式。
13. 简述食品中常见的细菌、放线菌、霉菌、酵母菌及食用菌。
14. 简述食用菌的种类及形态特征。
15. 什么是病毒、噬菌体？
16. 病毒的组成成分及其结构是什么？
17. 病毒分成哪几大类？
18. 在发酵工业生产中，为什么常常遭到噬菌体的危害？应如何预防？

实训一　显微镜的使用及微生物标本片的观察

一、实训目的和要求

1. 熟悉显微镜的构造、性能及成像原理。

2. 掌握普通光学显微镜的正确使用方法，尤其是油镜的使用方法。

3. 正确观察各种微生物标本，感性认知微生物的形态和结构。

二、实训器材

1. 标本及试剂：各种微生物标本片、香柏油、二甲苯。

2. 仪器及其他用品：普通光学显微镜、纱布、擦镜纸等。

三、显微镜的构造、原理和性能

微生物最显著的特点就是个体微小，必须借助显微镜才能观察到它们的个体形态和细胞结构。熟悉显微镜并掌握其操作技术是研究微生物不可缺少的手段。其中最常用的是普通光学显微镜，其他显微镜都是在此基础上发展起来的，其基本结构相同，只是在某些部分做了一些改变。

1. 普通光学显微镜的构造

普通光学显微镜的构造可以分为机械系统和光学系统两大部分，如图 1—40 所示。

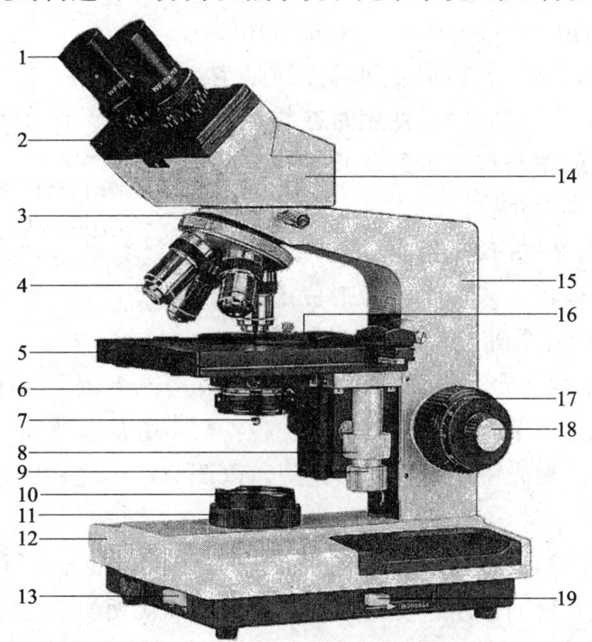

图 1—40　普通光学显微镜的构造

1—目镜　2—瞳距和屈光度调节装置　3—物镜转换器　4—物镜　5—载物台　6—聚光镜　7—虹彩光圈　8—载物台横向移动手轮　9—载物台纵向移动手轮　10—反光镜　11—光源　12—底座　13—电源开关　14—目镜转换器　15—镜臂　16—标本固定压片　17—粗调焦旋钮　18—细调焦旋钮　19—亮度调节柄

(1) 机械系统

1) 镜座。在显微镜的底部，呈马蹄形、长方形、三角形等。

2) 镜臂。连接镜座和镜筒之间的部分，呈圆弧形，作为移动显微镜时的握持部分。

3) 镜筒。位于镜臂上端的空心圆筒，是光线的通道。镜筒的上端可插入目镜，下面可与转换器相连接。镜筒的长度一般为 160 mm。显微镜分为直筒式和斜筒式；有单筒式的，也有双筒式的。

4) 物镜转换器。位于镜筒下端，是一个可以旋转的圆盘。有 3～4 个孔，用于安装不同放大倍数的物镜。

5) 载物台。是支持被检标本的平台，呈方形或圆形。中央有孔可透过光线，台上有用来固定标本的夹子和标本移动器。

6) 调焦旋钮。包括粗调焦旋钮和细调焦旋钮，是调节载物台或镜筒上下移动的装置。

(2) 光学系统

1) 物镜。常称为镜头，是显微镜中最重要的部分，由许多块透镜组成，其各种标记如图 1—41 所示。其作用是将标本上的待检物进行放大，形成一个倒立的实像，一般显微镜有 3～4 个物镜，根据使用方法的差异可分为干燥系和油浸系两组。干燥系物镜包括低倍物镜（4×～10×）和高倍物镜（40×～45×），使用时物镜与标本之间的介质是空气；油浸系物镜（90×～100×），使用时在物镜与标本之间加入一种折射率与玻璃折射率几乎相等的油类物质（香柏油）作为介质。

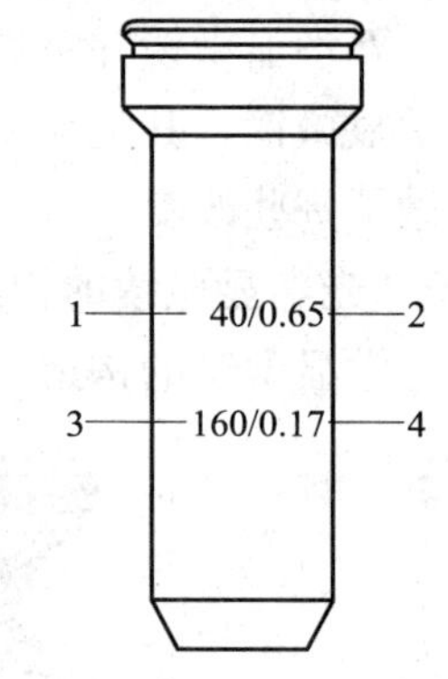

图 1—41 物镜的各种标记
1—放大倍数 2—数值口径
3—镜筒长度要求 4—指定盖玻片厚度

2) 目镜。一般由 2～3 块透镜组成。其作用是将由物镜所形成的实像进一步放大，并形成虚像而映入眼帘。一般显微镜的标准目镜是 10×。

3) 聚光镜。位于载物台的下方，由两块或几块透镜组成，其作用是将由光源来的光线聚成一个锥形光柱。聚光镜可以通过位于载物台下方的聚光镜调节旋钮进行上下调节，以求得最适光度。聚光镜还附有虹彩光圈，以调节锥形光柱的角度和大小，并控制进入物镜的光的量。

4) 反光镜。反光镜是一个双面镜，一面是平面，另一面是凹面，起着把外来光线变成平行光线进入聚光镜的作用。使用内光源的显微镜就无须反光镜。

5) 光源。日光和灯光均可，以日光较好（其光色和光强都比较容易控制）。有的显微镜采用装在底座内的内光源。

2. 显微镜的成像原理

显微镜的放大作用是由物镜和目镜共同完成的。标本经物镜放大后，在目镜的焦平面上形成一个倒立实像，再经目镜进一步放大形成一个虚像，被人眼所观察到，其成像原理如图 1—42 所示。

在油浸系中，载玻片与镜头之间多用香柏油作为介质。因香柏油的折射率（$n=1.51$）与玻璃的折射率（$n=1.52$）几乎相等，故透过载玻片的光线通过香柏油后可直接进入物镜，而不发生折射。两组物镜光线通路的区别如图 1—43 所示。

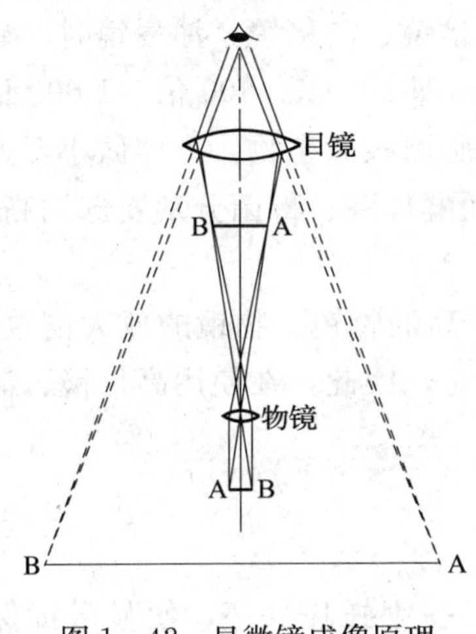

图 1—42　显微镜成像原理

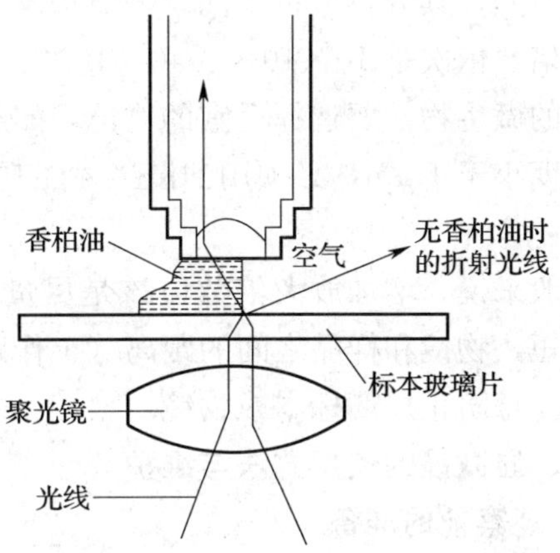

图 1—43　两种物镜光线通路的区别

3．显微镜的性能

（1）分辨率和数值口径

衡量显微镜性能好坏的主要指标是显微镜的分辨率，显微镜的分辨率是指显微镜将样品上相互接近的两点清晰分辨出来的能力。它主要取决于物镜的分辨能力，物镜的分辨率是所用光的波长和物镜数值口径的函数。分辨率用镜头所能分辨出的两点间的最小距离表示，距离越小，分辨能力越好。可用公式表示为：

$$D=\frac{1}{2}\frac{\lambda}{N\cdot A}$$

式中　λ——入射光的波长；

$N\cdot A$——物镜的数值口径；

D——显微镜的分辨率。

从此表达式中可知，减小入射光的波长，可以提高分辨能力，但是由于可见光波长范围比较窄（400～700 nm），而紫外线光源只适用于显微摄影，而不能用于直接观察。因此，提高分辨率的最好办法还是增加数值口径。

物镜的数值口径简写为（$N\cdot A$），表示从聚光镜发出的锥形光柱照射在观察标本上能被物镜所聚集的量。可用公式表示为：

$$N\cdot A=n\sin\theta$$

式中　n——标本和物镜之间介质的折射率；

θ——由光源投射到透镜上的光线和光轴之间的最大夹角。

光线投射到物镜的角度越大，数值口径就越大。如果采用一些高折射率的物质作为介质，如使用油浸镜时采用香柏油作为介质，则数值口径增大，从而提高分辨能力。物镜镜筒上标有数值口径，低倍镜为 0.25，高倍镜为 0.65，油浸镜为 1.25。这些数值是在其他条件都适宜的情况下的最高值，实际使用时往往低于所标的值。

（2）放大倍数、焦距和工作距离

显微镜的放大倍数是物镜和目镜放大倍数的乘积。放大倍数一样时，由于目镜和物镜搭配不同，其分辨率也不同。一般情况下，使用低倍镜、高倍镜、油浸镜时，显微镜的放大倍数依次是 10×10×、40×10×、100×10×，即 100 倍、400 倍、1 000 倍。观察不同的微生物，要选择适宜的物镜，如细菌是单细胞原核微生物，形体微小，大多直径或宽度小于 1 μm，必须用油浸镜才能观察清楚，而酵母菌、霉菌分别要选用高倍镜、低倍镜。

一般来说，增加放大倍数应该是尽量用放大倍数高的物镜。物镜的放大倍数越大，焦距越短，物镜和样品之间的距离（工作距离）便越短，因此，在使用高倍镜、油浸镜时必须注意防止损坏标本或物镜。

四、显微镜的使用方法与维护

1. 观察前的准备

显微镜的安置：取放显微镜时应一手握住镜臂，一手托住底座，使显微镜保持直立、平稳。置显微镜于平整的实验台上，镜座距实验台边缘 3～4 cm。镜检时姿势要端正。

接通电源，根据所用物镜的放大倍数，调节光亮度调节旋钮，调节虹彩光圈的大小，使视野内的光线均匀、亮度适宜。

2. 显微观察

（1）接通电源

采用白炽灯为光源时，应在聚光镜下加一蓝色的滤色片，除去黄光。一般情况下，对于初学者，进行显微观察时应遵循从低倍镜到高倍镜再到油浸镜的观察程序，因为低倍镜视野较大，易发现目标及确定检查的位置。

（2）用低倍镜观察

将做好的酵母标本片固定在载物台上，用标本夹夹住，移动推进器使观察对象处于物镜的正下方。旋转旋转器，将 10× 物镜调至光路中央。旋转粗调焦旋钮将载物台升起，从侧面注视并小心调节物镜接近标本片，然后用目镜观察，慢慢降下载物台，使标本在视野中初步聚焦，再使用细调焦旋钮将图像调节清晰。通过玻片夹推进器慢慢移动玻片，认真观察标本各部位，找到合适的目的物，仔细观察并记录所观察的结果。调焦时只能降下载物台，以免一时的误操作而损坏镜头。注意：无论使用单筒显微镜还是双筒显微镜，均应同时睁开双眼观察，以减少眼睛的疲劳，也便于边观察边绘图记录。

（3）用高倍镜观察

在低倍镜下找到合适的观察目标并将其移至视野中心，轻轻转动物镜转换器将高倍镜移至工作位置。对聚光镜光圈及视野亮度进行适当调节后，微调细调焦旋钮使物像清晰，仔细观察并记录。如果高倍镜和低倍镜不同焦，则按照低倍镜的调焦方法重新调节焦距。

（4）用油浸镜观察

在高倍镜或低倍镜下找到要观察的样品区域，用粗调焦旋钮先降下载物台，然后将油浸镜转到工作位置。在待观察的样品区域加一滴香柏油，从侧面注视，用粗调焦旋钮将载物台小心地上升，使油浸镜浸在香柏油中并几乎与标本片相接。将聚光镜升至最高位置并开足光圈。慢慢地降下载物台直至视野中出现清晰图像为止，仔细观察并做记录。

3. 显微镜的维护

（1）防潮

如果室内潮湿，光学镜片就容易生霉、生雾。镜片一旦生霉，很难除去。显微镜内部的镜片由于不便擦拭，潮湿对其危害性更大。显微镜箱内应放置1～2袋硅胶作为干燥剂。并经常对硅胶进行烘烤，在其颜色变粉红后，应及时烘烤，烘烤后再继续使用。

（2）防尘

若光学元件表面落入灰尘，不仅影响光线通过，而且经光学系统放大后会生成很大的污斑，影响观察。因此，必须经常保持显微镜的清洁。

（3）防热

防热的目的主要是避免热胀冷缩引起镜片的开胶与脱落。

（4）观察结束后，先降下载物台，取下载玻片。

（5）用擦镜纸分别擦拭物镜和目镜。

（6）用擦镜纸拭去镜头上的油，然后用擦镜纸蘸少许二甲苯擦去镜头上残留的油迹，最后再用干净的擦镜纸擦去残留的二甲苯，不得用手接触镜头。

（7）将各部分还原，将物镜转成“八”字形，同时把聚光镜降下，以免物镜和聚光镜发生碰撞。

实训二　细菌的简单染色、革兰氏染色及形态观察

染色是细菌学上一项重要而基本的操作技术。因细菌细胞小而且透明，当把细菌悬浮于水滴内，用光学显微镜观察时，由于菌体和背景没有显著的明暗差，因而难以看清它们的形态，更不易识别其结构。所以，用普通光学显微镜观察细菌时，往往要先将细菌进行染色，借助于颜色的反衬作用，可以更清楚地观察到细菌的形状及其细胞结构。

一、实训目的和要求

1. 掌握细菌简单染色和革兰氏染色技术。
2. 初步认识细菌的形态特征。
3. 了解革兰氏染色法的原理及其在细菌分类鉴定中的重要性。
4. 熟练使用油浸镜观察细菌细胞的形态。

二、实训材料

1. 菌种：枯草芽孢杆菌、大肠杆菌、金黄色葡萄球菌等培养好的细菌斜面。

2. 染料：草酸铵结晶紫液、革兰氏碘液、95%的乙醇、番红染液、美蓝染液。

3. 其他：显微镜、载玻片、接种环、酒精灯、无菌水、香柏油、二甲苯、擦镜纸、吸水纸。

三、实训说明

1. 简单染色法

用单一染料进行细菌染色，操作简便，适用于菌体一般形状和细菌排列的观察。常用碱性染料进行简单染色，这是因为：在中性、碱性或弱碱性溶液中，细菌细胞通常带负电荷，而碱性染料在电离时，其分子的染色部分带正电荷（酸性染料电离时，其分子的染色部分带负电荷），因此，碱性染料的染色部分很容易与细菌结合而使细菌着色，经染色后的细菌细胞与背景形成鲜明的对比，在显微镜下易于识别。常用做简单染色的染料有美蓝、结晶紫、碱性复红等。

2. 革兰氏染色法

革兰氏染色反应是细菌分类和鉴定的重要性状。革兰氏染色法（Gram stain）不仅能观察到细菌的形态特征，而且还可将所有细菌区分为两大类：染色反应呈蓝紫色的称为革兰氏阳性细菌，用 G^+ 表示；染色反应呈红色（复染颜色）的称为革兰氏阴性细菌，用 G^- 表示。细菌对于革兰氏染色的不同反应是由于它们细胞壁的成分和结构不同造成的。革兰氏阳性细菌的细胞壁主要是由肽聚糖形成的网状结构组成的，在染色过程中，当采用乙醇处理时，会由于脱水而引起网状结构中的孔径变小，通透性降低，使结晶紫——碘复合物被保留在细胞内而不易着色，并因此呈现蓝紫色；革兰氏阴性细菌的细胞壁中肽聚糖含量低，而脂类物质含量高，当采用乙醇处理时，脂类物质溶解，细胞壁的通透性增加，使结晶紫——碘复合物易被乙醇抽出而脱色，然后又被染上了复染液（番红）的颜色，因此呈现红色。

四、方法与步骤

1. 涂片

取两块载玻片，各滴一小滴蒸馏水于玻片中央，用接种环以无菌操作分别从培养14～16 h的枯草芽孢杆菌和培养24 h的大肠杆菌的斜面上挑取少量菌苔于水滴中，混匀并涂成薄膜。载玻片要洁净、无油迹。滴蒸馏水和取菌不宜过多。涂片要均匀，不宜过厚。

2. 干燥

室温自然干燥。

3. 固定

固定时通过火焰2～3次即可。此过程称为热固定，其目的是使细胞质凝固，以固定细胞形态，并使其牢固附着在载玻片上。热固定温度不宜过高，以载玻片背面不烫手为宜，否则会改变甚至破坏细胞形态。

4. 染色

（1）简单染色法

1）染色。滴加染液于涂片上（染液刚好覆盖涂片薄膜为宜）。吕氏碱性美蓝染色

1～2 min；石炭酸复红或草酸铵结晶紫染色约 1 min。

2）水洗。倾去染液，用自来水冲洗，直至涂片上流下的水无色为止。

水洗时，不要直接冲洗液面，而应使水从载玻片的一端流下，水流不易过急、过大，以免涂片薄膜脱落。

3）干燥。自然干燥或用电吹风吹干，也可用吸水纸吸干。

4）镜检。涂片干燥后进行镜检。

细菌染色标本的制作及染色过程如图 1—44 所示。

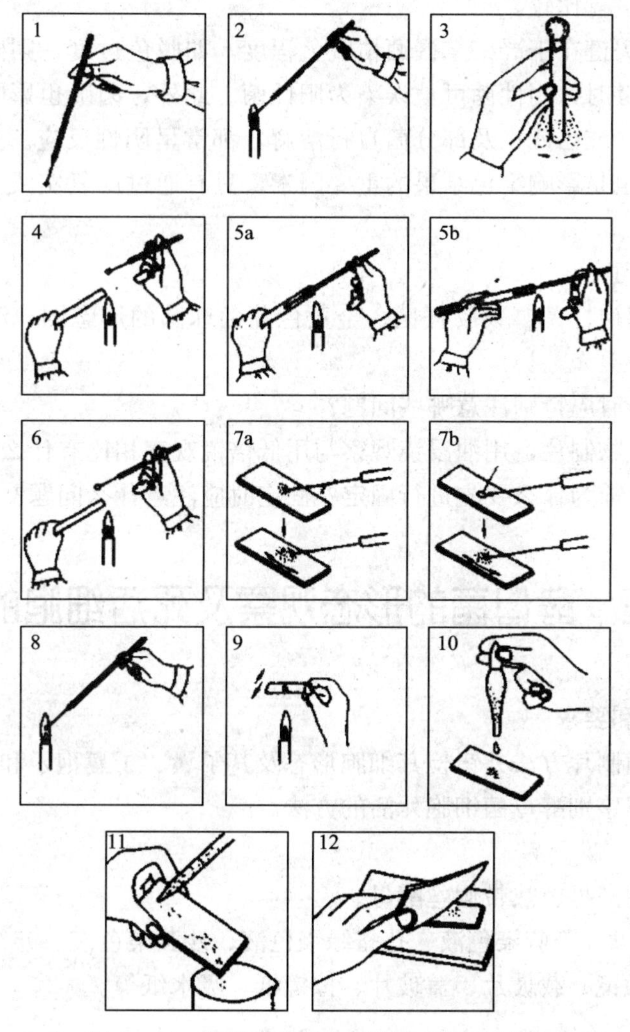

图 1—44　细菌染色标本的制作及染色过程

1—取接种环　2—灼烧接种环　3—摇匀菌液　4—灼烧管口　5—从菌液或斜面取菌
6—取菌完毕，灼烧管口、加塞　7a—将菌液直接涂片（或 7b 混匀涂片）
8—烧去接种环上的残菌　9—固定　10—染色　11—水洗　12—吸干

（2）革兰氏染色法

1）初染。加草酸铵结晶紫 1 滴，1～2 min，水洗。

2）媒染。滴加碘液并冲去残水，覆盖约 1 min，水洗。

3）脱色。将载玻片上面的水甩净，并衬以白色背景，用95%的酒精滴洗至流出的酒精刚刚不出现蓝色时为止，20～30 s，立即用水冲净酒精。

4）复染。用番红液染1～2 min，水洗。

5）镜检。干燥后，置油浸镜下观察。革兰氏阴性菌呈红色，革兰氏阳性菌呈紫色。以分散开的细菌的革兰氏染色反应为准，过于密集的细菌常常呈假阳性。

（3）混合涂片法

按上述方法，在同一玻片上，以大肠杆菌和枯草芽孢杆菌或金黄色葡萄球菌混合涂片、染色、镜检并进行比较。

革兰氏染色的关键在于严格掌握酒精脱色程度，如脱色过度，则阳性菌可被误染为阴性菌；而脱色不够时，阴性菌可被误染为阳性菌。此外，菌龄也影响染色结果，如阳性菌培养时间过长，或已死亡及部分菌自行溶解，都常呈阴性反应。另外，挑菌量、固定温度、染色时间也是影响染色结果的重要因素，只有通过反复实践，才能获得满意的实训结果。

五、思考与练习

1. 绘出枯草芽孢杆菌、大肠杆菌、金黄色葡萄球菌的形态图，注明放大倍数及观察到的颜色。

2. 使用油浸镜时应特别注意哪些问题？

3. 对同一微生物制片，用油浸镜观察与用低倍镜观察相比有什么优缺点？

4. 涂片在染色前为什么要先进行固定？固定时应注意什么问题？

实训三　酵母菌的形态观察及死活细胞的鉴别

一、实训目的和要求

1. 掌握酵母菌制片方法并镜检其细胞形态及其子囊、子囊孢子和假菌丝的形态。

2. 学习并掌握鉴别酵母菌细胞死活的方法。

二、实训材料

1. 菌种：酿酒酵母、热带假丝酵母。

2. 染色液：0.1%美蓝染色液、孔雀绿染色液、沙黄染色液、95%乙醇等。

3. 其他：显微镜、载玻片、盖玻片、擦镜纸、吸水纸等。

三、实训说明

酵母菌是不运动的单细胞真核微生物，其大小通常比常见的细菌大几倍甚至几十倍，因此，不必染色即可用显微镜观察其形态。美蓝是一种弱氧化剂，氧化态呈蓝色，还原态无色。用美蓝对酵母细胞进行染色时，活细胞由于细胞的新陈代谢作用，细胞内具有较强的还原能力，能将美蓝由蓝色的氧化态转变为无色的还原态型，从而细胞无色；而死细胞或代谢作用微弱的衰老细胞则由于细胞内还原力较弱而不具备这种能力，从而细胞呈蓝色，据此可对酵母菌的细胞死活进行鉴别。

四、操作步骤

1. 水浸片观察

（1）制片

在干净的载玻片中央加一滴预先稀释至适宜浓度的酵母液体培养物，从侧面盖上一片盖玻片（先将盖玻片的一边与菌液接触，然后慢慢将盖玻片放下使其盖在菌液上），此过程应避免产生气泡，并用吸水纸吸去多余的水分（菌液不宜过多或过少；否则，在盖盖玻片时，菌液会溢出或出现气泡而影响观察。盖玻片不宜平着放下，以免产生气泡）。

（2）镜检

将制作好的水浸片置于显微镜的载物台上，先用低倍镜，后用高倍镜进行观察，注意观察各种酵母的细胞形态和繁殖方式，并进行记录。

2. 美蓝染色

（1）染色

在干净的载玻片中央加一小滴 0.1%美蓝染色液，然后再加一小滴预先稀释至适宜浓度的酿酒酵母液体培养物，混匀后从侧面盖上盖玻片，并吸去多余的水分和染色液（注意：染色液和菌液不宜过多或过少，并应基本等量，而且要混匀）。

（2）镜检

将制好的染色片置于显微镜的载物台上，放置约 3 min 后进行镜检，先用低倍镜，后用高倍镜进行观察，根据细胞颜色区分死细胞（蓝色）和活细胞（无色），并进行记录。

（3）比较

染色约 30 min 后再次进行观察，注意死细胞的数量是否增加。

3. 子囊孢子的染色与观察

（1）活化酵母

将酿酒酵母移种至新鲜的麦芽汁琼脂斜面上，培养 24 h，然后再转种 2～3 次。

（1）孢子培养

将经活化的菌种转移到醋酸钠培养基上，在 28℃培养 7～10 d。

（2）制片

在洁净载玻片的中央滴一小滴蒸馏水，用接种环于无菌条件下挑取少许菌苔至水滴上，涂布均匀，自然风干后在酒精灯火焰上进行热固定（水和菌均不要太多，涂布时应尽量涂开，否则将造成干燥时间长；热固定温度不宜太高，以免使菌体变形）。

（3）染色

滴加数滴孔雀绿染色液，1 min 后水洗；加 95%乙醇脱色 30 s，水洗；最后用 0.5%沙黄染色液复染 30 s，水洗，最后用吸水纸吸干。

（4）镜检

将染色片置于显微镜的载物台上，先用低倍镜，后用高倍镜进行观察，子囊孢子呈绿色，菌体和子囊呈粉红色。注意观察子囊孢子的数目、形状，并进行记录。

4. 假菌丝的观察

压片培养法：取新鲜的酵母菌在薄层马铃薯浸出汁琼脂培养基平板上划线接种 2～3 条，取无菌盖玻片盖在接种线上，于 25～28℃培养 4～5 天后，打开皿盖，置于显微镜下直接观察划线的两侧所形成的假菌丝的形状。

五、思考与练习

1. 绘制各种酵母菌的细胞形态图，注明菌名与放大倍数。

2. 绘图说明美蓝染色结果。

3. 用美蓝染色法对酵母细胞进行死活鉴别时，为什么要控制染液的浓度和染色时间？

实训四　霉菌的形态观察

一、实训目的和要求

1. 学习并掌握观察霉菌形态的基本方法。

2. 掌握常见霉菌（根霉、毛霉、曲霉、青霉、红曲霉、白地霉）的基本形态特征。

二、实训材料

1. 菌种：根霉、毛霉、曲霉、青霉、红曲霉的平板培养物，白地霉摇瓶培养液。

2. 培养基：土豆琼脂培养基（PDA）或察氏培养基。

3. 溶液或试剂：乳酸、石炭酸、棉蓝染色液。

4. 其他：无菌吸管、平皿、载玻片、盖玻片、解剖针、显微镜等。

三、实训说明

霉菌菌丝比较粗大（菌丝和孢子的直径达到 3～10 μm），通常是细菌菌体宽度的几倍至几十倍，因而可用低倍镜、高倍镜观察。由于霉菌菌丝细胞容易收缩变形，孢子容易飞扬，因此，在制备霉菌标本时常用乳酸、石炭酸溶液作为介质，具有不使细胞变形、可杀菌防腐、不易干燥、能保持较长时间等优点。若加入棉蓝，又具有一定的染色效果。

霉菌的有些结构在制片过程中易被破坏，影响观察，可采用载片培养法。此法便于直接在显微镜下观察，尤其适用于根霉的假根、曲霉的足细胞及分生孢子链等结构的着生和生长情况的观察。并且还可以在同一标本上观察到微生物发育的不同阶段的形态。

四、操作步骤

1. 一般观察法

（1）点种培养

用接种针蘸取斜面少许孢子在无菌的察氏培养基中央穿刺接种（倒置培养皿穿刺接种），在 30℃下培养 7～10 d，形成巨大菌落培养物。

（2）直接制片

在载玻片中央加一滴乳酸、石炭酸、棉蓝染色液于洁净载玻片上，打开霉菌平板培养物，用解剖针从菌落的边缘挑取少量带有孢子的菌丝，放入载玻片的染液中，细心地把菌丝挑散开，加盖玻片，注意不要产生气泡，置于显微镜下观察，菌丝呈蓝色，颜色的深度随菌龄的增加而减弱。

观察根霉时，注意观察其菌丝有无横隔、假根、孢子囊柄、孢子囊、囊轴、囊托、孢子囊孢子及厚垣孢子。

观察毛霉时，注意观察其菌丝有无横隔、孢子囊柄、囊轴、孢子囊孢子及厚垣孢子。

观察曲霉时，注意观察其菌丝有无横隔、足细胞、分生孢子梗、顶囊、小梗（形状、层数及着生情况）及分生孢子。

观察青霉时，注意观察其菌丝有无横隔、分生孢子梗、帚状枝（小梗的轮数及对称性）、分生孢子。

观察红曲霉时，注意观察其菌丝有无横隔、分生孢子着生情况、闭囊壳及子囊孢子。

2. 载玻片湿室培养观察法

载玻片湿室培养观察法也称载片培养法，通过无菌操作将培养基琼脂薄层置于载玻片上，接种后盖上盖玻片培养，霉菌即在载玻片和盖玻片之间的有限空间内沿盖玻片横向生长。培养一定时间后，将载玻片上的培养物置于显微镜下观察。用载片培养法制备的标本片可直接在显微镜下观察，这种培养观察方法保持了霉菌的自然生长状态，尤其适用于根霉的假根、匍匐菌丝以及曲霉的足细胞的观察，并且还可在同一标本片上观察霉菌的不同生长阶段的形态。载玻片湿室培养观察法的具体操作步骤如下：

（1）准备湿室

在培养皿底部铺一张圆形滤纸片，滤纸片上依次放上 U 形载玻片搁架、载玻片和盖玻片（两片），盖上皿盖，外用纸包扎，高压灭菌 121℃、20 min 后，60℃烘箱干燥，备用。

（2）取菌接种

用接种环挑取少量待观察的霉菌孢子置于湿室的载玻片上，每张载玻片可接同一菌种的孢子两处。接种时只要将带菌的接种环在载玻片上轻轻碰几下即可（接种量要少，以免培养后菌丝过于稠密而影响观察）。

（3）加培养基

用无菌细口滴管吸取少许融化并冷却至 45℃的培养基，滴加到载玻片的接种处，培养基应滴得圆而薄，直径约为 0.5 cm（滴加量一般以 1/2 小滴为宜），注意保持无菌操作。

（4）加盖玻片

在培养基未彻底凝固前，用无菌镊子将皿内的盖玻片盖在琼脂薄层上，用镊子轻压盖玻片，使盖玻片和载玻片之间的距离相当接近，但不能压扁（盖玻片不能紧贴载玻片，要彼此留有小缝隙，一是为了通气，二是使各部分结构平行排列，易于观察）。

（5）倒保湿剂

每皿倒入约 3 mL 20%的无菌甘油，使皿内滤纸完全湿润，以保持皿内湿度，盖上皿盖。制成载玻片湿室，在 28℃下培养。

（6）观察

将培养好的载玻片取出，置于显微镜下直接观察。

五、思考与练习

1. 绘出所观察到的各种霉菌的形态图，注明各部分名称。

2. 列表比较根霉、毛霉、曲霉、青霉、白地霉和红曲霉的菌落形态、个体形态及繁殖方式的异同点。

第二章　微生物的生理

学习目标

1. 掌握微生物细胞的化学组成、所需的营养要素以及微生物的营养类型。
2. 掌握微生物培养基的类型及配制。
3. 掌握微生物的生长规律及其对实际工作的指导意义。
4. 了解微生物代谢类型。
5. 掌握影响微生物生长的物理因素及其控制方法。
6. 掌握影响微生物生长的化学因素及其控制方法。

第一节　微生物的营养

微生物同其他生物一样都是具有生命的，微生物细胞直接同生活环境接触并不停地从外界环境吸收适当的营养物质，在细胞内合成新的细胞物质、储藏物质并储存能量。因此，人们把微生物从环境中吸收营养物质并加以利用的过程称为微生物的营养。

一、微生物细胞的化学组成和营养要素

营养物质是微生物构成菌体细胞的基本原料，也是其获得能量并维持代谢机能所必需的物质基础。微生物吸收哪种营养物质取决于微生物细胞的化学组成。

1. 微生物细胞的化学组成

微生物细胞的化学成分与其他生物细胞的化学组成并没有本质上的差异。微生物细胞平均含水分80%左右，其余20%左右为干物质，在干物质中有蛋白质、核酸、碳水化合物、脂类和矿物质等。这些干物质是由碳、氢、氧、氮、磷、硫、钾、钙、镁、铁等主要化学元素组成的，其中碳、氢、氧、氮是组成有机物质的四大元素，占干物质的90%～97%，具体含量见表2—1。其余的3%～10%是矿物质元素，除上述磷、硫、钾、钙、镁、铁外，还有一些含量极微的钼、锌、锰、硼、钴、碘、镍、钒等微量元素。这些矿物质元素对微生物的生长也起着重要的作用。

表 2—1　　微生物细胞中碳、氢、氧、氮的含量

微生物种类	有机元素（占干物质中的%）			
	w_C	w_N	w_H	w_O
细菌	50	15	8	20
酵母	49.8	12.4	6.7	31.1
霉菌	47.9	5.2	6.7	40.2

2. 微生物的营养要素

通过了解微生物的化学组成，可见微生物在新陈代谢活动中必须吸收充足的水分以及构成细胞物质的碳和氮，另外还包括钙、镁、钾、铁等多种多样的矿物质元素和一些必需的生长辅助因子，才能正常地生长发育。

（1）水分

水分是微生物细胞的主要组成成分，占鲜重的 70%～90%。不同种类微生物的细胞含水量不同。同种微生物处于发育的不同时期或不同的环境时，其水分含量也有差异，幼龄菌含水量较多，衰老和休眠体含水量较少，各类微生物细胞中的含水量见表 2—2。微生物所含水分以游离水和结合水两种状态存在，两者的生理作用不同。结合水不具有一般水的特性，不能流动，不易蒸发，不冻结，不能作为溶剂，也不能渗透。游离水则与之相反，具有一般水的特性，能流动，容易从细胞中排出，并能作为溶剂，帮助水溶性物质进出细胞。微生物细胞游离态的水与结合态的水的平均比例大约是 4∶1。

表 2—2　　各类微生物细胞中的含水量

微生物类型	细菌	霉菌	酵母菌	芽孢	孢子
水分含量/%	75～85	85～90	75～80	40	38

微生物细胞中结合态的水约束于原生质的胶体系统之中，成为细胞物质的组成成分，是微生物细胞生活的必要条件。游离态的水是细胞吸收营养物质和排出代谢产物的溶剂及生化反应的介质；一定量的水分又是维持细胞渗透压的必要条件。由于水的比热容高，又是热的良导体，故能有效地吸收代谢过程中产生的热量，使细胞温度不至于骤然升高，从而能有效地调节细胞内的温度。微生物如果缺乏水分，则会影响代谢作用的进行。

（2）碳源物质

凡是可以被微生物利用，构成细胞代谢产物的营养物质统称为碳源物质。碳源物质通过细胞内的一系列化学变化，被微生物用于合成各种代谢产物。微生物对碳素化合物的需求是极为广泛的，根据碳素来源的不同，可将碳源物质分为无机碳源物质和有机碳源物质。除少数具有光合色素的蓝细菌、绿硫细菌、紫硫细菌、红螺菌能像绿色植物那样，利用太阳光能还原二氧化碳，合成碳水化合物，作为碳源以外，一些化能自养型微生物（如硝化细菌和硫化细菌等）还能利用无机物的氧化作为供氢体来还原二氧化碳，

同时无机物的氧化还产生化学能。但绝大多数的细菌以及全部放线菌和真菌都是以有机物作为碳源的。当然不同的微生物对不同碳源的分解和利用情况是不一样的。糖类是较好的碳源，尤其是单糖（葡萄糖、果糖）和双糖（蔗糖、麦芽糖、乳糖），绝大多数微生物都能利用。此外，简单的有机酸、氨基酸、醇、醛、酚等含碳化合物也能被许多微生物利用。所以，人们在制作培养基时常加入葡萄糖、蔗糖作为碳源。淀粉、果胶、纤维素、木质素、蛋白质、脂肪、蜡质以及碳氢化合物，只要微生物具有分解它们的能力也能加以吸收利用。大多有机碳源物质被微生物吸收后，首先要降解成小分子前体物质，再用于代谢产物的合成，在降解的同时会产生能量；有的则被彻底氧化产生能量。所以有机碳源物质既提供碳素营养，同时又是能源物质。

在微生物发酵工业中，常根据不同微生物的需要，利用各种农副产品，如玉米粉、米糠、麦麸、马铃薯、甘薯以及各种野生植物的淀粉等，作为微生物生产廉价的碳源；这类碳源往往包含了几种营养要素。

（3）氮源物质

微生物细胞中含氮5%～13%，它是微生物细胞蛋白质和核酸的主要成分。氮素对微生物的生长发育有着重要的意义，微生物利用它在细胞内合成氨基酸和碱基，进而合成蛋白质、核酸等细胞成分以及含氮的代谢产物。无机的氮源物质一般不提供能量，只有极少数的化能自养型细菌（如硝化细菌等）可利用铵态氮、硝态氮作为氮源和能源。

微生物营养上要求的氮素物质可以分为以下三个类型：

1）空气中分子态氮。只有少数具有固氮能力的微生物（如自生固氮菌、根瘤菌等）能利用。

2）无机氮化合物。如铵态氮（NH_4^+）、硝态氮（NO_3^-）和简单的有机氮化合物（如尿素等），绝大多数微生物可以利用。

3）有机氮化合物。大多数寄生性微生物和一部分腐生性微生物需以有机氮化合物（蛋白质、氨基酸）为必需的氮素营养。尿素要经微生物先分解成NH_4^+以后再加以利用。氨基酸能为微生物直接加以吸收利用。对于蛋白质等复杂的有机氮化物，则需先经微生物分泌的胞外蛋白酶水解成氨基酸等简单小分子化合物后才能吸收利用。

在实验室和发酵工业生产中，常以铵盐、硝酸盐、牛肉膏、蛋白胨、酵母膏、鱼粉、血粉、蚕蛹粉、豆饼粉和花生饼粉作为微生物的氮源。

（4）无机元素

微生物细胞中的矿物元素占干重的3%～10%，它是微生物细胞结构物质不可缺少的组成成分和微生物生长不可缺少的营养物质。许多无机矿物质元素构成酶的活性基团或酶的激活剂；并具有调节细胞的渗透压、调节酸碱度和氧化还原电位以及能量的转移等作用。有些自养微生物需要利用无机矿物质元素作为能源。根据微生物对矿物质元素需要量的不同，分为常量元素和微量元素。

常量元素是磷、硫、钾、钠、钙、镁、铁等。磷、硫的需要量很大，磷是微生物细胞中许多含磷细胞成分（如核酸、核蛋白、磷脂、三磷酸腺苷（ATP）、辅酶等）的重要元素。硫是细胞中含硫氨基酸及生物素、硫胺素等辅酶的重要组成成分。钾、钠、镁是细胞中某些酶的活性基团，并具有调节和控制细胞质的胶体状态、细胞质膜的通透性和细胞代谢活动的功能。

微量元素有钼、锌、锰、钴、铜、硼、碘、镍、溴、钒等，一般在培养基中含有0.1 mg/L或更少就可以满足需要。所以，在制作培养基时只要使用天然水，如井水、河水或自来水，其中微量元素的含量就已经足够，无须另行添加（过量的微量元素反而会对微生物起到毒害作用）。

（5）生长因子

生长因子是微生物维持正常生命活动所不可缺少的、微量的特殊有机营养物，这些物质在微生物自身不能合成，必须在培养基中加入。缺少这些生长因子就会影响各种酶的活性，新陈代谢就不能正常进行。

生长因子是指维生素、氨基酸、嘌呤、嘧啶等特殊有机营养物。而狭义的生长因子仅指维生素。这些微量营养物质被微生物吸收后，一般不被分解，而是直接参与或调节代谢反应。

在自然界中自养型细菌和大多数腐生细菌、霉菌都能自己合成许多生长辅助物质，不需要另外供给就能正常生长发育。

二、微生物的营养特性

1. 微生物的营养类型

微生物在长期进化过程中，由于生态环境的影响，逐渐分化成各种营养类型。由于各种微生物的生活环境和对不同营养物质的利用能力不同，它们的营养需要和代谢方式也不尽相同。根据微生物对碳源的要求是无机碳化合物（如二氧化碳、碳酸盐等）还是有机碳化合物，可以把微生物分成自养型微生物和异养型微生物两大类。此外，根据微生物生命活动中能量的来源不同，可以将微生物分为两种能量代谢类型，一类是利用吸收的营养物质的降解产生的化学能，称为化能型微生物；另一类是吸收光能来维持其生命活动，称为光能型微生物。将碳源物质的性质和代谢能量的来源结合，可将微生物分为光能自养型、光能异养型、化能自养型和化能异养型四种营养类型，它们的区别见表2—3。

表2—3　不同营养类型微生物的区别

代谢特点	营养类型			
	光能自养型	化能自养型	光能异养型	化能异养型
碳源	CO_2或可溶性碳酸盐	CO_2或可溶性碳酸盐	小分子有机物	有机物
能源	光能	无机物的氧化	光能	有机物的氧化降解
供氢体	无机物（如H_2O、H_2S等）	无机物（如H_2S、H_2、Fe^{2+}、NH_3、NO_2^-等）	小分子有机物	有机物
代表种	蓝细菌、绿硫细菌	硝化细菌、硫化菌、氢细菌、铁细菌等	红螺菌	大多数细菌，全部真菌、放线菌

根据生态习性不同，微生物可分为腐生型和寄生型两类。从无生命的有机物获得营养物质的称为腐生型。引起食品腐败变质的某些霉菌和细菌就属这一类型，如引起腐败的梭状芽孢杆菌、毛霉、根霉、曲霉等。必须寄生在活的有机体内，从寄主体内获得营养物质才能生活称为寄生，这类微生物称为寄生微生物。寄生又分为绝对寄生和兼性寄生，如果只能在一定活的生物体内寄生生活的叫做绝对寄生，它们是引起人、动物、植物以及微生物病害的病原微生物，如病毒和噬菌体等。有些微生物既能生活在活的生物体上，又能在死的有机残体上生长，同时也可在人工培养基上生长，则称为兼性寄生微生物，例如，引起瓜果腐烂的瓜果腐霉的菌丝可侵入果树幼苗的胚芽基部进行寄生，也可以在土壤中长期进行腐生。

2. 各类微生物的营养特性

（1）细菌的营养特性

根据上述对微生物的分类，细菌几乎涵盖以上所有类型，但以化能异养型的种类最多，食品中的腐生型细菌都属于此类。这类细菌只能从现成的有机碳水化合物中取得碳源，如以淀粉、纤维素、双糖、单糖、有机酸等作为碳源；氮源来自无机含氮化合物（如硝酸铵、硫酸铵等）和有机含氮化合物（如蛋白质、蛋白胨、氨基酸和尿素等）。

（2）酵母菌的营养特性

酵母菌是化能异养型微生物，它可以从有机含碳化合物中获得碳源，这些碳源物质如葡萄糖、蜜二糖、蔗糖、有机酸、醛、甘油和石油等，但绝大多数酵母菌不能利用淀粉作为碳源。酵母菌一般可从无机含氮化合物中吸取氮素获得氮源，如硫酸铵、磷酸铵和氯化铵等，但不能利用空气中的游离氮。有些酵母菌能利用硝酸盐，也可以从有机含氮化合物中吸取氮素，如尿素和一些蛋白质的水解产物（如蛋白胨、氨基酸、酵母浸汁、麦芽浸汁等）。

（3）霉菌的营养特性

霉菌是化能异养型微生物，绝大多数霉菌是腐生性的，少数是寄生性的，如寄生于植物、动物和人体的病原性霉菌等。一些多糖、双糖和单糖都是霉菌吸收碳源的良好物质，有机酸对霉菌来说是比较差的碳源，脂肪也可被霉菌作为碳源利用。霉菌的氮源较广泛，能利用多种含氮化合物，如蛋白质及其水解产物、硝酸盐和铵盐等。氨基酸在供给霉菌作为氮源时，同时也可作为碳源，而且在有些条件下可作为碳的唯一来源。

（4）放线菌的营养特性

放线菌是化能异养型微生物，除极少数为寄生性外，绝大多数为腐生性。放线菌能利用各种不同的有机碳水化合物作为碳源，如单糖、双糖、淀粉、纤维素、半纤维素、有机酸等。其中葡萄糖、麦芽糖、糊精、淀粉和甘油是其良好的碳源和能源。蛋白质和脂肪也与碳水化合物一样，可以作为被放线菌易于利用的良好碳源。有机酸（如柠檬酸、琥珀酸等）容易被利用，而苹果酸、鞣酸和酒石酸就不易被其利用。有的放线菌还能利用石油作为碳源。

（5）病毒的营养特性

病毒是专性寄生微生物，只能生活在一定的活细胞组织内。因此，它们所吸收的营养物质来自它们所寄生的寄主（如活的动物、植物、人体、细菌和放线菌等）。

（6）食用菌的营养特性

食用菌种类不同，摄取营养的方式也不一样。主要有腐生、共生、寄生和兼性寄生四类。目前，人工能够栽培的几种食用菌大多数是腐生的，称为腐生菌。它们需要的营养都是从死亡或腐朽的生物体及其制品中获得的。腐生菌又分为木腐菌与草腐菌两类。生长在死树、枯枝等木材上的食用菌叫做木腐菌，如平菇、香菇、金针菇、滑菇、木耳、猴头等；生长在柴草、粪肥等粪草上的食用菌叫做草腐菌，如草菇和双孢菇等。木腐菌在人工栽培时应以木屑或断木等为主要原料；草腐菌以粪草为主。两者在分解利用纤维素、木质素方面的差别为食用菌选择栽培原料和从营养类型上进行品种搭配奠定了基础。食用菌的营养源按相关营养物质所含的主要成分不同，可分为碳源、氮源、无机盐和生长素四类。碳源是食用菌的碳营养来源，它不仅是合成碳水化合物和氨基酸的基架，还是重要的能量来源，树木屑、棉子壳、玉米芯、玉米秸、麦秸中的木质素、纤维素和半纤维素是食用菌的良好碳源，米糠、麸皮、糖可作为食用菌初期的补助碳源。氮源是食用菌合成蛋白质和核酸所必需的原料。常用的有机氮源有麸皮、豆饼、谷糠、棉子饼、蚕蛹、玉米粉和多种畜禽粪便。无机氮源有尿素和二铵。无机盐常用的有磷酸氢二钾、硫酸钙、硫酸镁等。生长因子主要是维生素类，在麦芽、米糠、麸皮中含量较多。

三、微生物对营养物质的吸收方式

微生物不像动物那样具有专门的摄食器官，也不像植物那样具有根系吸收营养和水分，它们是借助生物膜的半渗透性及其结构特点，以几种不同的方式来吸收营养物质和水分的。如果营养物质是大分子的蛋白质、多糖和脂肪，微生物则分泌出相应的酶（这类在细胞内产生，分泌到细胞外起作用的酶蛋白称为胞外酶），加以分解成小分子的物质，才能以不同的方式吸收到细胞内并加以利用。

各种物质对细胞质膜的透性不一样，就目前对细胞膜结构及其传递系统的研究认为，营养物质主要以以下几种方式透过细胞膜：

1. 单纯扩散

单纯扩散是通过细胞膜进行内外物质交换最简单的一种方式。营养物质通过分子的随机运动透过微生物细胞膜上的小孔进出细胞。其特点是物质由高浓度区向低浓度区（浓度梯度）扩散，这是一种单纯的物理扩散作用，不需要能量。一旦细胞膜两侧的浓度梯度消失（即细胞内外的物质浓度达到平衡），简单扩散也就达到动态平衡。但实际上，进入细胞内的物质总在不断被利用，浓度不断降低，细胞外的物质不断进入细胞。单纯扩散是非特异性的，没有运载蛋白质（渗透酶）参与，也不与膜上的分子发生反应。扩散的物质本身也不发生改变。单纯扩散的物质主要是一些小分子物质，如一些气体（O_2、CO_2）、水、某些无机离子及一些水溶性小分子（如甘油、乙醇等）。

2. 促进扩散

单靠单纯扩散，对营养物质的吸收是有限的，微生物细胞为了加速对营养物质的吸收，以适应生长发育的需要，在细胞膜上还存在多种具有运载营养物质功能的特异性蛋白质，称为渗透酶。它们大多是诱导酶，当外界存在所需的营养物质时，能诱导细胞产生相应的渗透酶，每一种渗透酶能帮助一类营养物质的运输，如输送葡萄糖的渗透酶能与外界的葡萄糖分子进行特异性的结合，然后转移到细胞质膜的内表面后，再释放到细胞质中，并加速过程的进行。它们如同“渡船”一样，把营养物质由外界运输到细胞膜中去。其特点也是由高浓度区向低浓度区扩散，所不同的地方是这种运输有渗透酶参与，加速了营养物质的透过程度，以满足微生物细胞代谢的需要。细胞内外的物质浓度可以通过自由可逆的扩散而趋向平衡。促进扩散的过程是由浓度梯度来驱动的，不需耗费代谢能量。

3. 主动运输

如果微生物对营养物质的吸收只能凭借浓度梯度由高浓度区向低浓度区扩散，那么微生物就无法吸收低于细胞内浓度的外界营养物质，生长就会受到限制。事实上，微生物细胞中有些营养物质以高于细胞外的浓度在细胞内积累，如大肠杆菌在生长期内，细胞中的钾离子浓度比周围环境高出 3 000 倍。当以乳糖作为碳源时，细胞内乳糖的浓度比周围环境高出 500 倍。可见这种主动运输的特点是营养物质由低浓度区向高浓度区进行，是逆浓度梯度地被“抽”进细胞内的，因此这个过程不仅需要渗透酶，还需要代谢能量，该能量由三磷酸腺苷（ATP）提供，渗透酶则起着将营养物质从低浓度的周围环境转运进高浓度的细胞内不断改变平衡点的作用。存在于细胞膜上的渗透酶，当细胞膜外存在着需要结合的营养物质时，能分辨（认识）这些物质，由于对其营养物质具有高度亲和力，并且特异性地与之结合，便形成渗透酶—运载物质复合体。复合体旋转 180°从膜外方转移到细胞膜内表面，消耗代谢能量 ATP，使渗透酶的构型发生变化，亲和力减弱，于是被结合的物质就被释放到细胞质中去。当构型变化的渗透酶再获得能量恢复原状，亲和力增强，结合位置朝向膜外时，又可重复进行这种主动运输。

4. 基团转位

在微生物对营养物质吸收的过程中，还有一种特殊的运输方式，叫做基团转位。这种方式除具有主动运输的特点外，主要是被转运的物质改变了本身的性质，有化学基团转移到被转运的营养物质上面去。如许多糖及糖的衍生物在运输中由细菌的磷酸转移酶系催化，使其磷酸化，磷酸基团被转移到它们的分子上，以磷酸糖的形式进入细胞。由于质膜对大多数磷酸化化合物无渗透性，磷酸糖一旦形成便被阻挡在细胞以内，从而使糖浓度远远超过细胞外。基团转位可转运糖和糖的衍生物，如葡萄糖、甘露糖、果糖、N-乙酰葡萄糖胺和β-半乳糖苷以及嘌呤、嘧啶、碱基、乙酸（但不能输送氨基酸）等。这个运输系统主要存在于兼性厌氧菌和厌氧菌中。但某些好氧菌，如枯草杆菌和巨大芽孢杆菌也利用磷酸转移酶系统将葡萄糖转送到细胞内。

四、培养基

为了研究和利用微生物，必须人为地创造适宜的营养和环境条件培养微生物，培养基是指经人工配制而成的、适合微生物生长繁殖和积累代谢产物所需要的营养基质。

1. 培养基的类型

(1) 根据营养成分的来源划分

1）天然培养基。天然培养基是利用一些天然的动、植物组织器官和抽提物，如牛肉膏、蛋白胨、麸皮、马铃薯、玉米浆等制成的。它们的优点是取材广泛，营养全面而丰富，制备方便，价格低廉，适用于大规模培养微生物。缺点是成分复杂且每批成分不稳定。实验室常用的牛肉膏、蛋白胨培养基便是这种类型。

2）合成培养基。合成培养基是利用已知成分和数量的化学物质配制而成的。此类培养基成分精确，重复性强，一般用于实验室进行营养代谢、分类鉴定和选育菌种等工作。缺点是配制较复杂，微生物在此类培养基上生长缓慢，加上价格较高，不宜用于大规模生产。如实验室常用的高氏Ⅰ号培养基、察氏培养基（见附录）。

3）半合成培养基。用一部分天然物质作为碳源、氮源及生长辅助物质，又适当补充少量无机盐类，这样配制的培养基称为半合成培养基。如实验室常用的马铃薯—葡萄糖—琼脂培养基（见附录）。半合成培养基应用最广泛，能使绝大多数微生物良好地生长。

(2) 根据物理状态划分

1）液体培养基。把各种营养物质溶解于水中，混合制成水溶液，并调节适宜的 pH 值，便成为液体状态的培养基质。该培养基有利于微生物的生长和积累代谢产物，常用于大规模工业化生产中观察微生物生长特征以及研究生理、生化特性。

2）固体培养基。一般采用天然固体营养物质，如马铃薯块、麸皮等作为培养微生物的营养基质。也可在液体培养基中加入一定量的凝固剂，如琼脂（1.5%～2.0%）、明胶等煮沸冷却后，使其凝成固体状态，常用来观察、鉴定和分离纯化微生物。

3）半固体培养基。加入少量凝固剂（0.5%～0.8%的琼脂）则成半固体状态的培养基叫做半固体培养基，常用来观察细菌的运动，鉴定菌种噬菌体的效价滴定和保存菌种。

(3) 根据用途划分

1）加富培养基。根据培养菌种的生理特性，加入有利于该种微生物生长繁殖所需要的营养物质，该种微生物则会旺盛地大量生长，如加入血，血清，动、植物组织提取液等，以培养营养要求比较苛刻的异养微生物。加富培养基主要用于菌种的保存或菌种的分离筛选。

2）选择培养基。是指根据某种或某一类微生物特殊的营养要求配制而成的培养基，如纤维素选择培养基等。还有的在培养基中加入对某种微生物有抑制作用，而对所需培养菌种无影响的物质，从而使该种培养基对某种微生物有严格的选择作用。如 SS 琼脂培养基，由于加入胆盐等抑制剂，对沙门氏菌等肠道致病菌无抑制作用，而对其他肠道细菌有抑制作用。

3）鉴别培养基。是指根据微生物的代谢特点，通过指示剂的显色反应，用以鉴定不同微生物的培养基。如远滕氏培养基中的亚硫酸钠使指示剂复红醌式结构还原变浅，但由于大肠杆菌的生长分解乳糖，产生的乙醛可使复红醌式结构恢复，即可使菌落中的指示剂复红，重新呈现带金属光泽的红色，从而同其他微生物区别开来。

2. 配制培养基的基本物质条件

不同的微生物对营养物质的需求不一样，因此，如果是自养型的微生物主要考虑无机碳源，如果是异养型的微生物，则主要提供有机碳源物质；除碳源物质外，还要考虑加入适量的无机矿物质元素；有些微生物菌种在培养时还要求加入一定的生长因子，如很多乳酸菌在培养时，要求在培养基中加入一些氨基酸和维生素等才能很好地生长。

由于不同的微生物对营养有着不同的要求，所以在配制培养基时，首先要明确培养基的用途，如用于培养哪种微生物，培养的目的如何，是培养菌种还是用于发酵生产，发酵生产的目的是获得大量菌体还是获得次级代谢产物等，然后根据不同的菌种及其不同的培养目的，确定搭配的营养成分及营养比例。其中碳素营养与氮素营养的比例很重要。碳氮比是指培养基中所含C原子的摩尔浓度与N原子的摩尔浓度之比，不同的微生物菌种要求不同的碳氮比；同一菌种，在不同的生长时期也有不同的要求，一般碳氮比在配制发酵生产用培养基时要求比较严格，碳氮比比例对发酵产物的积累影响很大。一般在发酵工业上，发酵用种子的培养基的营养越丰富越好，尤其是氮源要丰富，而对以积累次级代谢产物为发酵目的的发酵培养基，则要求提高碳氮比值，即提高碳素营养物质的含量。

另外，在配制培养基时应注意节约，尽量遵循以粗代精，以野代家，以废代好，以简代繁，以纤代糖，以国产代进口等原则。在整个菌种制备过程中，从母种到原种、生产种或栽培种，各个阶段的目的要求有所不同，所选用的培养基的配比也应有所区别。一般的母种初生菌丝较嫩弱，分解养分能力差，要求营养丰富、完全，氮源、维生素的比例应高。需选用易于被菌丝吸收利用的物质，如葡萄糖、蔗糖、马铃薯、蛋白胨、无机盐类及生长素等，而原种、生产种或栽培种由于所需数量较多，且菌丝分解能力强，可利用大量农作物（如秸秆、粪草、棉子壳、麸皮、米糠等原料）作为培养基。

在配制培养基时，根据培养的目的和要求不同，有时还需要以下一些辅助成分：

（1）凝固剂

配制固体培养基的凝固剂有琼脂、明胶和卵白蛋白及血清等。琼脂是从石花菜等海藻中提取的胶体物质，是应用最广泛的凝固剂。其化学成分主要是多糖，加琼脂制成的培养基在98～100℃下熔化，于45℃以下凝固。但多次反复熔化，其凝固性会降低。琼脂对细菌本身无营养价值，自然界中仅有极少数的细菌能够利用分解它。根据琼脂含量的多少，可以配制成不同性状的培养基，如琼脂（1.5%～2.0%）可以配制固体培养基，0.5%～0.8%的琼脂可配制成半固体培养基。另外，由于各种品牌的琼脂凝固能力不同，以及当时气温的不同，配制时用量应酌情增减，夏季可适当多加。

(2) 抑制剂

在制备及选择培养基时需要加入一定的抑制剂，来抑制非检出菌的生长或使其少生长，以利于检查菌的生长。抑制剂种类很多，常用的有胆盐、煌绿、玫瑰红酸、亚硫酸钠、某些染料及抗菌素等，这些物质都具有选择性抑菌作用。

(3) 指示剂

为便于了解及观察细菌是否利用和分解糖类等物质，常在鉴别培养基中加入一定种类的指示剂，常用的有酚红、中性红、甲基红、溴甲酚紫、溴麝香草酚蓝、中国蓝等酸碱指示剂，美蓝常用做氧化还原指示剂。

3. 配制培养基的理化条件

除营养成分外，培养基的理化条件也直接影响微生物的生长和正常代谢，主要有以下几点：

(1) pH 值

微生物一般都有它们适宜生长的 pH 值范围，细菌的最适 pH 值一般在 7～8 范围内，放线菌要求在 7.5～8.5 范围内，酵母菌要求为 3.8～6.0，霉菌的适宜 pH 值为 4.0～5.8。由于微生物在代谢过程中不断地向培养基中分泌代谢产物，影响培养基的 pH 值变化，对大多数微生物来说，主要产生酸性产物，所以在培养过程中常引起 pH 值下降，影响微生物的生长繁殖速度。为了尽可能地减缓在培养过程中 pH 值的变化，在配制培养基时要加入一定的缓冲物质，通过培养基中的这些成分发挥调节作用，常用的缓冲物质主要有以下两类：

1) 磷酸盐类。这是以缓冲液的形式发挥作用的，通过磷酸盐不同程度的解离，对培养基的 pH 值的变化起到缓冲作用。

2) 碳酸钙。这类缓冲物质是以“备用碱”的方式发挥缓冲作用的，碳酸钙在中性条件下的溶解度极低，加入培养基后，由于其在中性条件下几乎不解离，所以不影响培养基的 pH 值的变化。当微生物生长，培养基的 pH 值下降时，碳酸钙就不断地解离，游离出碳酸根离子，碳酸根离子不稳定，与氢离子形成碳酸，最后释放出二氧化碳，在一定程度上缓解了培养基 pH 值的降低。

(2) 渗透压

由于微生物细胞膜是半通透膜，外有细胞壁起到机械性保护作用，因此，要求其生长的培养基具有一定的渗透压。当环境中的渗透压低于细胞原生质的渗透压时，就会出现细胞的膨胀，轻者影响细胞的正常代谢，重者出现细胞破裂；当环境中的渗透压高于原生质的渗透压时，导致细胞皱缩，细胞膜与细胞壁分开，即所谓质壁分离现象。只有在等渗条件下最适宜微生物的生长。

(3) 经过灭菌，并保持无菌状态

培养基经分装包扎后，应立即按配制方法规定的灭菌条件进行高压蒸汽灭菌，然后冷却到适宜的培养温度，并保持无菌状态等待接种。

第二节　微生物的代谢

微生物同其他生物一样都是具有生命的，新陈代谢作用贯穿于它们生命活动的始终，新陈代谢作用包括合成代谢（同化作用）和分解代谢（异化作用）。微生物细胞在直接同生活环境接触的过程中，不停地从外界环境吸收适当的营养物质，在细胞内合成新的细胞物质、储藏物质并储存能量，即同化作用，这是其生长、发育的物质基础；同时，又把衰老的细胞物质和从外界吸收的营养物质进行分解，变成简单物质，并产生一些中间产物作为合成细胞物质的基础原料，最终将不能利用的废物排出体外，一部分能量以热量的形式散发，这便是异化作用。在上述物质代谢的过程中伴随着能量代谢的进行，在物质的分解过程中，伴随着能量代谢。这些能量一部分以热的形式散失，一部分以高能磷酸键的形式储存在三磷酸腺苷（ATP）中，这些能量主要用于维持微生物的生理活动或供合成代谢需要。

一、微生物的能量代谢

微生物在生命活动中所需要的能量主要是通过生物氧化而获得的。所谓生物氧化，就是指细胞内一切代谢物所进行的氧化活动。它们在氧化过程中能产生大量的能量，分段释放，并以高能磷酸键的形式储藏在 ATP 分子内，供需要时利用。

1. 微生物的呼吸（生物氧化）类型

根据底物在进行氧化时脱下的氢和电子受体的不同，微生物的呼吸可以分为三个类型，即好氧呼吸、厌氧呼吸和发酵作用。

（1）好氧呼吸

以分子氧作为最终电子受体的生物氧化过程称为好氧呼吸。许多异养型微生物在有氧条件下以有机物作为呼吸底物，通过呼吸而获得能量。以葡萄糖为例，通过生物氧化过程可以被彻底氧化成二氧化碳和水，生成 38 个 ATP，化学反应式为：

$$C_6H_{12}O_6+6O_2+38ADP+38Pi \longrightarrow 6CO_2+6H_2O+38ATP$$

（2）厌氧呼吸

以无机氧化物作为最终电子受体的生物氧化过程称为厌氧呼吸。能起这种作用的化合物有硫酸盐、硝酸盐和碳酸盐。这是少数微生物的呼吸过程。例如，脱氮小球菌利用葡萄糖氧化成二氧化碳和水，而把硝酸盐还原成亚硝酸盐（故称反硝化作用），化学反应式如下：

$$C_6H_{12}O_6+12NO_3^- \longrightarrow 6CO_2+6H_2O+12NO_2^-+1.8\times10^3\ kJ$$

（3）发酵作用

如果电子供体是有机化合物，而最终的电子受体也是有机化合物的生物氧化过程称为发酵作用。在发酵过程中，有机物既是被氧化了的基质，又是最终的电子受体，但是由于氧化不彻底，所以产能比较少。如酵母菌利用葡萄糖进行酒精发酵，只释放 2.26×10^5 J 热量，其中只有 9.6×10^4 J 储存于 ATP 中，其余又以热的形式丧失，化学反应式如下：

$$C_6H_{12}O_6+2ADP+2Pi \longrightarrow 2C_2H_5OH+2CO_2+2ATP$$

2. 生物氧化链

微生物从呼吸底物脱下的氢和电子向最终电子受体的传递过程中，要经过一系列的中间传递体，并有顺序地进行，它们相互“连控”，如同链条一样，故称为呼吸链（生物氧化链）。它主要由脱氢酶、辅酶 Q 和细胞色素等组分组成，并主要存在于真核生物的线粒体中；在原核生物中，则与细胞膜、中间体结合在一起。它的功能是传递氢和电子，同时将电子传递过程中释放的能量合成为 ATP。

3. ATP 的产生

生物氧化的结果不仅使许多还原型辅酶Ⅰ得到了再生，而且更重要的是为生物体的生命活动获得了能量。ATP 的产生就是电子从起始的电子供体经过呼吸链至最终电子受体的结果。

利用光能合成 ATP 的反应称为光合磷酸化。而利用生物氧化过程中释放的能量合成 ATP 的反应称为氧化磷酸化。生物体内氧化磷酸化是普遍存在的，有机物降解反应和生成物合成反应通过氧化还原而偶联起来，使能量得到产生、保存和释放。

二、微生物的分解代谢

地球上最丰富的有机物是纤维素、半纤维素、淀粉等糖类物质，自然界中微生物赖以生存的主要也是糖类物质。人们培养微生物，进行食品加工和工业发酵等，也是以糖类物质为主要的碳源和能源物质。

1. 多糖的分解

多糖的种类很多，这里主要讨论淀粉、纤维素、果胶质的分解。

（1）淀粉的分解

淀粉是多种微生物用做碳源的原料。它是葡萄糖的多聚物，有直链淀粉和支链淀粉之分。微生物对淀粉的分解是由微生物分泌的淀粉酶催化进行的。淀粉酶是水解淀粉糖苷键一类酶的总称，包括 α-淀粉酶、β-淀粉酶、糖化酶、异淀粉酶等，产生淀粉酶的微生物很多，细菌、霉菌、放线菌中的许多种都能产生。

（2）纤维素的分解

纤维素的葡萄糖是由 β-1，4 糖苷键组成的大分子化合物。它广泛存在于自然界，是植物细胞壁的主要组成成分。人和动物均不能消化纤维素。但是很多微生物，如木霉、青霉、某些放线菌和细菌等均能分解利用纤维素，原因是它们能产生纤维素酶。

纤维素酶是一类纤维素水解酶的总称。它由 C_1 酶、C_x 酶分解成纤维二糖，再经过 β-葡萄糖苷酶作用，最终变为葡萄糖，其水解过程如下：

$$\text{天然纤维素} \xrightarrow{C_1\text{酶}} \text{水合纤维素分子} \xrightarrow{C_{x1}、C_{x2}\text{酶}} \text{纤维二糖} \xrightarrow{\text{纤维二糖酶}} \text{葡萄糖}$$

生产纤维素酶的菌种常有绿色木霉、康氏木霉、某些放线菌和细菌等。

（3）果胶质的分解

果胶是植物细胞的间隙物质，使邻近的细胞壁相连，是半乳糖醛酸以 α—1，4 糖苷键结合而成的直链状分子化合物。其羧基大部分形成甲基酯，而不含甲基酯的称为果胶酸。微生物对果胶质的分解是由微生物分泌的果胶质酶和聚半乳糖醛酸酶催化进行的。产生果胶质酶和聚半乳糖醛酸酶的微生物主要是曲霉、青霉等霉菌。

$$\text{果胶} \xrightarrow{\text{果胶酯酶}} \text{甲醇} + \text{果胶酸} \xrightarrow{\text{聚半乳糖醛酸酶}} \text{半乳糖醛酸}$$

2. 蛋白质与氨基酸的分解

(1) 蛋白质的分解

蛋白质是由氨基酸组成的分子巨大、结构复杂的化合物。它们不能直接进入细胞。微生物利用蛋白质，首先要分泌蛋白酶至体外，将其分解为大小不等的多肽或氨基酸等小分子化合物后，再进入细胞。化学反应通式如下：

$$\text{蛋白质} \xrightarrow{\text{蛋白酶}} \text{多肽、氨基酸}$$

产生蛋白酶的菌种很多，细菌、放线菌、霉菌等菌种中均有。不同的菌种可以产生不同的蛋白酶，如黑曲霉主要生产酸性蛋白酶。短小芽孢杆菌用于生产碱性蛋白酶。不同的菌种也可生产功能相同的蛋白酶，同一个菌种也可产生多种性质不同的蛋白酶。

(2) 氨基酸的分解

微生物对氨基酸的分解主要是脱氨作用和脱羧作用。

1) 脱氨作用。脱氨方式随微生物种类、氨基酸种类以及环境条件的不同而有所区别。主要有以下几种：

①氧化脱氨。在酶催化下，氨基酸在氧化脱氢的同时释放游离氨，这一过程称为氧化脱氨。这种脱氨方式须在有氧气条件下进行。专性厌氧菌不能进行氧化脱氨。微生物催化氧化脱氨的酶有两类：一类是氨基氧化酶，以 FAD 或 FMN 为辅基；另一类是氨基酸脱氢酶，以 NAD 或 NADP 作为氢的载体，交给分子态氧。化学反应式如下：

$$2R\text{—}CHNH_2\text{—}COOH + O_2 \longrightarrow 2R\text{—}CO\text{—}COOH + 2NH_3$$

②还原脱氨。还原脱氨在无氧条件下进行，脱氨生成饱和脂肪酸。能进行还原脱氨的微生物是专性厌氧菌和兼性厌氧菌。腐败的蛋白质中常分离到的饱和脂肪酸便是由相应的氨基酸生成的。如大肠杆菌可使甘氨酸还原脱氨成乙酸，化学反应式如下：

$$HOOC\text{—}CHNH_2\text{—}COOH \xrightarrow{NADH_2 \quad NAD} CH_3COOH + NH_3 + CO_2$$

③水解脱氨。不同氨基酸经水解脱氨生成不同的产物，同种氨基酸水解之后也可形成不同的产物，化学反应通式如下：

$$R\text{—}CHNH_2\text{—}COOH + H_2O \xrightarrow{\text{水解酶}} R\text{—}CHOH\text{—}COOH + NH_3$$

有些细菌可以水解色氨酸生成吲哚，吲哚可以与二甲基氨基苯甲醛反应生成红色的玫瑰吲哚，因此，可根据细菌能否分解色氨酸产生吲哚来鉴定菌种。

④减饱和脱氨（直接脱氨）。氨基酸在脱氨的同时，其 α、β 键减饱和，结果生成不饱和酸。如天门冬氨酸减饱和脱氨生成延胡索酸，化学反应式如下：

$$HOO\text{—}CH_2\text{—}CHNH_2\text{—}COOH \xrightarrow{\text{天门冬氨酸裂解酶}} HOOC\text{—}CH{=}CH\text{—}COOH + NH_3$$

⑤氧化—还原偶联脱氨（Stickland 反应）。Stickland 发现在某些羧菌中存在由两种

氨基酸参与的脱氨基反应，一种氨基酸被氧化，在脱氨的同时脱下氢和电子；同时，另一种氨基酸被还原，得到氢和电子的同时脱下氨基。如丙氨酸和甘氨酸的偶联反应式如下：

$$\begin{array}{ccc} CH_3CHNH_2COOH & \cdots\cdots\rightarrow & CH_2NH_2COOH \\ \downarrow & NAD \leftarrow \quad \rightarrow NADH_2 & \downarrow \\ CH_3COCOOH+NH_3 & \cdots\cdots\rightarrow & CH_3COOH+NH_3 \end{array}$$

该偶联反应不是在任意两种氨基酸之间发生的，有些氨基酸优先作为供氢体，有些氨基酸优先作为受氢体。

2）脱羧作用。氨基酸脱羧作用常见于许多腐败细菌和真菌中。不同的氨基酸由相应的氨基酸脱羧酶催化脱羧，生成减少一个碳原子的胺和二氧化碳，化学反应通式如下：

$$R—CHNH_2—COOH \xrightarrow{\text{氨基酸脱羧酶}} R—CH_2—NH_2+CO_2$$

脱羧酶具有高度专一性，需要磷酸吡哆醛为辅酶，大多数是诱导酶。一元氨基酸脱羧后变成一元胺；二元氨基酸脱羧后变成二元胺。这类物质统称尸碱，有毒性。肉类蛋白质腐败后常生成二元胺，故不能食用。如赖氨酸脱羧后变成尸胺，化学反应式如下：

$$H_2N\ (CH_2)_4CHNH_2COOH \xrightarrow{\text{赖氨酸脱羧酶}} H_2N\ (CH_2)_4CH_2NH_2+CO_2$$

3．脂肪与脂肪酸的分解

（1）脂肪的分解

脂肪是脂肪酸的甘油三酯。在脂肪酶作用下，可水解生成甘油和脂肪酸，化学反应式如下：

$$\begin{array}{l} CH_2OCOR_1 \\ | \\ CH_2OCOR_2 \\ | \\ CH_2OCOR_3 \end{array} +3H_2O \xrightarrow{\text{脂肪酶}} \begin{array}{l} CH_2OH \\ | \\ CH_2OH \\ | \\ CH_2OH \end{array} + \begin{array}{l} R_1—COOH \\ | \\ R_2—COOH \\ | \\ R_3—COOH \end{array}$$

能产生脂肪酶的微生物很多，有根霉、圆柱形假丝酵母、小放线菌、白地霉等。脂肪酶目前主要用于油脂工业、食品工业和纺织工业上。常用做消化剂、乳品增香、制造脂肪酸以及绢丝的脱脂等。

（2）脂肪酸的分解

微生物分解脂肪酸主要是通过β-氧化途径。β-氧化是由于脂肪酸氧化断裂发生在β-碳原子上而得名的。在氧化过程中能产生大量的能量，最终产物是乙酰辅酶A。

三、微生物的合成代谢

所谓合成代谢，是指微生物利用能量，将简单的无机或有机的小分子前体物质同化成高分子或细胞结构物质；合成代谢时必须具备三个条件，即代谢能量、小分子前体物质和还原基，只有具备了这三个基本条件，合成代谢才能进行。微生物的合成代谢有其独特的代谢途径，但多数代谢过程与高等生物相同或类似，如蛋白质的合成、核酸的合成等。由于微生物蛋白质的合成和核酸的合成与一般生物的生化过程基本相同，且难度较高，这里不予介绍。

四、微生物的代谢产物

根据微生物代谢过程中产生的代谢产物在微生物体内的作用不同，可将代谢分成初级代谢与次级代谢两种类型。

1. 初级代谢产物

初级代谢产物是指微生物通过代谢活动所产生的、自身生长和繁殖所必需的物质，如氨基酸、核苷酸、多糖、脂类、维生素等。在不同种类的微生物细胞中，初级代谢产物的种类基本相同。此外，初级代谢产物的合成也在不停地进行着，任何一种产物的合成发生障碍，都会影响微生物正常的生命活动，甚至导致其死亡。

2. 次级代谢产物

次级代谢产物是指微生物生长到一定阶段才产生的物质，其化学结构十分复杂，对该微生物无明显生理功能，或并非是微生物生长和繁殖所必需的物质，如抗生素、毒素、激素、色素等。不同种类的微生物所产生的次级代谢产物不相同，它们可能积累在细胞内，也可能排到外环境中。其中，抗生素是一类具有特异性抑菌和杀菌作用的有机化合物，种类很多，常用的有链霉素、青霉素、红霉素和四环素等。

由于微生物种类繁多，能在不同条件下对不同物质或对基本相同的物质进行不同的发酵。而不同微生物对不同物质发酵时可以得到不同的产物。不同的微生物对同一种物质进行发酵，或同一种微生物在不同条件下进行发酵都可得到不同的产物，这些都取决于微生物本身的代谢特点和发酵条件。根据发酵产物种类的不同，有乙醇发酵、乳酸发酵、丙酸发酵、丁酸发酵、混合酸发酵、丁二醇发酵及乙酸发酵等。因此，在生产中广义的发酵往往是指利用微生物生产有用代谢产物的一种生产方式。

第三节　微生物的生长

一、微生物生长的概念

一个微生物细胞在合适的外界环境条件下会不断地吸收营养物质，并按其自身的代谢方式进行新陈代谢。如果同化作用的速度超过了异化作用，则其原生质的总量（质量、体积、大小）就不断增加，于是出现了个体的生长现象。如果这是一种平衡生长，即各细胞组分是按恰当的比例增长时，则在达到一定程度后就会发生繁殖，从而引起个体数目的增加。这时，原有的个体已经发展成一个群体。随着群体中各个个体的进一步生长，就引起了这一群体的生长，这可从其质量、体积、密度或浓度的指标来衡量。所以：

个体生长→个体繁殖→群体生长

群体生长＝个体生长＋个体繁殖

需要强调的是，上述微生物生长的阶段性对于单细胞微生物来说是不明显的，往往是在个体生长的同时伴随着个体的繁殖。这一特点在细菌快速生长阶段尤为突出，有时在一个细胞中会出现 2 或 4 个细胞核。因此，除了特定的目的以外，在微生物的研究和应用中，只有群体的生长才有实际意义，在微生物学中提到的“生长”均指群体生长。

微生物的生长繁殖是其在内外各种环境因素相互作用下的综合反映，因此，微生物在生产实践上的各种应用或是对致病菌、腐败微生物的防治，也都与它们的生长繁殖和抑制紧密相关。

二、单细胞微生物典型生长曲线

单细胞的微生物，如细菌、酵母菌等在液体培养基中可以均匀地分布，每个细胞接触的环境条件相同，都有充分的营养物质，故每个细胞都能迅速地生长繁殖。多数霉菌是多细胞微生物，菌体呈丝状，在液体培养基中生长繁殖的情况与单细胞微生物不一样，如果采取摇床培养，则霉菌在液体培养基中的生长繁殖情况近似于单细胞微生物。因液体被搅动，菌丝处于分布比较均匀的状态，而且菌丝在生长繁殖过程中不会像在固体培养基上那样有分化现象，产生的孢子也较少。

微生物生长繁殖的速度非常快，一般细菌在适宜的条件下（20～30 min）就可以分裂一次，如果不断迅速地分裂，短时间内可达惊人的数目（但实际上是不可能的）。在培养条件保持稳定的状况下，定时取样测定培养液中微生物的菌体数目，可发现在培养的开始阶段菌体数目并不增加，一定时间后，菌体数目就增长很快，继而菌体数目增长速度保持稳定，最后增长速度逐渐下降以至为零。如果以培养时间为横坐标，以活菌数的对数值为纵坐标，就可以作出一条生长曲线。该生长曲线代表单细胞微生物从生长开始到衰老死亡的一般规律，包括细菌和酵母菌。

根据微生物的生长速率常数 R，即每小时的分裂代数的时间不同，一般把典型的生长曲线粗分为延滞期、对数期、稳定期和衰亡期四个时期，如图 2—1 所示。

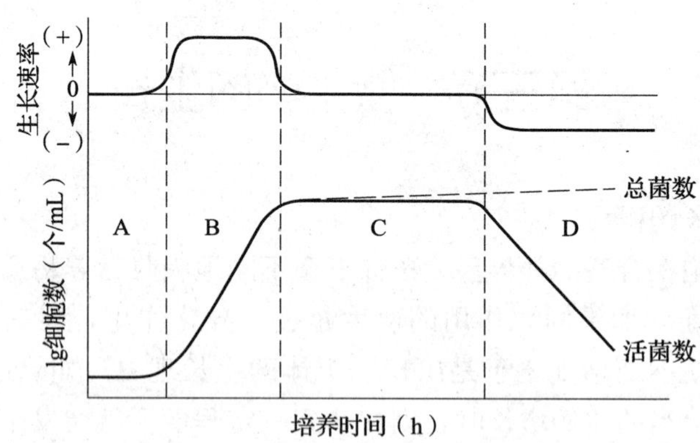

图 2—1　微生物的生长曲线

A—延滞期　B—对数期　C—稳定期　D—衰亡期

1. 延滞期

延滞期又叫适应期、缓慢期或调整期，是指把少量微生物接种到新培养液刚开始的一段细胞数目不增加的时期，甚至细胞数目还可能减少。

（1）延滞期的特点

1）生长的速率常数为零。

2）细胞的体积增大，DNA 含量增多，为分裂做准备。

3）合成代谢旺盛，核糖体、酶类的合成加快，易产生诱导酶。

4）对不良环境敏感，如 pH 值、NaCl 溶液浓度、温度和抗生素等化学物质。

延滞期出现的原因可能是为了重新调整代谢。当细胞接种到新的环境（如从固体培养基接种到液体培养基）后，需要重新合成必需的酶类、辅酶或某些中间代谢产物，以适应新的环境而出现生长的延滞期。

（2）缩短延滞期的方法

为了提高生产效率，在发酵工业中常采取措施缩短延滞期，具有十分重要的意义。其方法主要有以下几种：

1）以对数期的菌体作为种子。因为对数期的菌体生长代谢旺盛，繁殖力强，抗不良环境和噬菌体的能力强，采用对数期的菌体作为种子，延滞期就短。

2）适当增大接种量。生产上接种量的多少是影响延滞期的一个重要因素，接种量大，延滞期短，接种量小，则延滞期长。一般采用 3%～8%的接种量，根据生产上的具体情况而定，最高不超过 10%。

3）调整培养基的成分。为了缩短培养基的营养成分差异，常常在种子培养基中加入生产培养基的某些营养成分，即使种子培养基尽量接近发酵培养基，通常微生物在营养丰富的天然培养基中比在营养单调的组合培养基中生长快。

2. 对数期

对数期又称指数期，是指在生长曲线中紧接着延滞期后的一段时期。此时菌体细胞的生长速率常数 R 最大，分裂快，细胞每分裂繁殖一次的增代时间（即代时）短，细胞进行平衡生长，菌体内酶系活跃，代谢旺盛，菌体数目以几何级数增加，群体的形态与生理特征最一致，抗不良环境的能力强。

（1）计算公式

在对数期内，设在时间 t_1 的活菌数为 x_1，经培养时间 t_2 后的菌数为 x_2，n 为繁殖代数，则有：

1）繁殖代数 n

$$x_2 = x_1 2^n$$

两边取对数得：$\lg x_2 = \lg x_1 + n\lg 2$

$$n = \lg x_2 - \frac{\lg x_1}{\lg 2} = 3.322\ (\lg x_2 - \lg x_1)$$

2）生长速率常数 R。生长速率常数 R 是指微生物每小时的分裂代数，R 越大，繁殖越快。

$$R = \frac{n}{t_2 - t_1}$$

3）代时 G。如前所述，由平均代时的定义可知：

$$G = \frac{t_2 - t_1}{n} = \frac{t_2 - t_1}{3.322\ (\lg x_2 - \lg x_1)}$$

（2）影响微生物对数期增代时间的因素

1）菌种。不同微生物代时差别较大，即使是同一菌种，由于培养基成分和物理条件（如培养温度、培养基的 pH 值和营养物质的性质）的不同，其对数期的代时也不同。但是在一定条件下各菌种的代时是相对稳定的，多数为 20～30 min，有的长达 33 h，快的只有 9.8 min 左右。不同细菌的代时见表 2—4。

表 2—4　不同细菌的代时

细菌	培养基	温度/℃	代时/min
漂浮假单胞菌	肉汤	27	9.8
大肠杆菌	肉汤	37	17
蜡状芽孢杆菌	肉汤	30	18
嗜热芽孢杆菌	肉汤	55	18.3
枯草芽孢杆菌	肉汤	25	26～32
巨大芽孢杆菌	肉汤	30	31
乳酸链球菌	牛乳	37	26
嗜酸乳杆菌	牛乳	37	66～87
伤寒沙门氏菌	肉汤	37	23.5
金黄色葡萄球菌	肉汤	37	27～30
霍乱弧菌	肉汤	37	21～38
丁酸羧菌	玉米醪	30	51
大豆根瘤菌	葡萄糖	25	344～461
结核分枝杆菌	合成	37	792～932
活跃硝化杆菌	合成	27	1200
梅毒密螺旋体	家兔	37	1980
褐球固氮菌	葡萄糖	25	240

2）营养成分。同种细菌，营养丰富的培养基，其代时就短；反之则长。

3）培养温度。温度是影响微生物生长速率的重要物理因素。

在微生物的最适生长温度范围时，代时就短。大肠杆菌在不同温度下的代时见表 2—5。

表 2—5　大肠杆菌在不同温度下的代时

温度/℃	代时/min	温度/℃	代时/min
10	860	35	22
15	120	40	17.5
20	90	45	20
25	40	47.5	77
30	29		

3. **稳定期**

稳定期又叫最高生长期或恒定期。处于稳定期的微生物的特点是新繁殖的细胞数与衰亡细胞数几乎相等，即正生长与负生长达到动态平衡，此时生长速度逐渐趋向于零。出现稳定期的原因主要有以下几点：

（1）营养物质特别是生长限制因子的耗尽，营养物质的比例失调，如碳氮比值不合适等。

（2）酸、醇、毒素或过氧化氢等有害代谢产物的累积。

（3）pH 值、氧化还原势等环境条件越来越不适宜等。

稳定期是以生产菌体或与菌体生长相平行的代谢产物（如单细胞蛋白、乳酸等）为目的的一些发酵生产的最佳收获期，也是对某些生长因子（如维生素和氨基酸等）进行生物测定的必要前提。稳定期的微生物在数量上达到了最高水平，产物的积累也达到了高峰，这时，菌体的总产量与所消耗的营养物质之间存在着一定关系。此外，由于对稳定期到来的原因进行研究，促进了连续培养技术的产生和研究，生产上常常通过补料、调节温度和 pH 值等措施延长稳定期，以积累更多的代谢产物。

4. **衰亡期**

稳定期后，微生物死亡率逐渐增加，以致死亡数大大超过新生数，群体中活菌数目急剧下降，出现了“负生长”（R 为负值），此阶段叫做衰亡期。这时，细胞形态多样，例如，产生很多膨大、不规则的退化形态；有的细胞内多液泡，革兰氏染色反应为阳性的变成阴性；有的微生物因蛋白水解酶活力的增强发生自溶现象；有的微生物在这时产生抗生素等次级代谢产物；对于芽孢杆菌，芽孢的产生往往也发生在这一时期。产生衰亡期的原因主要是外界环境对继续生长的微生物越来越不利，从而引起微生物细胞内的分解代谢大大超过合成代谢，导致菌体死亡。

三、微生物生长量的测定

1. **稀释平板菌落计数法**

稀释平板菌落计数法是一种最常用的活菌计数法。取一定体积的稀释菌液与合适的固体培养基，在其凝固前均匀混合，或涂布于已凝固的固体培养基平板上。在最适条件下培养后，将平板上（内）出现的菌落数乘以菌液的稀释度，即可计算出原菌液的含菌数。在一个直径为 9 cm 的培养皿平板上，一般以出现 50～500 个菌落为宜。

这种方法在操作时有较高的技术要求。其中最重要的是应使样品充分混匀，并让每支移液管只能接触一个稀释度的菌液。

2. **血球计数板法**

血球计数板法是用来测定一定容积中细胞总数目的常规方法。这种方法的特点是测定简便、直接、快速，但测定的对象有一定的局限性，只适用于个体较大的微生物种类，如酵母菌和霉菌的孢子等。此外，测定结果是微生物个体的总数，其中包括死亡的个体和存活的个体，要想测定活菌的个数，还必须借助其他方法。

3. **称干重**

可用离心法或过滤法测定，一般干重为湿重的 10%～20%。在离心法中，将待测培养液放入离心管中，用清水离心洗涤1～5次后进行干燥。干燥时可采用105℃、100℃或红外线烘干，也可在较低的温度（80℃或40℃）下进行真空干燥，然后称干重。以细菌为例，一个细胞一般质量为10^{-13}～10^{-12} g。

另一种方法为过滤法。丝状真菌可用滤纸过滤，而细菌则可用醋酸纤维膜等滤膜进行过滤。过滤后，细胞可用少量水洗涤，然后在40℃下真空干燥，称干重。以大肠杆菌为例，在液体培养物中，细胞的浓度可达2×10^{8}个/mL，100 mL培养物可得10～90 mg干重的细胞。

这种方法较适用于丝状微生物生长量的测定，对于细菌来说，一般在实验室或生产实践中较少使用。

4. **比浊法**

细菌培养物在其生长过程中，由于原生质含量的增加，会引起培养物混浊度的增高。最古老的比浊法是采用MoFarland比浊管。这是用不同浓度的$BaCl_2$与稀H_2SO_4配制成的10支试管，其中形成的$BaSO_4$有10个梯度，分别代表10个相对的细菌浓度（预先用相应的细菌测定）。某一未知浓度的菌液只要在透射光下用肉眼与某一比浊管进行比较，如果两者透光度相当，即可目测出该菌液的大致浓度。

如果要做精确测定，则可用分光光度计进行。在可见光的450～650 nm波段内均可测定。为了对某一培养物内的菌体生长做定时跟踪，可采用不必取样的侧壁三角烧瓶来进行。测定时，只要把瓶内的培养液倒入侧臂试管中，然后将此管插入特制的光电比色计比色座孔中，即可随时测出生长情况，而不必取用菌液。如图2—2所示为测定生长用的侧臂三角烧瓶和比色管架。

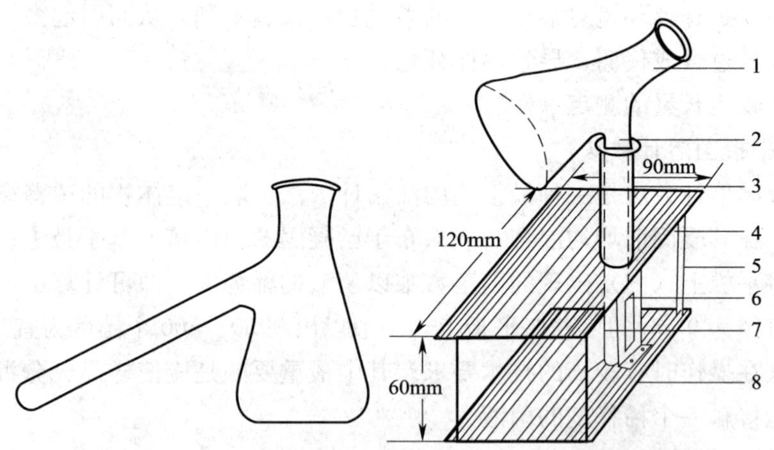

图2—2 测定生长用的侧臂三角烧瓶（左）和比色管架（右，自制，适用于“721”型分光分度计）
1—侧臂试管三角烧瓶 2—侧臂试管 3—侧臂试管插座 4—比色架面板
5—连接螺钉 6—比浊测定透光窗 7—光路开关孔 8—比色架底板

以上介绍了若干测定微生物的生长量或计算繁殖数的主要方法。其中，最常用的为用血球计数板法测总菌数、用平板菌落计数法测活菌数。但需要指出的是，以上方法都各有其优缺点和适用范围。所以，在使用时，一定要根据自己的研究对象和研究目的的不同选用最合适的方法。

第四节 微生物生长的控制

为了抑制和消除微生物的有害作用，控制微生物的生长，人们常采用多种物理、化学方法来抑制或杀死微生物。影响微生物生长的因素很多，首先是微生物自身遗传基因和需要的营养物质，其次是各种物理、化学因素等外界因素。当外界因素在一定限度内改变时，可引起微生物形态、生理、生长及繁殖等特征的改变；当外界因素的变化超过一定极限时，则导致微生物死亡。因此，有必要研究外界因素与微生物之间的相互关系和控制方法，指导人们在有关微生物实际生产及实验中有效地控制微生物的生命活动，达到合理利用及有效预防的目的。

一、相关术语

为了抑制和消除微生物的有害作用，人们常采用多种物理、化学或生物学方法来抑制或杀死微生物，常用以下术语来表示对微生物的杀灭程度。

1. 防腐

防腐是一种抑菌措施，即利用一些理化手段，使物体内外的微生物暂时处于不能生长繁殖但又未死亡的状态的方法。用于防腐的化学药品称为防腐剂。某些化学药物在低浓度时为防腐剂，在高浓度时则成为消毒剂。

食品工业中常利用防腐剂防止食品变质，如面包、蛋糕和月饼的防霉剂，酸性食品用苯甲酸钠、山梨酸钾、山梨酸钠防腐，或利用低温、干燥、盐腌和糖渍、高酸度等来防止食品腐败变质。

2. 消毒

消毒是指用物理或化学方法仅能杀灭物体上的病原微生物，而对非病原微生物及芽孢和孢子不一定完全杀死的措施。消毒可达到防止传染病的目的。例如，将物体在100℃煮沸 10 min 或 60～70℃加热 30 min，就可达到杀死病原菌营养体的目的，但芽孢却不能被杀死。而具有消毒作用的药物称为消毒剂，如漂白粉、双乙酸、75%酒精等。

3. 灭菌

用物理或化学方法杀灭物体上所有的微生物（包括病原微生物和非病原微生物及细菌芽孢、霉菌孢子等）称为灭菌。这是一种彻底的杀菌方法。

4. 商业灭菌

商业灭菌是从商品角度对某些食品所提出的灭菌方法。是指食品经过杀菌处理后，按照所规定的微生物检验方法，在所检食品中无活的微生物检出，或者仅能检出极少数的非病原微生物，并且它们在食品保藏过程中是不可能进行生长繁殖的，这种灭菌方法就叫做商业灭菌。

在食品工业中，常用到“杀菌”这个名词，它包括上述所称的灭菌和消毒，如牛奶的杀菌是指消毒；罐藏食品的杀菌是指商业灭菌。

5. 无菌

无菌是指没有活的微生物存在。采取防止或杜绝一切微生物进入动物机体或物体的方法称为无菌法。以无菌法操作时称为无菌操作。在进行微生物学实验和生产时，常要求严格的无菌操作，以防止微生物的污染。例如，发酵工业中菌种制备的无菌操作技术、食品加工中的无菌罐装技术等。

二、物理控制

1. 温度

温度是控制微生物生长繁殖最重要的环境因素之一。在一定的温度范围内，机体的代谢活动与生长繁殖会随着温度的上升而增加，当温度上升到一定程度，便开始对机体产生不利的影响，如再继续升高，则细胞功能急剧下降，以致死亡。

(1) 不同温度类型微生物的特点

与其他生物一样，微生物的生长温度有高有低，不同的微生物生长的温度范围不同。根据生长与温度的关系，微生物的生长有三个温度基点，即最适、最高和最低生长温度。

最低生长温度是指微生物能进行繁殖的最低温度界限。处于这种温度条件下的微生物生长速率很低，如果低于此温度则生长完全停止。不同微生物的最低生长温度不一样，这与它们的原生质物理状态和化学组成有关系，也可随环境条件而变化。

最适生长温度是指某菌种分裂代时最短或生长速率最高时的培养温度。但是，同一微生物，在不同的生理生化过程需要不同的最适温度，也就是说，最适生长温度并不等于生长量最高时的培养温度，也不等于发酵速度最高时的培养温度或累积代谢产物量最高时的培养温度，更不等于累积某一代谢产物量最高时的培养温度。因此，生产上要根据微生物不同生理代谢过程温度的特点，采用分段式变温培养或发酵。例如，嗜热链球菌的最适生长温度为37℃，最适发酵温度为47℃，累积产物的最适温度为37℃。

最高生长温度是指微生物生长繁殖的最高温度界限。在此温度下，微生物细胞易衰老和死亡。最高生长温度如进一步升高，便可杀死微生物。这种致死微生物的最低温度界限即为致死温度。致死温度与处理时间有关，在一定的温度下处理时间越长，死亡率越高。严格地说，一般应以10 min为标准时间，细菌在10 min被完全杀死的最低温度称为致死温度。测定微生物的致死温度一般在生理盐水中进行，以减少有机物质的干扰。

就总体而言，微生物生长的温度范围较广泛，已知的微生物在－12～100℃均可生长。而每一种微生物只能在一定的温度范围内生长。因此，微生物按其生长温度范围可分为低温微生物、中温微生物和高温微生物三类。不同温型微生物的生长温度范围见表2—6。

表 2—6　　不同温型微生物的生长温度范围

微生物类型		生长温度范围/℃			分布的主要处所
		最低	最适	最高	
低温型	专性嗜冷	−12	5～15	15～20	两极地区
	兼性嗜冷	−5～0	10～20	25～30	海水及冷藏食品上
中温型（室温）		10～20	20～35	35～45	腐生菌、人与动物体内、寄生菌
高温型		25～45	50～60	70～95	温泉、堆肥、土壤表层等

1）低温型微生物。又称嗜冷微生物，可在较低的温度下生长，它们常分布在地球两极地区的水域和土壤中。常见的产碱杆菌属、假单胞菌属、黄杆菌属、微球菌属等常使冷藏食品腐败变质；有些肉类上的霉菌在−10℃仍能生长，如芽枝霉；荧光极毛菌可在−4℃生长，并造成冷冻食品腐败变质。

低温也能抑制微生物的生长。在0℃以下，菌体内的水分冻结，生化反应无法进行而停止生长。有些微生物在冰点下就会死亡，主要原因是细胞内水分变成了冰晶，造成细胞脱水或细胞膜的物理损伤。因此，生产上常用低温保藏食品，各种食品的保藏温度不同，分为冷藏温度和冻藏温度。

2）中温型微生物。绝大多数微生物属于这一类，最适生长温度在20～40℃之间，最低生长温度为10～20℃，最高生长温度为40～45℃。它们又可分为嗜室温性微生物和嗜体温性微生物。嗜体温性微生物多为人及温血动物的病原菌，它们生长的极限温度范围为10～45℃，最适生长温度与其宿主体温相近，在35～40℃之间，人体寄生菌为37℃左右。引起人和动物疾病的病原微生物、发酵工业应用的微生物菌种以及导致食品原料和成品腐败变质的微生物都属于这一类群的微生物。因此，它与食品工业的关系密切。

3）高温型微生物。它们适于在45～50℃以上的温度中生长，在自然界中的分布仅局限于某些地区，如温泉、日照充足的土壤表层、堆肥、发酵饲料等腐烂有机物中，如堆肥中温度可达60～70℃。能在55～70℃中生长的微生物有芽孢杆菌属、梭状芽孢杆菌、嗜热脂肪芽孢杆菌、高温放线菌属、甲烷杆菌属等和温泉中的细菌；其次是链球菌属和乳杆菌属。有的可在近于100℃的高温中生长。这类高温型微生物给罐头工业、发酵工业等带来了一定难度。

高温型微生物的耐热机理可能是菌体内的蛋白质和酶比中温型微生物更能抗热，尤其蛋白质对热更稳定；同时，高温型微生物的蛋白质合成机构——核糖体和其他成分对高温抗性也较大；细胞膜中饱和脂肪酸含量高，它与不饱和脂肪酸相比，可以形成更强的疏水键，因此可保持在高温下的稳定性并具正常功能。食品中几种典型微生物的生长温度三基点见表2—7。

表 2—7　几种微生物的生长温度三基点　℃

	最低温度	最适温度	最高温度
嗜热液化芽孢杆菌	37	60	70
嗜热纤维芽孢杆菌	50	60	68
丙酮丁醇梭菌	20	37	47
植物乳杆菌	10	30	40
干酪乳杆菌	10	30	40
大肠杆菌	10	37	47
乳脂链球菌	10	30	37
嗜热链球菌	20	40～50	53
枯草杆菌	15	30～37	55
黑曲霉	7	30～39	47
啤酒酵母	10	28	40

（2）热对微生物的致死作用

超过了最高生长温度将导致微生物死亡。高温致死的机理是微生物蛋白质和核酸发生不可逆的变性，或者破坏了细胞的其他成分，如细胞膜被热熔解，形成了极小的孔，使细胞内含物泄漏引起死亡。高温对微生物的致死作用广泛用于医药卫生、食品工业及日常生活中。在食品工业中微生物的耐热性常用以下几个数值表示：

1）热力致死时间。在特定的条件和特定的温度下，杀死一定数量微生物所需要的时间称为热力致死时间。

2）D 值。即在一定的处理环境中和一定的热力致死温度条件下，每杀死 90%原有残存活菌数时所需要的时间。D 值越大，细菌的死亡速率越慢，即该菌的耐热性越强。因此，D 值大小和细菌耐热性的强度成正比。测定 D 值时的加热温度在 D 的右下角表明。例如，含菌数为 10^5 个/mL 的菌悬液，在 100℃的水浴温度中，活菌数降低至 10^4 个/mL 时，所需时间为 10 min，该菌的 D 值为 10 min，即 D_{100}＝10 min。如果加热的温度为 121.1℃（250 ℉），其 D 值常用 D_r 表示。

3）Z 值。如果在加热致死曲线中，时间降低一个对数周期（即缩短 90%的加热时间）所需要升高的温度（℃）即为 Z 值。

4）F 值。在一定的基质中，其温度为 121.1℃，加热杀死一定数量（90%）微生物所需要的时间（min）即为 F 值。

（3）影响微生物对热抵抗力的因素

1）菌种。不同微生物由于细胞结构和生物学特性不同，对热的抵抗力也不同。一般的规律是嗜热菌的抗热力大于嗜温菌和嗜冷菌，芽孢大于非芽孢菌，球菌大于非芽孢杆菌，革兰氏阳性菌大于革兰氏阴性菌，霉菌大于酵母菌，霉菌和酵母的孢子大于其菌丝体。其中细菌的芽孢和霉菌的菌核抗热力特别大。

2）菌龄。同样的条件下，对数生长期的菌体抗热力较差，而稳定期的老龄细胞抗热力较大，老龄的细菌芽孢比幼龄的细菌芽孢抗热力大。

3）菌体数量。菌体数量越多，抗热力越大，因加热杀死最后一个微生物所需的时间也长；另外，微生物群集在一起时，受热致死的时间是有先有后的，同时菌体能分泌一些有保护作用的蛋白质物质，菌体数量多，分泌的保护物质也多，则抗热性也就强。

4）菌体营养物质的组成。微生物的抗热力随含水量减少而增大，同一种微生物在干热环境中比在湿热环境中抗热力大；菌体营养物质中的脂肪、糖、蛋白质等物质对微生物有保护作用，微生物的抗热力随这类物质的增多而增大。

5）pH 值。微生物在 pH 值等于 7 左右时抗热力最大，pH 值升高或下降都可以降低微生物的抗热力，特别是酸性环境下，微生物抗热力的减弱非常明显。

6）加热的温度和时间。加热的温度越高，微生物的抗热力越弱，越容易死亡；加热的时间越长，热致死作用越大。在一定高温范围内，温度越高，杀死微生物所需时间越短。另外，其他因素如盐类等，在基质中有降低水分活性的作用，从而增强抗热力；而另一类盐类（如钙盐、镁盐等）可减弱微生物对热的抵抗力。

（4）加热灭菌法

食品工业中常用的加热灭菌方法较多，大的分类有干热灭菌法和湿热灭菌法，湿热灭菌法主要是通过热蒸汽杀死微生物，由于热蒸汽的穿透力比热空气强，故无论是对芽孢杆菌或无芽孢杆菌在同一温度下效果都比干热法好。

1）干热灭菌法

①火焰灭菌法。其特点是灭菌快速、彻底。常用于接种工具和污染物品，如微生物接种时使用的接种环就采用火焰灭菌法。

②干热灭菌法。主要在干燥箱中利用热空气进行灭菌，通常在 160℃干燥箱中处理 1～2 h 可达到灭菌的目的。适用于玻璃器皿、金属用具等耐热物品的灭菌。

2）湿热灭菌法

①煮沸消毒法。物品在 100℃水中煮沸 15 min 以上，可杀死细菌的营养细胞和部分芽孢，如在水中加入 1%碳酸钠或 2%～5%石炭酸，则效果更好。这种方法适用于注射器、解剖用具等的消毒。

②巴氏灭菌法。灭菌的温度一般为 60～85℃，处理 15～30 min，可以杀死微生物的营养细胞，但不能达到完全灭菌的目的，可用于不适于高温灭菌的食品，如牛乳、酱腌菜类、果汁、啤酒、果酒和蜂蜜等，其主要目的是杀死其中无芽孢的病原菌（如牛奶中的结核杆菌或沙门氏杆菌），而又不影响它们的风味。

③超高温瞬时灭菌法（Ultra High Temperature，UHT）。灭菌的温度为 135～137℃，维持时间为 3～5 s，可杀死微生物的营养细胞和耐热性强的芽孢细菌，但污染严重的鲜乳在 142℃以上杀菌效果才好。超高温瞬时灭菌法现广泛用于各种果汁、牛乳、

花生乳、酱油等液态食品的杀菌。

④高压蒸汽灭菌法。高压蒸汽灭菌法是实验室和罐头工业中常用的灭菌方法。高压蒸汽灭菌是在高压蒸汽锅内进行的，锅有立式和卧式两种。锅内蒸汽压力升高时，温度升高。一般采用 121.1℃处理 15～30 min，也有采用较低温度（115℃）下维持 30 min 左右，可达到杀菌的目的。罐头工业中要根据食品的种类和杀菌的对象、罐装量的多少等决定杀菌方式，实验室常用于培养基、各种缓冲液、玻璃器皿及工作服等灭菌。

⑤间歇灭菌法。是用流通蒸汽反复灭菌的方法，常常温度不超过 100℃，每日一次，加热时间为 30 min，连续三次灭菌，杀死微生物的营养细胞。每次灭菌后，将灭菌的物品在（28～37℃）培养，促使芽孢发育成为繁殖体，以便在连续灭菌中将其杀死。

2. **水分与渗透压**

水分对维持微生物的正常生命活动是必不可少的。干燥会造成微生物因失水而代谢停止，以致死亡。不同的微生物对干燥的抵抗力是不一样的，以细菌的芽孢抵抗力最强，霉菌和酵母菌的孢子也具较强的抵抗力，其次分别为革兰氏阳性球菌、酵母的营养细胞和霉菌的菌丝。

（1）水分活度

各种食品都含有一定量的水分，但水分与食品结合程度（游离程度）不同。水分活度是指食品中水分存在的状态，水分活度越高，结合程度越低；水分活度值越低，结合程度越高。从微生物利用水分的角度来看，水分活度（A_w值）也表示食品中水分可以被微生物所利用的程度。

水分活度定义为食品的水分蒸汽压与相同温度下纯水的蒸汽压的比值，其中以纯水的蒸汽压为 p_0，水溶性物质的蒸汽压为 p，则 $A_w = p/p_0$。不含任何固形物成分的纯水的 $p = p_0$，即 $A_w = 1$；绝对不含水分的物品的 $p = 0$，即 $A_w = 0$，因此 A_w值最大为 1，最小为 0。所以 A_w值在 0 与 1 之间。例如，鱼和水果等含水量高的食品，其 A_w值为 0.98～0.99，都比较大，而米和大豆等水分少的干燥食品，其 A_w值就较小，为 0.60～0.64。

从微生物活动与食物水分活度的关系来看：各类微生物生长都需要一定的水分活度，换句话说，只有食物的水分活度大于某一临界值时，特定的微生物才能生长。食品的水分活度决定了微生物在食品中萌发的时间、生长速率及死亡率。一般来说，细菌对水分活度最敏感，当 $A_w < 0.90$ 时，细菌不能生长；酵母菌次之，当 $A_w < 0.87$ 时大多数酵母菌受到抑制；霉菌的敏感性最差，当 $A_w < 0.80$ 时大多数霉菌不能生长。各种微生物生长的最低 A_w值见表 2—8。

表 2—8　　各种微生物生长的最低 A_w值

微生物	最低 A_w 值	微生物	最低 A_w 值
一般细菌	0.90	嗜盐细菌	0.75
一般酵母菌	0.88	干生性霉菌	0.65
一般霉菌	0.80	耐渗透压酵母菌	0.60

因此，当A_w＞0.91时，微生物的变质以细菌为主，控制A_w＜0.91时，即可抑制一般细菌的生长。在食品加工中，人们在食品原料中加入食盐和糖后，会造成水分活度下降，以致一般细菌不能生长，从而保藏食品。但也有例外，有一种嗜盐菌却能在这种情况下生长，并会造成食品的腐败。针对此类细菌，有效抑制方法是结合低温处理，在10℃以下的低温中储藏，以抑制这种嗜盐菌的生长。

为了降低水分活度保藏食品，人们往往采用干燥的方式。在干燥过程中，干燥的温度越高，微生物越容易死亡，而微生物在低温下干燥时抵抗力较强，所以，在低温下干燥微生物菌体并保证菌体存活，这种干燥方式可用于保藏菌种。其次，干燥的速度快，微生物抵抗力强；缓慢干燥时，微生物死亡多。另外，微生物在真空干燥时，加保护剂（血清、血浆、肉汤、蛋白胨、脱脂牛乳）于菌悬液中，可以在一定程度上保护菌体不被高温破坏，有的在低温下可保持长达数年甚至10年的生命力。

（2）环境的相对湿度

环境的相对湿度也是影响微生物生长的关键因素之一。自然环境在相对湿度大于85%、温度在12～25℃时，玉米、大麦、小麦、稻米、棉子、豆类或由它们加工配制的饲料中的霉菌就会大量繁殖，发生霉变，甚至产生霉菌毒素。霉菌根据对环境湿度的要求不同，可分为干生性霉菌（相对湿度在80%以下）、中生性霉菌（相对湿度在80%～90%）和湿生性霉菌（相对湿度在90%以上）。曲霉属、青霉属和镰刀菌属的霉菌，按对环境湿度的要求来说，属于中生性霉菌，最适相对湿度为80%～90%，而其他霉菌仅需70%。

在食品工业中也常常利用干燥脱水和低温干燥的方法保藏食品。其目的就是将食品中的水分降低至一定限度以下，使微生物不能繁殖，同时酶的活性也受到抑制，从而防止食品腐败变质。

（3）渗透压

大多数微生物适于在等渗的环境中生长，若置于高渗溶液（如20%的NaCl）中，水将通过细胞膜进入细胞周围的溶液中，造成细胞脱水而引起质壁分离，使细胞不能生长甚至死亡；若将微生物置于低渗溶液（如0.01%的NaCl）或水中，外部环境中的水会从溶液进入细胞内引起细胞膨胀，甚至破裂致死。

根据微生物对高渗透压耐性的不同，可将其分为以下几类：高度嗜盐细菌（20%～30%食盐溶液中生长）；中等嗜盐细菌（5%～18%的食盐溶液中生长）；低等嗜盐细菌（2%～5%的食盐溶液中生长）；耐盐细菌（可在10%以下的食盐溶液中生长）；耐糖细菌（可在60%以下的含糖高渗溶液中生长）；普通微生物一般在0.85%～0.90%的食盐溶液中生长。

一般微生物不能耐受高渗透压，因此食品工业中常利用高浓度的盐或糖保存食品，如腌渍蔬菜、肉类及果脯、蜜饯等，糖的浓度通常为50%～70%，盐的浓度为5%～15%，由于盐的分子量小，并能电离，在两者百分浓度相等的情况下，盐的保存效果优于糖。

有些微生物（如发酵工业中鲁氏酵母）耐高渗透压的能力较强，另外，嗜盐微生物

(如生活在含盐量高的海水、死海中)也可在15%～30%的盐溶液中生长。

3. **辐射**

电磁辐射包括可见光、红外线、紫外线、X射线和γ射线等均具有杀菌作用。在辐射能中无线电波最长，对生物效应最弱；红外辐射波长为800～1 000 nm，可被光合细菌作为能源；可见光部分的波长为380～760 nm，是蓝细菌等藻类进行光合作用的主要能源；紫外辐射的波长为136～400 nm，有杀菌作用。可见光、红外辐射和紫外辐射的最强来源是太阳，由于大气层的吸收，紫外辐射与红外辐射不能全部到达地面；而波长更短的X射线、γ射线、β射线和α射线（由放射性物质产生）往往引起水与其他物质的电离，对微生物起有害作用，故被作为一种非加热式灭菌措施。

紫外线波长以265～266 nm的杀菌力最强，其杀菌机理较复杂，细胞原生质中的核酸及其碱基对紫外线吸收能力强，吸收峰为260 nm，而蛋白质的吸收峰为280 nm，当这些辐射能作用于核酸时，便能引起核酸的变化，破坏分子结构，主要是对DNA的作用，最明显的是形成胸腺嘧啶二聚体，妨碍蛋白质和酶的合成，引起细胞死亡。紫外线的杀菌效果因菌种及生理状态而异，照射时间、距离和剂量的大小也有影响，由于紫外线的穿透能力差，不易透过不透明的物质，即使一薄层玻璃也会被滤掉大部分，在食品工业中适用于厂房内空气及物体表面消毒，也有用于饮用水消毒的。

适量的紫外线照射可引起微生物的核酸物质DNA结构发生变化，培育出新性状的菌种。因此，紫外线常作为诱变剂用于育种工作中。

4. **超声波**

超声波（频率在20 000 Hz以上）具有强烈的生物学作用。超声波使微生物致死的机理是引起微生物细胞破裂，内含物溢出而死。超声波作用的效果与频率、处理时间、微生物种类、细胞大小、形状及数量等有关系，一般频率高比频率低杀菌效果好，病毒和细菌芽孢具有较强的抗性，特别是芽孢。

三、化学控制

1. **pH值**

微生物生长的pH值范围极广泛，一般pH值为2～8，有少数种类还可超出这一范围，事实上，绝大多数种类都生长在pH值5～9之间。

不同的微生物都有其最适生长pH值和一定的pH值范围（见表2—9），即最高、最适与最低三个数值，在最适pH值范围内微生物生长繁殖速度快；在最低或最高pH值的环境中，微生物虽然能生存和生长，但生长非常缓慢而且容易死亡。一般霉菌能适应pH值范围最大，酵母菌适应的范围较小，细菌最小。霉菌和酵母菌的生长最适pH值都在5～6之间，而细菌的生长最适pH值在7左右。一些最适生长pH值偏于碱性范围内的微生物，有的是嗜碱性，称嗜碱性微生物，如硝化菌、尿素分解菌、根瘤菌和放线菌等；有的不一定要在碱性条件下生活，但能够比较耐碱性条件，称为耐碱微生物，如链霉菌等。能够在pH值偏于酸性范围内生长的微生物也有两类，一类是嗜酸微生物，如硫杆菌属等；另一类是耐酸微生物，如乳酸杆菌、醋酸杆菌、许多肠杆菌和假单胞菌等。

表 2—9　　不同微生物生长的 pH 值范围

微生物	pH 值		
	最低	最适	最高
乳杆菌	4.8	6.2	7
嗜酸乳杆菌	4.0～4.6	5.8～6.6	6.8
金黄色葡萄球菌	4.2	7.0～7.5	9.3
大肠杆菌	4.3	6.0～8.0	9.5
伤寒沙门氏菌	4	6.8～7.2	9.6
放线菌	5	7.0～8.0	10
一般酵母菌	3	5.0～6.0	8
黑曲霉	1.5	5.0～6.0	9

另外，同一微生物在其不同的生长阶段和不同的生理、生化过程中，也要求不同的最适 pH 值，这对发酵工业中 pH 值的控制、积累代谢产物特别重要。例如，黑曲霉最适生长 pH 值为 5.0～6.0，在 pH 值 2.0～2.5 范围内有利于生产柠檬酸，在 pH 值 7.0 左右时，则以合成草酸为主。又如丙酮丁醇梭菌最适生长繁殖的 pH 值在 5.5～7.0 范围内，而在 pH 值 4.3～5.3 范围内则发酵生产丙酮丁醇。抗生素生产菌也是最适生长的 pH 值与最适发酵的 pH 值不一致。

微生物在其代谢过程中，细胞内的 pH 值相当稳定，一般都接近中性，从而保护了核酸不被破坏和酶的活性；但微生物会改变环境的酸碱度，即使培养基的原始 pH 值变化，发生的原因有糖类和脂肪代谢产酸，或者蛋白质代谢产碱，以及其他物质代谢产生酸性或碱性物质。一般随着培养时间的延长，培养基会变得较酸。碳氮比比例高的培养基，如培养真菌的培养基，经培养后其 pH 值常会明显下降；而碳氮比比例低的培养基，如培养一般细菌的培养基，经培养后其 pH 值常会明显上升。

强酸、强碱都具有杀菌力。强酸中硫酸、盐酸杀菌力强，但腐蚀性大，因此，生产上不宜作为消毒剂。食品中应用的酸类防腐剂常为有机酸或有机酸盐类，要求对人体无毒，并且不影响食品应有的风味，加入量应严格按国家食品安全标准执行，如食品工业中常用的酸类防腐剂有苯甲酸或苯甲酸钠、山梨酸或山梨酸钾盐、丙酸及其钙盐或钠盐、脱氢醋酸及其钠盐和乳酸等。强碱浓度越高，杀菌力越强，食品工业中常用石灰水、氢氧化钠、碳酸钠等对环境、加工设备、冷藏库以及包装材料（如啤酒玻瓶等）灭菌。

2. **氧气**

氧气对微生物的生命活动有着重要影响。按照微生物与氧气的关系，可把它们分成好氧菌和厌氧菌两大类。好氧菌中又分为专性好氧菌、兼性厌氧菌和微好氧菌；厌氧菌分为专性厌氧菌和耐氧性厌氧菌。

（1）专性好氧菌

专性好氧菌要求必须在有分子氧的条件下才能生长，有完整的呼吸链，以分子氧作为最终氢受体，细胞有超氧化物歧化酶（SOD）和过氧化氢酶，绝大多数真菌和许多细菌都是专性好氧菌，如米曲霉、醋酸杆菌、荧光假单胞菌、枯草芽孢杆菌和蕈状芽孢杆菌等。

（2）兼性厌氧菌

兼性厌氧菌在有氧或无氧条件下都能生长，但有氧的情况下生长得更好。有氧时进行呼吸产能，无氧时进行发酵或无氧呼吸产能；细胞含 SOD 和过氧化氢酶。许多酵母菌和许多细菌都是兼性厌氧菌，如酿酒酵母、大肠杆菌和普通变形杆菌等。

（3）微好氧菌

微好氧菌是指只能在较低的氧分压（0.01～0.03 Pa，正常大气压为 0.2 Pa）下才能正常生长的微生物。也通过呼吸链以氧为最终氢受体而产能，如霍乱弧菌、拟杆菌属和发酵单胞菌属等。

（4）专性厌氧菌

专性厌氧菌的特征是：分子氧的存在对它们有毒，即使是短期接触空气，也会抑制其生长甚至导致其死亡；在空气或含 10%CO_2的空气中，它们在固体或半固体培养基的表面上不能生长，只能在深层无氧或低氧化还原电位的环境下才能生长；其生命活动所需能量是通过发酵、无氧呼吸、循环光合磷酸化或甲烷发酵等提供；细胞内缺乏 SOD 和细胞色素氧化酶，大多数还缺乏过氧化氢酶。常见的厌氧菌有罐头工业的腐败菌，如肉毒梭状芽孢杆菌、嗜热梭状芽孢杆菌、拟杆菌属、双歧杆菌属以及各种光合细菌和产甲烷菌等。

（5）耐氧性厌氧菌

耐氧性厌氧菌是一类可在分子氧存在时进行厌氧呼吸的厌氧菌，即它们的生长不需要氧，但分子氧的存在对它也无毒害。它们不具有呼吸链，仅依靠专性发酵获得能量。细胞内存在 SOD 和过氧化物酶，但没有过氧化氢酶。一般乳酸菌多数是耐氧菌，如乳链球菌、乳酸乳杆菌、肠膜明串珠菌和粪链球菌等，乳酸菌以外的耐氧菌如雷氏丁酸杆菌等。

一般情况下，绝大多数微生物都是好氧菌或兼性厌氧菌，厌氧菌的种类相对较少，因此食品生产中可以采取隔绝氧气的方法抑制微生物的生长和保藏食品。

3. 氧化还原电位

氧化还原电位（E_h）对微生物生长有明显影响。环境中 E_h值与氧分压有关，也受 pH 值的影响。pH 值低时，氧化还原电位高；pH 值高时，氧化还原电位低。

各种微生物生长所要求的 E_h值不一样。一般好氧性微生物在 E_h值+0.1 V 以上均可生长，以 E_h值为+0.3～+0.4 V 时为适。厌氧性微生物只能在 E_h值低于+0.1 V 以下生长。兼性厌氧微生物在+0.1 V 以上时进行好氧呼吸，在+0.1 V 以下时进行发酵。

有研究表明，当高氧化还原电位酸性水的氧化还原电位为 1.15 V，pH 值为 2.4，在 18～22℃条件下，以其浸泡 2 min，对大肠杆菌和金黄色葡萄球菌的杀灭率均达 99.9%以上。

4. 化学消毒及杀菌剂

（1）重金属盐类

重金属盐类对微生物都有毒害作用，其机理是金属离子容易和微生物的蛋白质结合而发生变性或沉淀。汞、银、砷的离子对微生物的亲和力较大，能与微生物酶蛋白的—SH 基结合，影响其正常代谢。汞化合物是常用的杀菌剂，杀菌效果好，用于医药业中。重金属盐类虽然杀菌效果好，但对人有毒害作用，所以严禁用于食品工业中的防腐或消毒。

（2）有机化合物

对微生物有杀菌作用的有机化合物种类很多，其中酚、醇、醛等能使蛋白质变性，是常用的杀菌剂。

1）酚及其衍生物。酚又称石炭酸，其杀菌作用是使微生物蛋白质变性，并具有表面活性剂作用，破坏细胞膜的通透性，使细胞内含物外溢致死。酚浓度低时有抑菌作用，浓度高时有杀菌作用，2%～5%酚溶液能在短时间内杀死细菌的繁殖体，杀死芽孢则需要数小时或更长的时间，但许多病毒和真菌孢子对酚有抵抗力。适用于医院的环境消毒，不适于食品加工用具以及食品生产场所的消毒。

2）醇类。醇类本身是脱水剂、蛋白质变性剂，也是脂溶剂，可使蛋白质脱水、变性，损害细胞膜而具杀菌能力。75%的乙醇杀菌效果最好，超过75%浓度的乙醇杀菌效果较差，其原因是高浓度的乙醇与菌体接触后迅速脱水，表面蛋白质凝固，形成了保护膜，阻止了乙醇分子进一步渗入。乙醇常常用于皮肤表面消毒，实验室用于玻璃棒、载玻片等用具的消毒。醇类物质的杀菌力是随着分子量的增大而增强，但分子量大的醇类水溶性比乙醇差，因此，醇类中常常用乙醇作消毒剂。

3）甲醛。甲醛是一种常用的杀细菌与真菌的消毒剂，杀菌机理是与蛋白质的氨基结合而使蛋白质变性致死。市售的福尔马林溶液就是37%～40%的甲醛水溶液。0.1%～0.2%的甲醛溶液可杀死细菌的繁殖体，5%的浓度可杀死细菌的芽孢。甲醛溶液可作为熏蒸消毒剂，对空气和物体表面有消毒效果，一般用于无菌室的消毒，但不适宜于食品生产场所的消毒。

（3）氧化剂

氧化剂杀菌的效果与作用的时间和浓度成正比关系，杀菌的机理是氧化剂放出游离氧作用于微生物蛋白质的活性基团（氨基、羟基和其他化学基团），造成代谢障碍而死亡。

1）臭氧（O_3）。臭氧灭菌技术近年在纯净水生产中应用较广，灭菌的效果与浓度有一定的关系，但浓度大了会使水产生异味。

2）次氯酸及其钠盐。次氯酸常温下状态仅存在于水溶液中。无色到浅黄绿（显色有变化是因为反应 $Cl_2+H_2O \longrightarrow HClO+HCl$ 是可逆反应，在不同状态下平衡状态也不同，显黄绿色是因为溶有氯气的原因），有刺激性气味，溶解性（与水的体积比）为1∶2。一般用作漂白剂、氧化剂、除臭剂和消毒剂。在水溶液中，次氯酸部分电离为次氯酸根 ClO^-（也称为次氯酸盐阴离子）和氢离子 H^+。含有次氯酸根的盐被称为次氯酸盐。最广为人知的一种家用次氯酸盐消毒剂是次氯酸钠（NaClO）。

次氯酸是一种强氧化剂，能杀死水里的细菌，所以自来水常用氯气（1 L水里通入约0.002 g氯气）来杀菌消毒。另外，它也被广泛用于游泳池消毒，饮料用水、果蔬消毒，以及食品生产设备、器皿的消毒，也用于医疗用品和手的消毒杀菌。但是次氯酸进入人体血液中会引起全身中毒，进入体内能强烈地刺激胃。所以，在食品加工中不得过量使用并且操作人员应注意安全。

3）漂白粉（$CaOCl_2$）。漂白粉中有效氯为28%～35%。当浓度为0.5%～1%时，

5 min 可杀死大多数细菌，5%的浓度时在 1 h 可杀死细菌芽孢。漂白粉常用于饮水消毒，也可用于蔬菜和水果的消毒。

4）二氧化氯（ClO_2）。二氧化氯是目前国际上公认的新一代的高效、广谱、安全的杀菌、保鲜剂，是氯制剂最理想的替代品。国外许多的研究结果表明，二氧化氯在极低的浓度（0.000 1‰）下，即可杀灭许多诸如大肠杆菌、金黄色葡萄球菌等致病菌。即使在有机物的干扰下，在使用浓度为 0.01‰以下时，也可完全杀灭细菌繁殖体、肝炎病毒、噬菌体和细菌芽孢等所有微生物。因此二氧化氯以其具有较强杀菌能力，对人体及动物没有危害以及对环境不造成二次污染等特点，而备受人们的青睐。

二氧化氯不仅是一种不产生致癌物的广谱环保型杀菌消毒剂，而且还在杀菌、食品保鲜、除臭等方面表现出显著的效果。在世界发达国家已得到广泛的应用，可以用于食品消毒、保鲜及食品设备和用具的消毒，也可以用于饮用水处理、食品加工以及水产养殖、除臭等。近年来，我国也开始重视二氧化氯产品的推广和应用。我国卫生部也在2000年前明确提出，逐步用二氧化氯替代氯气进行饮用水的消毒。世界卫生组织（WHO）和世界粮食组织（FAO）也已将二氧化氯列为 A1 级安全高效消毒剂。

5）碘。碘制剂是强杀菌剂，3%～7%碘溶于 70%～83%的乙醇中配制成碘酊，是皮肤及小伤口有效的消毒剂，一般都作外用药。

6）过氧乙酸（CH_3COOOH）。过氧乙酸是一种高效广谱杀菌剂，它能快速地杀死细菌、酵母、霉菌和病毒。据报道，0.001%的过氧乙酸水溶液能在 10 min 内杀死大肠杆菌，0.005%的过氧乙酸水溶液只需 5 min，但其杀死金黄色葡萄球菌则需要 60 min，如果提高浓度为 0.01%，则只需 2 min。0.5%浓度的过氧乙酸可在 1 min 内杀死枯草杆菌，0.04%浓度的过氧乙酸水溶液，在 1 min 内可杀死 99.99%的蜡状芽孢杆菌。同时也能够杀死霉菌和酵母菌。过氧乙酸对病毒效果也好，是高效、广谱和速效的杀菌剂，并且几乎无毒，使用后即使不去除，也没有残余毒性存在，它的分解产物分别是醋酸、过氧化氢、水和氧。因此，适用于一些食品包装材料（如超高温灭菌乳、饮料的利乐包等）的灭菌；也适于食品表面的消毒（如水果、蔬菜和鸡蛋）；食品加工厂员工的手、地面和墙壁的消毒以及各种塑料、玻璃制品和棉布的消毒。值得提醒的是，当用于手消毒时，只能用低浓度（0.5%以下）的溶液，否则会造成皮肤刺激性和腐蚀性伤害。

（4）表面活性剂

具有降低表面张力效应的物质称为表面活性剂。其杀菌和消毒作用可归结于，它们通过与细菌生物膜蛋白质的强烈相互作用使之变性或失去功能。这些消毒剂在水中都有比较大的溶解度，根据使用浓度，可用于手术前皮肤消毒、伤口或黏膜消毒、器械消毒和环境消毒，如新洁尔灭（溴化苄烷铵）和杜灭芬。

（5）染料

染料，特别是碱性染料，在低浓度下可抑制细菌生长。由于这些染料具有选择性抑菌的特点，故人们常在培养基中加入低浓度的染料配制成选择培养基。例如：碱性三苯甲烷染料，包括孔雀绿、亮绿、结晶紫等，对革兰氏阳性菌有很强的抑制作用。

由于不同微生物的生物学特性不同，因此，对各种理化因子的敏感性也不同。同一因素不同剂量对微生物的效应也不同，或者起灭菌作用，或者起防腐作用。因此，在了解和应用任何一种理化因素对微生物的抑制或致死作用时，还应考虑多种因素的综合效应。

几种常用化学表面消毒剂、防腐剂及其应用见表2—10。

表2—10　　几种常用化学表面消毒剂、防腐剂及其应用

类型	名称及使用方法	作用原理	应用范围
醇类	70%～75%乙醇	脱水、蛋白质变性	皮肤、器皿
醛类	0.5%～10%甲醛	蛋白质变性	房间、物品消毒（不适合食品厂）
	2%戊二醛（pH=8）		
酚类	3%～5%石炭酸	破坏细胞膜、蛋白质变性	地面、器具
	2%来苏尔		皮肤
	3%～5%来苏尔		地面、器具
氧化剂	0.1%高锰酸钾	氧化蛋白质活性基团，酶失活	皮肤、水果、蔬菜
	3%过氧化氢		皮肤、物品表面
	0.2%～0.5%过氧乙酸		水果、蔬菜、塑料等
重金属盐类	0.05%～0.1%升汞	蛋白质变性、酶失活	非金属器皿
	2%红汞		皮肤、黏膜、伤口
	0.1%～1%硝酸银	变性、沉淀蛋白	皮肤、新生儿眼睛
	0.1%～0.5%硫酸铜	蛋白质变性、酶失活	防治植物病害
表面活性剂	0.05%～0.1%	蛋白质变性、破坏细胞膜	皮肤、黏膜、器械
	新洁尔灭		皮肤、金属、棉织品、塑料
	0.05%～0.1%杜灭芬		
卤素及其化合物	0.2～0.5 mg/L氯气	破坏细胞膜、蛋白质	饮水、游泳池水
	10%～20%漂白粉		地面
	0.5%～1%漂白粉		水、空气等
	2.5%碘酒		皮肤
染料	2%～4%龙胆紫	与蛋白质的羧基结合	皮肤、伤口
酸碱类	0.1%苯甲酸	能将菌体物质分解以致其各种生物功能受到破坏	食品防腐
	0.1%山梨酸		食品防腐
	2%乳酸		食品防腐
	生石灰，加水1∶4或1∶8配成糊状		消毒排泄物及地面
环氧类烷基化合物	环氧乙烷	使细菌蛋白质的各种表面基团如羧基、氨基、硫氢基、羟基中的氢原子烷基化，从而阻碍了细菌蛋白质的新陈代谢而使之死亡	可用于皮毛、食品、医药工业、各种手术器械、敷料及手术用品等的消毒和灭菌，在应用时须造成密闭环境，如用小型塑料袋法、大型蓬幕法等。有毒，使用时须做好防护工作，易爆，严禁与烟火接触

注：表面消毒剂：对一切活细胞都有毒性，不能用作活细胞内化学治疗用的化学药剂。

5. **化学治疗剂**

化学治疗剂是指那些能够特异性地作用于某些微生物并具有选择毒性的化学药剂，它们与非特异的化学药剂相比对人体几乎没有什么毒性或毒性很小，可用作治疗微生物引起的疾病。既适用于涂抹肌体表面，也适用于口服或注射吸收到体内。主要有以下几类：

(1) 抗代谢类药物

有些化合物在结构上与生物体所必需的代谢物很相似，以致可以和特定的酶结合，从而阻碍酶的功能，干扰代谢的正常进行，这些物质叫做抗代谢物，用于疾病治疗，称为抗代谢类药物。其是作为微生物细胞基本生长因子的竞争性抑制剂（与相应酶竞争性结合）而阻止微生物对生长因子的利用，因而可以抑制微生物的生长，而且只有当正常代谢产物的量少或不存在时，抗代谢物才有用。例如：

1) 磺胺类药。磺胺药结构与对氨基苯甲酸相似，当前者浓度在体内远大于后者时，可在二氢叶酸合成中取代对氨基苯甲酸，阻断二氢叶酸的合成。这导致微生物的叶酸合成受阻，生命不能延续。其为比较常用的一类人工合成的抗菌药物，具有抗菌谱广、可以口服、吸收较迅速等特点。对于多种球菌如脑膜炎双球菌、溶血性链球菌、肺炎球菌、葡萄球菌、淋球菌及某些杆菌如痢疾杆菌、大肠杆菌、变形杆菌都有抑制作用。临床上应用于治疗流行性脑脊髓膜炎、上呼吸道感染（如咽喉炎、扁桃体炎、中耳炎、肺炎等）、泌尿道感染（如急性或慢性尿道感染、轻症肾盂肾炎）、肠道感染（如细菌性痢疾、肠炎等）、鼠疫、局部软组织或创面感染、眼部感染（如结膜炎、沙眼等）、疟疾等。

2) 异烟肼。异烟肼的灭菌特性在于它可以抑制结核菌菌壁分枝菌酸成分的合成，从而使结核杆菌丧失多种能力（耐酸、染色、增殖力、疏水性）而死亡，异烟肼还能与结核菌菌体辅酶结合，起到干扰脱氧核糖核酸和核糖核酸合成的作用，从而达到杀灭结核菌的目的。对结核杆菌有高度选择性和良好的抗菌作用，疗效较好，而且用量较小，价格便宜。

3) 6-巯基嘌呤。6-巯基嘌呤是通过抑制嘌呤代谢而干扰核酸合成的一种具有免疫抑制作用的抗代谢药物，常用于抗肿瘤和移植排斥反应的治疗。

(2) 抗生素

抗生素以前被称为抗菌素，是某些微生物生长繁殖过程中产生的一类低分子量代谢产物，在很低浓度下就能抑制或杀死其他微生物。事实上它不仅能杀灭细菌，而且对霉菌、支原体、衣原体等其他致病微生物也有良好的抑制和杀灭作用。用于治病的抗生素除由某些产生抗生素的微生物直接提取外，还有完全用人工合成或部分人工合成的。通俗地讲，抗生素就是用于治疗各种细菌感染或抑制致病微生物感染的药物。

抗生素的作用对象有一定范围，这种作用范围称该抗生素的抗菌谱。对多种微生物有作用的（如土霉素、四环素）称为广谱抗生素；仅对某一类微生物有作用的（如多黏菌素）称为窄谱抗生素。其作用机制有以下几种方式：

1）抑制细胞壁的合成，如青霉素、头孢菌素。

2）破坏细胞膜功能，如多黏菌素可作用于膜磷脂，使膜溶解。

3）抑制蛋白质合成，如氯霉素、四环素、链霉素等。

4）干扰核酸代谢，如利福霉素、新生霉素、丝裂霉素、灰黄霉素。

需要提醒的是重复使用一种抗生素可能会使致病菌产生抗药性，所以，当前国内外专家学者强烈提出不得滥用抗生素。

目前，我国食品中允许使用的抗生素是乳酸链球菌素，它是乳酸链球菌产生的一种多肽物质，由 34 个氨基酸残基组成。食用后在人体的生理 pH 值条件和 α-胰凝乳蛋白酶作用下可很快水解成氨基酸，不会改变人体肠道内正常菌群以及产生如其他抗菌素所出现的抗性问题，更不会与其他抗菌素出现交叉抗性，是一种高效、无毒、安全、无副作用的天然食品防腐剂。可广泛应用于肉制品、乳制品、罐头、海产品、饮料、果汁饮料、液体蛋及蛋制品、调味品、酿酒工艺、烘焙食品、方便食品、香基香料领域等中。乳酸链球菌素能有效抑制引起食品腐败的许多革兰氏阳性细菌，如乳杆菌、明串珠菌、小球菌、葡萄球菌、李斯特菌等，特别是对产芽孢的细菌如芽孢杆菌、梭状芽孢杆菌有很强的抑制作用。

（3）干扰素

干扰素是一种广谱抗病毒剂，以干扰病毒复制而得名。其并不直接杀伤或抑制病毒，而主要是通过细胞表面受体作用使细胞产生抗病毒蛋白，从而抑制各类病毒的复制；同时还可增强自然杀伤细胞、巨噬细胞和 T 淋巴细胞的活力，从而起到免疫调节和增强抗病毒能力的作用。根据产生细胞不同可分为 α 干扰素、β 干扰素和 γ 干扰素三类。

~思考与练习~

1. 试述微生物的营养物质及其功能。

2. 什么是碳源、氮源、碳氮比？微生物常用的碳源和氮源物质各有哪些？

3. 什么是生长因子？它包括哪些物质？

4. 划分微生物营养类型的依据是什么？简述微生物的四大营养类型。

5. 什么是培养基？培养基配制的条件有哪些？

6. 培养基的营养类型包括哪些？

7. 配制培养基为什么必须调节 pH 值？常用来调节 pH 值的物质有哪些？

8. 什么是微生物的生长、繁殖？两者的关系是什么？

9. 什么是单细胞微生物的生长曲线？分为哪几个时期？简述每个时期的主要特点和对实际工作的指导意义。

10. 微生物对数生长期的特点有哪些？处于此期的微生物有什么实际应用？

11. 微生物生长时的稳定期有什么特点？进入稳定期的原因是什么？

12. 常用测定微生物生长量的方法有哪几种？试比较其优缺点。

13. 从对氧的要求来分，微生物可分为哪几种类型？它们各有什么特点？

14. 微生物在生长的过程中，引起 pH 值改变的原因有哪些？举例说明微生物最适生长 pH 值与最适发酵 pH 值是否一致。

15. 试比较杀菌（灭菌）、商业灭菌、消毒、防腐的异同点。

第三章 微生物常规实验技术

学习目标

1. 掌握无菌操作技术。
2. 掌握微生物菌种分离与接种技术。
3. 掌握微生物培养方法。
4. 掌握微生物菌种退化原因及菌种保藏方法。
5. 能够依据微生物的生长特性，设计培养条件，并能合理保藏所得菌种。

第一节 微生物的无菌操作

微生物的常规实验技术包括微生物的选种、分离、接种、育种、菌种保藏以及在微生物的分离和培养过程中必须使用的无菌操作技术。所谓无菌操作技术，就是在分离、接种、转接等各个操作环节中，必须保证杜绝外界环境中的杂菌进入培养容器或系统内，避免污染培养物。

一、微生物无菌操作的主要环节

1. 对使用的器皿及用具的灭菌

利用干燥箱（或称烘箱）对玻璃器皿如培养皿、移液管和接种工具等进行干热灭菌。灭菌时将被灭菌的物体用双层报纸包好或装入特制的灭菌筒内，装入箱中，不要摆得太挤，以免妨碍热空气流通。逐渐加温，使温度上升至160～170℃后保持2 h。

2. 培养基灭菌

一般采用高压蒸汽湿热灭菌，将培养基放在高压锅中，排净冷空气后，在121℃灭菌20～30 min，保证培养基处于无菌状态。

3. 创造无菌接种环境

无菌操作必须在无菌条件下进行。常见的无菌场所有超净工作台、接种箱和接种室。在进行操作前需将灭菌后的培养基以及接种用的酒精灯、工具等，放到接种场所，然后采用物理或化学方法进行环境灭菌处理。

(1) 超净工作台

操作前用75%的酒精棉球擦拭台面，然后打开紫外线灯照射消毒，并打开风机吹20～30 min，将台面上含有杂菌的空气排除，保持台面处于无菌状态。

(2) 接种箱

操作前按照每立方米空间用10～14 mL甲醛和5～10 g高锰酸钾进行混合熏蒸，熏蒸时间不少于30 min；或用市售气雾消毒剂进行熏蒸，每立方空间用4～5 g。接种箱中如有紫外线灯，应同时打开。

(3) 接种室

灭菌方法同接种箱。为避免药害，接种前可以喷洒甲醛，然后用25%的氨水来中和残留的甲醛。

4. 手消毒

先用肥皂水洗手，再用75%的酒精棉球擦拭手的表面。

5. 工具灭菌

点燃酒精灯，将接种工具在酒精灯外焰上充分灼烧，杀死工具表面附着的杂菌。工具灭菌后不得再接触台面。

6. 无菌操作

在无菌箱或超净工作台上，手持试管在酒精灯火焰上方3～5 cm处正确进行微生物分离、接种或转接等操作。

7. 培养

将接种后的菌种放到适宜的环境条件下培养。培养环境要注意消毒，防止培养过程中杂菌侵染菌种。

8. 检查

培养过程中要经常检查菌丝生长情况，发现有杂菌污染的菌种要及时挑出。

在进行微生物分离纯化以及其他无菌操作时，要有责任心，培养自己的无菌意识，加强训练，提高熟练程度，降低污染率。

二、微生物无菌操作注意事项

1. 环境要清洁

进行无菌技术操作前半小时，须停止清扫地面等工作，避免不必要的人员流动，减少人员走动，以降低室内空气中的尘埃，防止尘埃飞扬。无菌室每日用紫外线照射消毒一次，时间20～30 min即可，也可适当延长消毒时间。

2. 工作人员进行无菌操作

衣帽穿戴要整洁，帽子要遮盖全部头发，口罩须遮住口鼻，并修剪指甲，洗手。

3. 物品管理

无菌物品与非无菌物品应分别放置。无菌物品不可暴露在空气中，必须存放于无菌包或无菌容器内，无菌物品一经使用后，必须再经无菌处理后方可使用，从无菌容器中取出的物品，虽未使用，也不可放回无菌容器内。

4. 无菌物品

无菌物品必须存放于无菌包或无菌容器内，无菌包应注明无菌名称，消毒灭菌日期，有效期一周为宜，要按日期先后顺序排放，以便取用，并放在固定的地方。无菌包在未被污染的情况下，可保存7～14天，过期应重新灭菌。无菌物品一经使用或出现过期和受潮的情况，应重新进行灭菌处理。

5. 取无菌物

操作者身距无菌区20 cm，取无菌物品时须用无菌持物钳（镊），不可触及无菌物品或跨越无菌区域，手臂应保持在腰部以上。无菌物品取出后，不可过久暴露，若未使用，也不可放回无菌包或无菌容器内。疑有污染的，不得使用。未经消毒的物品不可触及无菌物或跨越无菌区。

进行无菌操作时如器械、用物疑有污染或已被污染，即不可使用，应更换或重新灭菌。

第二节 微生物菌种筛选、分离、接种与培养

一、微生物的菌种筛选

自然界中微生物种类繁多，估计不少于几十万种，但目前已为人类研究及应用的不过千余种。由于微生物在地球上几乎无处不在，无孔不入，所以它们在自然界大多是以混杂的形式群居于一起。而现代发酵工业是以纯种培养为基础，故采用各种不同的筛选手段，挑选出性能良好、符合生产需要的纯种是工业育种的关键一步。自然界工业菌种分离筛选的主要步骤是：采样、增殖培养、培养分离、筛选及纯培养和生产性能测定。如果产物与食品制造有关，还需对菌种进行毒性鉴定。

1. 采样

采样应以采集土壤为主。一般在有机质较多的肥沃土壤中，微生物的数量最多，中性偏碱的土壤中以细菌和放线菌为主，酸性红土壤及森林土壤中霉菌较多，果园、菜园和野果生长区等富含碳水化合物的土壤和沼泽地中，酵母和霉菌较多。采样的对象也可以是植物、腐败物品和某些水域等。采样应充分考虑季节性和时间因素，以温度适中，雨量不多的秋初为好。因为真正的原地菌群的出现可能是短暂的，如在夏季或冬季土壤中微生物存活数量较少，暴雨后土壤中微生物会显著减少。采样方式是在选好适当地点后，用无菌刮铲、土样采集器等，采集有代表性的样品，如特定的土样类型和土层、叶子碎屑和腐殖质、根系及根系周围区域、海底水、泥及沉积物、植物表皮及各部、阴沟污水及污泥、反刍动物第一胃内含物和发酵食品等。

具体采集土样时，就森林、旱地、草地而言，可先掘洞，由土壤下层向上层顺序采集；就水田等浸水土壤而言，一般是在不损土层结构的情况下插入圆筒采集。如果层次要求不严格，可取离地面5～15 cm处的土。将采集到的土样盛入清洁的聚乙烯袋、牛皮袋或玻璃瓶中。采好的样必须完整地标上样本的种类及采集日期、地点以及采集地点的地理、生态参数等。采好的样品应及时处理，暂不能处理的也应储存于4℃以下，但储存时间不宜过长。这是因为一旦采样结束，试样中的微生物群体就脱离了原来的生态

环境，其内部生态环境就会发生变化，微生物群体之间就会出现消长。如在分离嗜冷菌时，如果在室温下保存试样则会使嗜冷菌数量明显降低。

在采集水样时，一般是将水样收集于100 mL干净、灭菌的广口塑料瓶中。由于表层水中含有泥沙，应从较深的静水层中采集水样。方法是：握住采样瓶浸入水中30～50 cm处，瓶口朝下打开瓶盖，让水样进入。如果有急流存在的话，应直接将瓶口反向于急流。水样采集完毕时，应迅速从水中取出采集瓶并带有较大的弧度。水样不应装满采样瓶，采集的水样应在24 h之内迅速进行检测，或者在4℃下储存。

2. 增殖培养

一般情况下，采集的样品可以直接进行分离。但是如果样品中所需要的菌类含量并不很多，而另一些微生物却大量存在时，为了容易分离到所需要的菌种，让无关的微生物至少是在数量上不要增加，则需要设法增加所要菌种的数量，以增加分离的几率。这时可以通过选择性的配制培养基（如营养成分、添加抑制剂等），选择一定的培养条件（如培养温度、培养基pH值等）来控制。具体方法是根据微生物利用碳源的特点，可选定糖、淀粉、纤维素或者石油等，以其中的一种为唯一碳源，那么只有利用这一碳源的微生物才能大量正常生长，而其他微生物就可能死亡或淘汰。如对G^-菌有选择的培养基（如结晶紫营养培养基、红—紫胆汁琼脂、煌绿胆汁琼脂等）通常含有5%～10%的天然提取物。在分离细菌时，培养基中添加浓度一般为50 μg/mL的抗真菌剂（如放线菌酮和抑霉素），可以抑制真菌的生长。在分离真菌时，利用低碳氮比比的培养基可使真菌生长菌落分散，利于计数、分离和鉴定；在分离培养基中加入一定的抗生素如氯霉素、四环素、卡那霉素、青霉素、链霉素等，即可有效地抑制细菌生长及其菌落形成。

3. 培养分离

通过增殖培养，样品中的微生物还是处于混杂生长状态。因此还必须进一步分离、纯化。常用的分离方法有稀释分离法、划线分离法和组织分离法。无论用哪种方法，基本原则是确保培养出单个菌落。组织分离法主要用于食用菌菌种或某些植物病原菌的分离。对于有些微生物如毛霉、根霉等在分离时，由于其菌丝的蔓延性，极易生长成片，很难挑取单菌落。常在培养基中添加0.1%的去氧胆酸钠或在察氏培养基中添加0.1%的山梨糖醇及0.01%的蔗糖，以利于单菌落的分离。

4. 筛选及纯培养

经过分离培养，在平板上出现很多单个菌落，通过菌落形态观察，选出疑似菌落，然后取菌落的一半进行菌体形态鉴定，经过形态鉴定符合目的菌的特性时，即可转接到试管斜面纯培养。纯培养是将分离到的目的菌种接种到试管斜面上，培养扩大的培养方法。

5. 生产性能测定

这种从自然界中分离得到的纯种称为野生型菌株，它只是筛选的第一步，所得菌种是否具有生产上的实用价值，能否作为生产菌株，还必须采用与生产相近的培养基和培养条件，通过三角瓶的容量进行小型发酵试验，以求得适合于工业生产用的菌种。如果此野生型菌株产量偏低，达不到工业生产的要求，可以留之作为菌种选育的出发菌株。

6．**毒性试验**

自然界的一些微生物在一定条件下将产生毒素，为了保证食品的安全性，凡是与食品工业有关的菌种，除啤酒酵母、黑曲霉、米曲霉和枯草杆菌无须作毒性试验外，其他微生物均需通过两年以上的毒性试验。

需要特别指出的是，一般刚从自然界分离筛选出来的菌种，其发酵生产活力往往还是比较低的，不能达到生产的要求，因此还必须进行菌种选育如诱变育种以提高其生产性能，来获得优良菌种。一旦确定其性能优良，则需要进行转接、扩大培养及保藏，以不至于很快衰退。

二、微生物纯种分离

从混杂微生物群体中获得只含有某一种或某一株微生物的过程称为微生物纯种分离。纯种分离的基本原理是通过选择适合于待分离微生物的生长条件，如营养成分、pH值、温度和氧气等要求，或加入某种抑制剂，造成只利于该微生物生长而抑制其他微生物生长的环境，从而淘汰一些不需要的微生物。

1．**稀释分离法**

将待分离的样品进行连续稀释，目的是得到高度稀释的效果，使一支试管中只分配到一个微生物。如果经过稀释后的大多数试管中没有微生物生长，那么有微生物生长的试管得到的培养物可能就是由一个微生物个体繁殖而来的纯培养物。这种方法适合于细胞较大的微生物。

将经过稀释的样品滴入已制好并灭好菌的培养皿表面，用灭好菌的涂布棒将菌液均匀地涂抹在整个平板上，经培养长出单一菌落。具体分为两种方法：将 0.1 mL 样品加入固体琼脂培养基表面，用无菌涂布棒均匀涂抹进行培养（适用于某些严格好氧菌），或者将样品倾注到无菌的培养皿中，加入 45～50℃固体琼脂培养基迅速混匀进行培养。

2．**划线分离法**

将灭好菌的琼脂培养基倒入培养皿中，凝固后用接种针取少量需分离的菌液，在培养基的表面上进行划线，经培养后形成菌落。菌落在划线开始处较密集，在划线的结束处少，当有单个孤立的菌落时，就达到分离的目的。划线的方法有：连续划线法、扇形划线法、方格划线法和平行划线法。本方法特点是快速、方便。分区划线适用于浓度较大的样品；连续划线适用于浓度较小的样品。

3．**组织分离法**

用子实体的某一部分来分离菌种的方法，称为组织分离法。适合于食用菌菌种分离。组织分离最好采用正处于旺盛生长中的幼嫩子实体或菇蕾作为分离材料，采取菌盖与菌柄交接处的组织进行分离，效果最好，对于那些有内或外菌幕保护的菇类来说，取在菌幕保护下的幼嫩菌褶接种，生存能力更加旺盛。对于某些菌根菌，则取用靠近基部的菌柄组织才能成活。

分离前首先要对选用的子实体进行 0.1％升汞水或 75％酒精的表面消毒，然后用无菌水冲洗并用无菌纱布擦去表面水分。分离香菇时用无菌解剖刀自菌柄处切开少许，再用手将子实体掰开为二，在菌盖与菌褶交界处，切取 0.3～0.4 cm^3 的一小块菌肉，移放在斜面培养基中央。对已开伞的种菇，则选菌盖与菌柄交界处的菌肉；分离草菇时，用无菌解剖刀把菌蕾纵切少许，再用手把菌盖轻轻剥开，在菌柄上方和菌盖交界处，切取 1～5 mm 的细块，接在斜面培养基中。如种菇已受雨淋，吸水较多，应取菌褶作为接种材料。组织分离后将试管放在恒温箱中培养，待组织块周围萌发出菌丝，并向培养基蔓延生长后，再挑取生长健壮的菌丝进行转管培养。组织分离法操作简便，又不易带入杂菌，后代不易发生变异，能保持原菌株的优良特性，容易获得纯菌种。但对银耳、黑木耳等胶质菌，因其子实体中菌丝的含量极少，如用组织分离培养，则往往不易成功。

4. 单细胞（单孢子）挑取法

采用显微分离法从混杂群体中直接分离单个细胞或单个个体进行培养，以获得纯培养的方法。该方法要在显微镜下进行，具体方法有：

（1）毛细管法

即用毛细管提取微生物个体，适合于较大微生物。

（2）显微操作仪

用显微针、钩、环等挑取单个细胞或孢子以获得纯培养。

（3）小液滴法

将经过适当稀释后的样品制成小液滴，在显微镜下选取只含一个细胞的液滴来进行纯培养物的分离。

三、微生物的接种

将微生物接到适于它生长繁殖的人工培养基上或活的生物体内的过程叫做接种。接种细菌应用接种针（环）来蘸取细菌标本，进行接种。

1. 接种或分离工具

在实验室或工厂实践中，用得最多的接种工具是接种环、接种针。接种环与接种针为白金丝或合金丝所制，亦可用电炉丝代替，因它能耐高热且散热快，便于接种前后通过火焰灭菌（整个接种环烧红即达到灭菌目的）。由于接种要求或方法的不同，接种针的针尖部常做成不同的形状，有刀形、耙形等之分，如图 3—1 所示。有时滴管、吸管也可作为接种工具进行液体接种。在固体培养基表面要将菌液均匀涂布时，需要用到涂布棒。

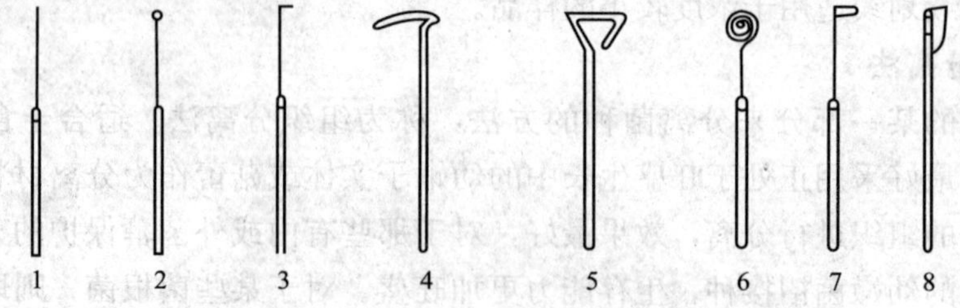

图 3—1　接种或分离工具

1—接种针　2—接种环　3—接种钩　4、5—玻璃涂棒
6—接种圈　7—接种锄　8—小解剖刀

2. 微生物接种方法

根据培养基的不同，微生物接种方法也不同，现分述如下：

（1）斜面接种法

此法主要用于移种纯菌种，使其增殖后用于鉴定或保存菌种。通常是从平板培养物上挑取某一单独菌落或者从一支已长好的斜面菌种，移种至斜面培养基上。

（2）倾注培养法

本法用于食品或饲料中细菌、霉菌的计数。方法是取原始样品或经适当稀释的（通常是 10^{-5}～10^{-1}稀释）液体 1 mL，置于直径 9 cm 无菌平皿内，倾入已融化并冷至 50℃左右的培养基约 13～15 mL，立即混匀，待凝固后倒置，于一定温度下培养一定时间，作菌落计数。

（3）穿刺接种法

此法多用于双糖、半固体、明胶等培养基的接种，方法与斜面接种类似。用接种针挑取菌落或菌液少许，由培养基表面中央直刺至管底，然后沿穿刺线拔出接种针。一般用于微生物菌丝生长形状的观察和研究。

（4）液体接种法

从固体培养基中将菌洗下，倒入液体培养基中，或者从液体培养物中，用移液管将菌液接至液体培养基中，或从液体培养物中将菌液移至固体培养基中，都可称为液体接种。此法多用于单糖发酵试验，接种方法与斜面接种方法基本相同。以左手持培养基与菌种管，右手持接种环和拔持棉塞，将挑取的菌落或菌液接种于液体培养基内。

（5）注射接种

该法是用注射的方法将待接的微生物转接至活的生物体内，如人或其他动物中，常见的疫苗预防接种，就是用注射接种的方法，将疫苗接入人体来预防某些疾病。

（6）活体接种

活体接种是专门用于培养病毒或其他病原微生物的一种方法，因为病毒必须接种于活的生物体内才能生长繁殖。所用的活体可以是整个动物，也可以是某个离体活组织，例如猴肾等，也可以是发育的鸡胚。接种的方式是注射，也可以是拌料喂养。

四、微生物的培养

微生物的培养是指对接种好的菌种继续进行扩大培养、生产培养及发酵。微生物培养的方法很多，依据培养时是否需要氧气分为好氧培养和厌氧培养；根据培养基物理状态不同分为液体培养和固态培养；根据培养基投料是否连续分为分批培养和连续培养。

1. 好氧培养和厌氧培养

（1）好氧培养

好氧培养以空气为氧的来源。实验室的培养方法是采用平皿培养和斜面培养；工业生产时用自然对流和机械通风法来供氧；液体培养时微生物利用培养液中的溶解氧；液体三角瓶培养时利用摇床机达到供氧的目的；发酵罐培养时用通入无菌压缩空气达到供氧的目的。

（2）厌氧培养

厌氧培养是通过隔绝空气或驱除氧气的方法来实现的。实验室培养时，可将菌种接种到固体、半固体培养基的深层进行培养，同时加入还原剂；也可将厌氧微生物放入真空干燥器，抽出空气，并充入氮气或氮气和二氧化碳的混合气体。

2. 分批培养与连续培养

在微生物发酵生产中，微生物培养还根据投料的不同方式分为分批培养和连续培养两种方法。

（1）分批培养

即将微生物置于一定容积的、定量的培养基中进行培养，培养基一次性加入，不再补充和更换，最后一次性收获。分批培养的过程中菌体、各种代谢产物的数目与营养物的数目呈负相关性。当微生物生长及基质变化达到一定时，菌体生长则会停止。在发酵工业中可用中间补料或连续流加物料，使培养基中营养物质的浓度保持在适合菌体生长和有利于菌体积累代谢产物的环境中。

（2）连续培养

连续培养又叫开放培养，是相对分批培养或密闭培养而言的。在分批培养中，培养基是一次性加入，不再补充，但随着微生物的生长繁殖活跃，营养物质逐渐消耗，有害代谢产物不断积累，细菌的对数生长期不可能长时间维持。连续培养是人们在研究典型生长曲线的基础上，认识到了稳定期到来的原因，采取向培养器中不断补充新鲜营养物质，并搅拌均匀；与此同时，及时不断地以同样速度排出培养物（包括菌体和代谢产物）的方法。这样，培养器中的培养物就达到了动态平衡，其中的微生物可长期保持在对数期的平衡生长状态和稳定的生长速率上。连续培养不仅可随时为微生物的研究工作提供一定生理状态的实验材料，而且可提高发酵工业的生产效益和自动化水平，此法已成为目前发酵工业的发展方向。连续培养的方法主要有两类：

1）恒浊法：其原理是根据培养器内微生物的生长密度，用光电控制系统（浊度计）来检测培养液的浊度（即菌液浓度），并控制培养液的流速，从而获得菌体密度高、生长速度恒定的微生物细胞的连续培养液。当培养器中浊度增高时，通过光电控制系统的调节，可促使培养液流速加快，反之则慢，以此来达到恒密度的目的。在恒浊器中的微生物，始终能以最高生长速率进行生长，并可在允许范围内控制不同的菌体密度。在生产实践上，为了获得大量菌体或与菌体生长相平行的某些代谢产物如乳酸、乙醇时，可以采用恒浊法。

2）恒化法：与恒浊法不同的是，恒化法是使培养液流速保持不变，即控制在恒定的流速，使微生物始终在低于最高生长速率条件下进行生长繁殖的一种连续培养方法。实际操作中常常通过控制某一种营养物的浓度，使其成为限制性的因子，而其他营养物均为过量，这样，细菌的生长速率就将取决于限制性因子的浓度。随着细菌的生长，菌体的密度会随时间的增长而增高，而限制性生长因子的浓度又会随时间的增长而降低，两者互相作用的结果，出现微生物的生长速率正好与恒速加入的新鲜培养基流速相平衡。这样，既可获得一定生长速率的均一菌体，又可获得虽低于最高菌体产量，但能保持稳定菌体密度的菌体。

恒化法连续培养主要用于实验室的科学研究中，特别是用于与生长速率相关的各种理论研究中。

连续培养如用于发酵工业中，就称为连续发酵。连续发酵与分批发酵相比有许多优点：①自控性，便于利用各种仪表进行自动控制；②高效，它简化了装料、灭菌、出料、清洗发酵罐等工艺，缩短了生产时间并提高了设备的利用效率；③产品质量较稳定；④节约了大量动力、人力、水和蒸汽，使水、汽、电的负荷减少。但也存在不足之处：①主要是菌种易于退化，使微生物长期处于高速繁殖的条件下，即使是自发突变率很低，也难以避免变异的发生；②连续培养中，营养物的利用率低于分批培养；③容易污染，在连续发酵中，要保持各种设备无渗漏，通气系统不出任何故障，是极其困难的。因此，“连续”是有时间限制的，一般可达数月至一年、两年。

在发酵工业中，连续培养技术已广泛应用于酵母单细胞蛋白的生产，乙醇、乳酸、丙酮和丁醇等的发酵，以及用假丝酵母进行石油脱蜡或者污水处理等。

第三节　微生物菌种保藏

微生物菌种是宝贵的生物资源，在发酵工业中，具有良好性状的生产菌种的获得十分不易，其对微生物学研究和微生物资源开发与利用具有非常重要的价值，因此菌种保藏是一项重要的微生物学基础工作，其基本任务是对已经获得的纯种微生物菌种进行收集、整理、鉴定、评价、保存和供应等工作。随着科技的进步和经济的发展，对微生物菌种资源的利用正在不断地扩大，菌种保藏工作便显得更加重要。需要指出的是，无论用什么方法获得的优良菌种，要永远保持其优良的性能是很困难的，也是不可能的。但是，了解菌种特性退化的原因，然后采取相应的措施恢复其性能，或者使之在较长的时间内保持菌种的优良性能是可以做到的。

一、微生物菌种的退化与复壮

1. 微生物菌种的退化

(1) 菌种的退化现象

随着菌种保藏时间的延长或菌种的多次转接传代，菌种本身所具有的优良遗传性状可能得到延续，也可能发生变异。变异有正变（自发突变）和负变两种，其中负变即菌株生产性状的劣化或有些遗传标记的丢失均称为菌种的退化。常见的菌种退化现象中，最易觉察到的是菌落形态、细胞形态和生理等多方面的改变，如菌落颜色的改变，畸形细胞的出现等；菌株生长变得缓慢，产孢子越来越少直至产孢子能力丧失，例如放线菌、霉菌在斜面上多次传代后产生“光秃”现象等，从而造成生产上用孢子接种的困难；还有就是在菌种的代谢活动中，代谢产物的生产能力或其对寄主的寄生能力明显下降，例如黑曲霉糖化能力的下降，抗菌素发酵单位的减少，枯草杆菌产淀粉酶能力的衰退等。所有这些都对发酵生产不利。因此，为了使菌种的优良性状持久延续下去，必须做好菌种的复壮工作。即在各菌种的优良性状没有退化之前，定期进行纯种分离和性能测定。

但是在生产实践中，必须将由于培养条件的改变所导致的菌种形态和生理上的变异与菌种退化区别开来。因为优良菌株的生产性能是和发酵工艺条件紧密相关的。如果培养条件发生变化，如培养基中缺乏某些元素，既会导致产孢子数量减少，也会引起孢子颜色的改变；温度、pH 值的变化也会使发酵产量发生波动等。所有这些，只要条件恢复正常，菌种原有性能就能恢复正常，因此这些原因引起的菌种变化不能称为菌种退化。

(2) 菌种退化的原因

菌种退化的主要原因是有关基因的负突变。当控制产量的基因发生负突变时，就会引起产量下降；当控制孢子生成的基因发生负突变时，则使菌种产孢子性能下降。一般而言，菌种的退化是一个从量变到质变的逐步演变过程。开始时，在群体中只有个别细胞发生负突变，这时如不及时发现并采取有效措施而一味移种传代，就会造成群体中负突变个体的比例逐渐增高，最后占优势，从而使整个群体表现出严重的退化现象。因此，突变在数量上的表现依赖于传代，即菌株处于一定条件下，群体多次繁殖，可使退化细胞在数量上逐渐占优势，于是退化性状的表现就更加明显，逐渐成为一株退化了的菌体。同时，对某一菌株的特定基因来讲，突变频率比较低，因此群体中个体发生生产性能的突变不是很容易的，但就一个经常处于旺盛生长状态的细胞而言，发生突变的概率比处于休眠状态的细胞大得多，因此，细胞的代谢水平与基因突变关系密切，应设法控制细胞保藏的环境，使细胞处于休眠状态，从而减少菌种的退化。

(3) 防止退化的措施

1) 合理育种：选育菌种时所处理的细胞应使用单核的，避免使用多核细胞；合理选择诱变剂的种类和剂量或增加突变位点，以减少分离回复；在诱变处理后进行充分的后培养及分离纯化，以保证保藏菌种的纯粹，这些都可以有效地防止菌种的退化。

2) 选用合适的培养基：在生产实践中，合适的培养基可以防止菌种退化。例如，有人发现用老苜蓿根汁培养基培养“5406”抗生菌——细黄链霉菌可以防止它的退化。在赤霉菌产生菌——藤仓赤霉的培养基中，加入糖蜜、天门冬素、谷氨酰胺、5－核苷酸或甘露醇等物质时，也有防止菌种退化的效果。还有的选取营养相对贫乏的培养基作为菌种保藏培养基，如在培养基中适当限制容易利用的糖源葡萄糖等的添加，因为变异多半是通过菌株的生长繁殖而产生的，当培养基营养丰富时，菌株会处于旺盛的生长状态，代谢水平较高，为变异提供了良好的条件，大大提高了菌株的退化概率。

3) 创造良好的培养条件：在生产实践中，创造和发现一个适合原种生长的条件可以防止菌种退化，如低温、干燥、缺氧等。在栖土曲霉 3.942 的培养中，有人曾用改变培养温度的措施（从 20～30℃提高到 33～34℃）来防止它产孢子能力的退化。

4) 控制传代次数：由于微生物存在着自发突变，而突变都是在繁殖过程中发生而表现出来的。所以应尽量避免不必要的移种和传代，把必要的传代降低到最低水平，以降低自发突变的概率。菌种传代次数越多，产生突变的几率就越高，因而菌种发生退化的机会就越多。这就要求不论在实验室还是在生产实践上，必须严格控制菌种的移种传代次数，并根据菌种保藏方法的不同，确立恰当的移种传代的时间间隔。如同时采用斜面保藏和其他的保藏方式（真空冻干保藏、砂土管保藏、液氮保藏等），以延长菌种保藏时间。

5）利用不同类型的细胞进行移种传代：在有些微生物中，如放线菌和霉菌，由于其菌的细胞常含有几个核或甚至是异核体，因此用菌丝接种就会出现不纯和衰退，而孢子一般是单核的，用它接种时，就没有这种现象发生。有人在实践中发现构巢曲霉如用分生孢子传代就容易退化，而改用子囊孢子移种传代则不易退化；还有人采用灭过菌的棉团轻巧地沾取“5406”孢子进行斜面移种，由于避免了菌丝的接入，因而达到了防止退化的效果。

6）采用有效的菌种保藏方法：用于工业生产的一些微生物菌种，其主要性状都属于数量性状，而这类性状恰恰是最容易退化的。因此，有必要研究和制定出更有效的菌种保藏方法，以防止菌种退化。

2．微生物菌种的复壮

退化菌种的复壮可通过纯种分离和性能测定等方法来实现，其中一种是从退化菌种的群体中找出少数尚未退化的个体，以达到恢复菌种的原有典型性状。另一种是在菌种的生产性能尚未退化前，就经常而有意识地进行纯种分离和生产性能的测定工作，以达到菌种的生产性能逐步有所提高。所以这实际上是一种利用自发突变不断从生产中进行选种的工作。具体的菌种复壮措施如下：

（1）纯种分离

采用平板划线分离法、稀释平板法或涂布法均可。把仍保持原有典型优良性状的单细胞分离出来，经扩大培养恢复原菌株的典型优良性状，若能进行性能测定则更好。还可用显微镜操纵器将生长良好的单细胞或单孢子分离出来，经培养恢复原菌株性状。

（2）通过寄主进行复壮

寄生型微生物的退化菌株可接种到相应寄主体内以提高菌株的活力。

二、微生物菌种保藏

菌种是一个国家重要的生物资源，也是许多微生物企业首要的生产资料，所以世界各国对微生物菌种的保藏都很重视，许多国家都成立了专门的菌种保藏机构。如美国典型培养物保藏中心（ATCC）和美国农业部菌种保藏中心（ARS），我国主要有中国典型培养物保藏中心（CTCCCAS）和中国农业微生物菌种保藏管理中心（ACCC）等。

1．菌种保藏的目的

（1）在较长时间内保持菌种的生活能力。

（2）保持菌种在遗传、形态和生理上的稳定性，使菌种保持既有科学研究价值，又有工业价值的特征。

（3）保持菌种的纯度，使其免受其他微生物（包括病毒）的侵染。

2．菌种保藏方法

微生物菌种保藏方法很多，但原理基本一致，即采用低温、干燥、缺氧、缺乏营养、添加保护剂或酸度中和剂等方法，挑选的优良纯种，最好是它们的休眠体，使微生物生长在代谢不活泼、生长受抑制的环境中。具体常用的方法有：蒸馏水悬浮法、斜面低温保藏法、液体石蜡保藏法、冷冻干燥保藏等方法，可根据实验室具体条件和微生物的特性灵活选用。

（1）蒸馏水悬浮法

这是一种最简单的菌种保藏方法，只要将菌种悬浮于无菌蒸馏水中，将容器封好口，于10℃保藏即可达到目的。好气性细菌和酵母等可用此法保存。

（2）斜面低温保藏法

将菌种接种在适宜的固体斜面培养基上，待微生物菌种充分生长后，用报纸或牛皮纸包扎好，贴好标签，移至1～5℃的冰箱中保藏。

保藏时间依微生物的种类而有不同。霉菌、放线菌以及有芽孢的细菌间隔4～6个月转接1次，酵母菌2个月转接1次，细菌最好每月转接1次。

此法是实验室和工厂菌种室常用的保藏法。优点是操作简单、使用方便且不需特殊设备。缺点是长期保藏时需要多次转接，容易退化变异，同时多次转接污染杂菌的机会也会增加。在使用此种方法时要注意以下事项：

1）培养基选择：保藏细菌时多用牛肉膏—蛋白胨培养基，保藏放线菌时多用高氏1号培养基，保藏霉菌时多用PDA培养基或完全培养基（葡萄糖20 g，蛋白胨2 g，酵母膏2 g，硫酸镁0.5 g，磷酸二氢钾0.46 g，磷酸氢二钾1 g，维生素B_1 0.5 mg，琼脂20 g，蒸馏水1 000 mL）。一般来说，菌种保藏适于用营养较为瘠薄的培养基，因为这样可以降低生物的代谢，从而延长每次转接之间的间隔时间。

2）斜面长度：用于保藏菌种的培养基斜面要求适当短些，这样培养基厚一点，培养基中水分蒸发较少，可以保藏更长的时间。一般斜面长度占试管总长的1/3。

3）培养物要有重复：这是防止菌种丧失最有效的方法。一般每个菌株至少保藏3管。

4）环境湿度：要防止冰箱中空气湿度过高而导致棉塞发霉。

5）特殊菌种：对于某些对低温特别敏感的菌种，只能在较高的温度下保藏。如草菇菌种最好在10～15℃下保藏。

（3）液体石蜡保藏法

在培养好的斜面菌种或穿刺培养的菌种表面覆盖灭菌后的液体石蜡，以减少培养基中水分的蒸发和阻止氧气进入，从而达到长期保藏的目的。

将液体石蜡分装于三角瓶中，在0.11～0.14 MPa（温度121～126℃）下灭菌30 min，然后放在40℃温箱中，使水汽蒸发掉（由浑浊变澄清），备用。

将需要保藏的菌种，在适宜的培养基中培养，得到健壮的菌体或孢子。在无菌条件下，用灭菌吸管吸取灭菌后的液体石蜡，注入长好菌的斜面上，其用量以高出斜面顶端1 cm为准，使菌种与空气隔绝。将试管直立，置低温或室温下保藏。

此法实用而且效果好，保藏霉菌、放线菌和芽孢细菌2年以上不会死亡，酵母菌也可以保藏1～2年，一般无芽孢的细菌也可保藏1年以上。此法的优点是制作简单，不需特殊设备，而且不需经常转接。缺点是必须直立放置，所占空间较大，同时携带也不方便。转接后由于菌体表面带有石蜡，所以第1次转接后往往生长较差，需进行第2次转接。在使用此种方法时要注意以下事项：

1）为防止棉塞发霉，可以用消毒过的橡皮塞换掉棉塞；

2）要在斜面露出液面时及时补充无菌石蜡；

3）移接后灼烧接种钩（环）时培养物容易与残存石蜡一起飞溅，要特别注意安全。

（4）滤纸保藏法

将微生物的孢子吸附在滤纸上，干燥后进行保藏的方法，称为滤纸保藏法。

将滤纸剪成 0.5 cm×1.2 cm 的小纸条，装入 0.6 cm×8 cm 小试管中，加上棉塞，在 0.11～0.14 MPa，温度 121℃下灭菌 30 min，备用。

收集孢子，使孢子吸附在灭菌后的滤纸条上，重新放入试管中，塞好棉塞后放在干燥器中干燥 1～2 d，除去滤纸条上多余的水分（保存滤纸条的合适含水量为 2%），试管上部用火熔封，贴好标签，放在冰箱中保藏。

霉菌、酵母、放线菌、细菌均可采用此法保藏，可保藏 2 年以上。此法较液氮超低温保藏法、真空冷冻干燥保藏法简便易行，不需特殊设备。

（5）砂土管保藏法

取干净河沙加入 10%稀盐酸，加热煮沸 30 min，以去除其中的有机质。倒去盐酸后用自来水冲洗至中性，烘干，用 40 目筛除去粗颗粒后，装入 ϕ1 cm×10 cm 的小试管中，每管装 1 g，加棉塞后灭菌，烘干。制备孢子悬浮液，每管中加 0.5 mL（一般以刚刚使砂土湿润为止）孢子液，以接种针搅拌均匀。然后移至真空干燥器中，用真空泵抽干水分，抽干时间越短越好。

随机抽取一管进行培养检查，如果微生物生长良好而且没有杂菌生长，则可熔封管口，放入冰箱或室内干燥处保存。

此法适用于能够产生孢子的微生物如霉菌或放线菌，对于不产生孢子的效果不佳。一般可保藏 2 年以上而不会失去活力。

（6）液氮超低温保藏法

液氮超低温保藏法简称液氮保藏法或液氮法。它是以甘油、二甲基亚砜等作为保护剂，在液氮超低温（－196℃）下保藏的方法。其主要原理是菌种细胞从常温过渡到低温，并在降到低温之前，使细胞内的自由水通过细胞膜外渗出来，以免膜内因自由水凝结成冰晶而使细胞损伤。液氮保藏法是目前保存微生物菌种最可靠的方法，多数国家级菌种保藏单位都采用此法。

1）准备安瓿管：用于液氮保藏的安瓿管，要求能耐受温度突然变化而不致破裂，因此，需要采用硼硅酸盐玻璃制造的安瓿管。安瓿管的大小通常使用 75 mm×10 mm 的安瓿瓶。

2）加保护剂与灭菌：保存细菌、酵母菌或霉菌孢子等容易分散的细胞时，则将空安瓿管塞上棉塞，在压力 0.11 MPa，温度 121℃条件下灭菌 15 min；若保存霉菌菌丝体则需在安瓿管内预先加入保护剂，如 10%的甘油蒸馏水溶液或 10%二甲亚砜蒸馏水溶液，加入量以能浸没以后加入的菌种块为限，而后再进行高压灭菌。

3）接入菌种：将菌种用 10%的甘油蒸馏水溶液制成菌悬液，装入已灭菌的安瓿管；

霉菌菌丝体则可用灭菌打孔器，从平板内切取菌落圆块，放入含有保护剂的安瓿管内，然后用火焰熔封，并浸入水中检查有无漏洞。

4）冻结：再将已封口的安瓿管以每分钟下降1℃的慢速冻结至－30℃。如果降温速度过快，由于细胞内自由水来不及渗出胞外，形成冰晶就会损伤细胞。据研究认为降温的速度控制在（1～10）℃/min，细胞死亡率低；随着速度加快，死亡率则相应提高。

5）保藏：经冻结至－30℃的安瓿管立即放入液氮冷冻保藏器的小圆筒内，然后再将小圆筒放入液氮保藏器内。液氮保藏器内的气相为－150℃，液态氮为－196℃。

6）恢复培养：保藏的菌种需要使用时，将安瓿管取出，立即放入38～40℃的水浴中进行急剧解冻，直到全部融化为止。再打开安瓿管，将内容物移到适宜的培养基上培养。

此法优点一是操作简便、高效、保藏期一般可达到15年以上，是目前被公认的最有效的菌种长期保藏技术之一。除了少数对低温损伤敏感的微生物外，该法适用于各种微生物菌种的保藏，甚至连藻类、原生动物、支原体等都能用此法获得有效的保藏；二是可使用各种培养形式的微生物进行保藏，无论是孢子或菌体、液体培养物或固体培养物均可采用该保藏法。其缺点是需购置超低温液氮设备，且液氮消耗较多，操作费用较高。

（7）真空冷冻干燥保藏法

1）准备安瓿管：用于真空冷冻菌种保藏的安瓿管宜采用中性玻璃制造，形状可用长颈球形底的，亦称泪滴型安瓿管。大小要求外径6～7.5 mm，长105 mm，球部直径9～11 mm，壁厚0.6～1.2 mm，也可用没有球部的管状安瓿管。塞好棉塞，在压力0.11 MPa，温度121℃条件下灭菌30 min后备用。

2）准备菌种：用真空冷冻干燥法保藏的菌种保藏期可长达几年甚至几十年，为了不出现差错，所用菌种纯度要高，而且菌龄要适宜。细菌和酵母菌的菌龄要求超过对数生长期，若用对数生长期的菌种进行保藏，其存活期反而降低。一般细菌的菌龄要求24～48 h；酵母菌为3 d；形成孢子的微生物则宜保藏孢子；放线菌和丝状真菌菌龄为7～10 d。

3）制备菌悬液与分装：以细菌斜面为例，用脱脂牛乳2 mL左右加入试管中，制成浓菌液，每支安瓿管分装0.2 mL。

4）冷冻：冷冻干燥器有成套的装置出售，但价格昂贵。此处介绍的是简易的方法与装置，可达到同样的目的。

将分装好的安瓿管放入低温冰箱中冻结，无低温冰箱可用冷冻剂如干冰（固体CO_2）酒精液或干冰丙酮液，温度可达－70℃。将安瓿管插入冷冻剂，只需冷冻几分钟，即可使悬液结冰。

5）真空干燥：为在真空干燥时使样品保持冻结状态，需准备冷冻槽，槽内放碎冰和食盐，混合均匀，可冷至－15℃。安瓿瓶放入冷冻槽的干燥瓶内。

6）抽气：一般若在30 min内能达到93.3 Pa（0.7 mmHg）真空度时，则干燥物不致溶化，以后继续抽气，几小时内，肉眼可观察到被干燥物已趋干燥，一般抽到真空度26.7 Pa（0.2 mmHg），保持压力6～7 h即可。

7）封口：抽真空干燥后，取出安瓿瓶，接在封口用的玻璃管上，可用L形五通管继续抽气，约 10 min 即可达到 26.7 Pa（0.2 mmHg）。于真空状态下，以煤气喷灯的细火焰在安瓿管颈中央进行封口。封口以后，保存于冰箱或室温暗处。

此法为菌种保藏方法中最有效的方法之一，对一般生存力强的微生物及其孢子都适用，即使对一些很难保存的致病菌，如脑膜炎球与淋病球菌等亦能保存。适用于菌种的长期保存，一般可保存几十年至数年。缺点是设备和操作都比较复杂。

(8) 寄主保藏

用于目前尚不能在人工培养基上生长的微生物，如病毒、立克次氏体和螺旋体等，它们必须在活的动物、昆虫、鸡胚内感染并传代，此法相当于一般微生物的传代培养保藏法。不过病毒等微生物亦可用其他方法如液氮保藏法与冷冻干燥保藏法进行保藏。

~思考与练习~

1. 干热灭菌和湿热灭菌原理的不同点是什么？
2. 高压蒸汽灭菌为什么要排净冷空气？
3. 纯种分离方法有哪些？
4. 微生物接种方法有哪些？
5. 微生物的培养方法有哪些？
6. 菌种的退化原因有哪些？如何复壮？
7. 微生物菌种的保藏方法有哪些？各自的优缺点是什么？举例说明。

实训五　微生物培养基的制备及灭菌

一、实训目的

1. 掌握微生物实验室常用玻璃器皿的清洗及包扎方法。
2. 掌握培养基的配制方法。
3. 熟练掌握干热灭菌和高压蒸汽灭菌的操作方法。

二、实训说明

正确掌握培养基的配制方法是从事微生物学实验工作的重要基础。由于微生物种类及代谢类型的多样性，因而用于培养微生物的培养基的种类也很多。它们的配方及配制方法虽各有差异（见附录），但一般培养基的配制程序等常规实验技术却大致相同。例如器皿的准备、培养基的配制与分装、棉塞的制作、培养基的灭菌、斜面与平板的制作以及培养基的无菌检查等操作环节。

三、实训材料

1. 药品

待配各种培养基的组成成分、琼脂、1 mol/L 的 NaOH 溶液和 HCl 溶液。

2. 仪器及玻璃器皿

天平、高压蒸汽灭菌锅、电热鼓风干燥箱、移液管、试管、烧杯、量筒、三角瓶、培养皿、玻璃漏斗等。

3. 其他物品

药匙、称量纸、pH 试纸、记号笔、棉花等。

四、操作步骤

1. 玻璃器皿的洗涤和包装

（1）玻璃器皿的洗涤

玻璃器皿在使用前必须洗刷干净。方法是将三角瓶、试管、培养皿、量筒等浸入含有洗涤剂的水中，用毛刷刷洗，然后用自来水及蒸馏水冲净。移液管先用含有洗涤剂的水浸泡，再用自来水及蒸馏水冲洗。洗刷干净的玻璃器皿置于烘箱中烘干后备用。

（2）灭菌前玻璃器皿的包装

1）培养皿的包扎：培养皿由一盖一底组成一套，可用报纸将几套培养皿包成一包，或者将几套培养皿直接置于特制的铁皮圆筒内，加盖灭菌。包装后的培养皿须经灭菌之后才能使用。

2）移液管的包扎：在移液管的上端塞入一小段棉花（勿用脱脂棉），它的作用是避免外界及口中杂菌进入管内，并防止菌液等吸入口中。塞入的此小段棉花应距管口约 0.5 cm，棉花自身长度 1～1.5 cm。塞棉花时，可用一外围拉直的曲别针将少许棉花塞入管口内。棉花要塞得松紧适宜，试吹时以能通气而又不使棉花滑下为准。

先将报纸裁成宽约 5 cm 的长纸条，然后将已塞好棉花的移液管尖端放在长条报纸的一端，约成 45℃角，折叠纸条包住尖端，用左手握住移液管身，并用手将移液管压紧，在桌面上向前搓转，以螺旋式包扎起来。上端剩余纸条，折叠打结，准备灭菌，如图 3—2 所示。

2. 液体及固体培养基的配制过程

（1）液体培养基配制

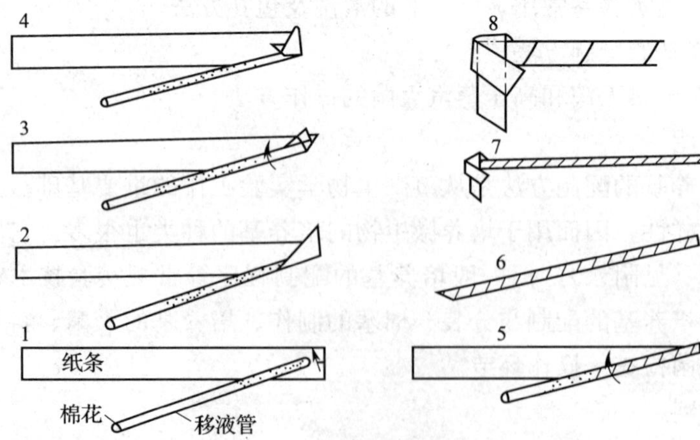

图 3—2　移液管的包扎

1）称量：一般可用精确度为0.01 g的天平称量配制培养基所需的各种药品，先按培养基配方计算出各成分的用量，然后进行准确称量。

2）溶解：将称好的药品置于一烧杯中，先加入少量水（根据实验需要可用自来水或蒸馏水），用玻璃棒搅动，加热溶解。

3）定容：待全部药品溶解后，倒入一量筒中，加水至所需体积。如某种药品用量太少时，可预先配成较浓溶液，然后按比例吸取一定体积溶液，加入至培养基中。

4）调pH值：一般用pH试纸测定培养基的pH值。用剪刀剪出一小段pH试纸，然后用镊子夹取此段pH试纸，在培养基中蘸一下，观看其pH值的范围，如培养基偏酸或偏碱时，可用1 mol/L NaOH或1 mol/L HCl溶液进行调节。调节pH值时，应逐滴加入NaOH或HCl溶液，防止因局部过酸或过碱，破坏培养基中成分。边加边搅拌，并不时用pH试纸测试，直至达到所需pH值为止。

5）过滤：用滤纸或多层纱布过滤培养基。一般无特殊要求时，此步可省去。

（2）固体培养基的配制

配制固体培养基时，应将已配好的液体培养基加热煮沸，再将称好的琼脂（1.5%～2%）加入，并用玻棒不断搅拌，以免煳底烧焦。继续加热至琼脂全部融化，最后补足因蒸发而失去水分。

3. 培养基的分装

根据不同需要，可将已配好的培养基分装入试管或三角瓶内，分装时注意不要使培养基沾污管口或瓶口，造成污染。如操作不小心，培养基沾污管口或瓶口时，可用镊子夹一小块脱脂棉，擦去管口或瓶口的培养基，并将脱脂棉弃去。

（1）试管的分装

取一个玻璃漏斗，装在铁架上，漏斗下连一根橡皮管，橡皮管下端再与另一玻璃管相接，橡皮管的中部加一弹簧夹。分装时，用左手拿住空试管中部，并将漏斗下的玻璃管嘴插入试管内，以右手拇指及食指开放弹簧夹，中指及无名指夹住玻璃管嘴，使培养基直接流入试管内。装入试管培养基的量视试管大小及需要而定，若所用试管大小为15 mm×150 mm时，液体培养基以分装至试管高度1/4左右为宜；如分装固体或半固体培养基时，在琼脂完全融化后，应趁热分装于试管中。用于制作斜面的固体培养基的分装量为管高1/5（3～4 mL），半固体培养基分装量为管高的1/3为宜，如图3—3所示。

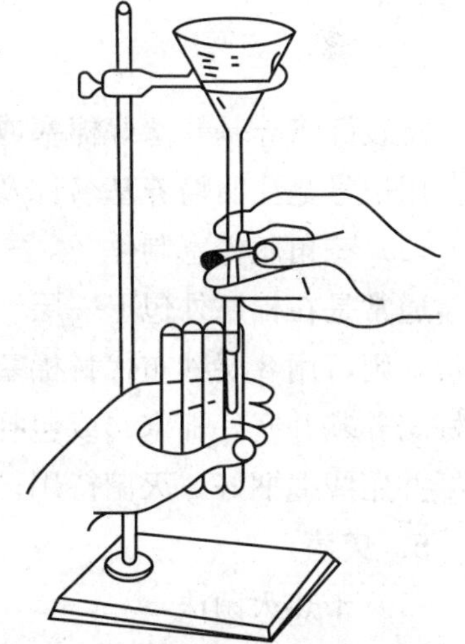

图3—3　培养基的分装

（2）三角瓶的分装

用于振荡培养微生物时，可在250 mL三角瓶中加入50 mL的液体培养基；若用于制作平板培养基用时，可在250 mL三角瓶中加入150 mL培养基，然后再加入3 g琼脂粉（按2%计算），灭菌时瓶中琼脂粉同时被融化。

4．棉塞的制作及试管、三角瓶的包扎

为了培养好气性微生物，需提供优良通气条件，同时为防止杂菌污染，则必须对通入试管或三角瓶内的空气预先进行过滤除菌。通常方法是在试管及三角瓶口加上棉花塞等。

（1）试管棉塞的制作

制作棉塞时，应选用大小、厚薄适中的普通棉花一块，铺展于左手拇指和食指扣成的团孔上，用右手食指将棉花从中央压入团孔中制成棉塞，然后直接压入试管。也可借用玻璃棒塞入，也可用折叠卷塞法制作棉塞，如图3—4所示。制作的棉塞应紧贴管壁，不留缝隙，以防外界微生物沿缝隙侵入，棉塞不宜过紧或过松，塞好后以手提棉塞，试管不下落为准。棉塞的2/3在试管内，1/3在试管外。目前也有采用硅胶塞代替棉塞直接盖在试管口上。

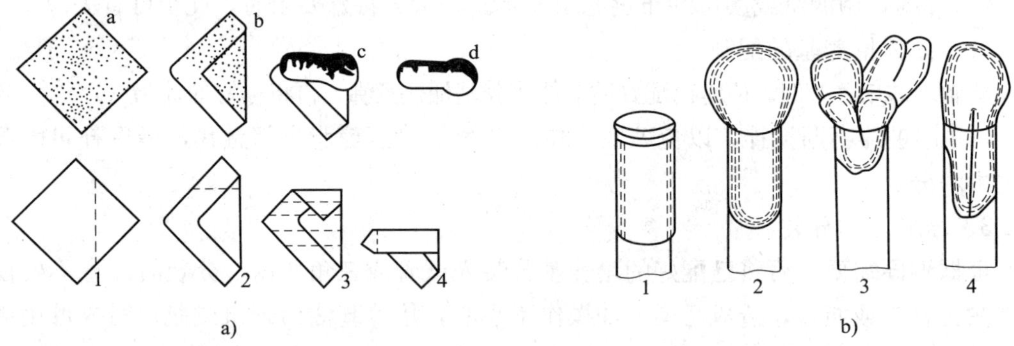

图3—4　试管棉塞的制作示意图

a）棉塞的制作　b）正确与不正确的棉塞

1—金属塞　2—正确　3、4—不正确

将装好培养基并塞好棉塞或硅胶塞的试管捆成一捆，外面包上一张牛皮纸或双层报纸。用记号笔注明培养基名称及配制日期，灭菌待用。

（2）三角瓶棉塞制作

通常是在棉塞外包上一层纱布，再塞在瓶口上。有时为了进行液体振荡培养加大通气量，则可用8层纱布代替棉塞包在瓶口上，目前也有采用硅胶塞直接盖在瓶口上。在装好培养基并塞好棉塞（或包扎八层纱布或盖好硅胶塞）的三角瓶口上，再包上一层牛皮纸并用线绳捆好，灭菌待用。

5．灭菌

（1）干热灭菌法

包扎好的玻璃器皿如移液管、试管和培养皿需要提前进行干热灭菌，即在电热干燥箱内利用高温干燥空气（160～170℃），时间（1～2 h）进行灭菌。它是利用高温使微生物细胞内的蛋白质凝固变性而达到灭菌目的。但注意此法不适于培养基、橡胶制品和塑料制品等。另外干热灭菌温度不能超过180℃，否则，包器皿的纸或棉塞就会烧焦，甚至引起燃烧。

具体操作步骤如下：

1）装入待灭菌物品：将包好的待灭菌物品放入电热干燥箱内，关好箱门。堆积时要留有空隙，物品不要摆放得太挤，以免妨碍空气流通。灭菌物品不要接触电热干燥箱内壁的铁板、温度探头，以防包装纸烤焦起火。

2）升温：接通电源，打开开关，适当打开电热干燥箱顶部的排气孔，旋动恒温调节器，使温度逐步上升。当温度升至100℃时，关闭排气孔。在升温过程中，如果红灯熄灭，绿灯亮，表示电热干燥箱内停止加温，此时达到所需的160～170℃。

3）恒温：当温度升到160～170℃时，借助恒温调节器的自动控制，保持此温度2 h。干热灭菌过程中，需严防恒温调节的自动控制失灵而造成安全事故。

4）降温：切断电源，自然降温。

5）开箱取物：待电热干燥箱内温度降到60℃以下后，才能打开箱门，取出灭菌物品。同时，应将温度调节旋钮调到零点，并打开排气孔。电热干燥箱内温度未降到60℃以前，切勿自行打开箱门，以免骤然降温导致玻璃器皿炸裂。

（2）高压蒸汽灭菌

培养基经分装包扎后，应立即按配制方法规定的灭菌条件进行高压蒸汽灭菌。高压蒸汽灭菌是将物品放在密闭的高压蒸汽灭菌锅内，在一定的压力下保持15～30 min进行灭菌。此法适用于培养基、无菌水、工作服等物品的灭菌，也可用于玻璃器皿的灭菌。

将待灭菌的物品放在一个密闭的加压灭菌锅内，通过加热，使灭菌锅夹套间的水沸腾而产生蒸汽。待水蒸气急剧地将锅内的冷空气从排气阀中排尽后，关闭排气阀，继续加热，此时由于蒸汽不能溢出，而增加了灭菌锅内的压力，从而使沸点增高，获得高于100℃的温度，导致菌体蛋白质凝固变性而达到灭菌的目的。

在相同的温度下，湿热灭菌的效果要好于干热灭菌。原因有三点：①在湿热灭菌中菌体吸收水分，蛋白质容易凝固变性，蛋白质随着含水量的增加，所需凝固温度降低；②湿热灭菌中蒸汽的穿透力比干燥空气大；③蒸汽在被灭菌物体表面凝结，释放出大量的汽化潜热，能迅速提高灭菌物体表面的温度，从而增加灭菌效力。

实验室常用的灭菌锅有非自控手提式高压蒸汽灭菌锅和自控式灭菌锅，其结构和工作原理是相同的。本实验介绍的是非自控手提式高压蒸汽灭菌锅，自控式灭菌锅的使用可参考厂家说明书。基本操作步骤如下：

1）加水：首先将内层锅取出，再向外层锅内加入适量的水，使水面没过加热蛇管，与三角搁架相平为宜。切勿忘记检查水位，加水量过少，灭菌锅会发生烧干引起炸裂事故。

2）装料：放回内层锅，并装入待灭菌的物品。注意不要装得太挤，以免妨碍蒸汽流通而影响灭菌效果。装有培养基的容器放置时要防止液体溢出，三角瓶与试管口端均不要与桶壁接触，以免冷凝水淋湿包扎的纸而透入棉塞。

3）加盖：将盖上与排气孔相连的排气软管插入内层锅的排气槽内，摆正锅盖，对齐螺口，然后以对称方式同时旋紧相对的两个螺栓，使螺栓松紧一致，勿使漏气，并打开排气阀。

4）排气：打开电源加热灭菌锅，将水煮沸，使锅内的冷空气和水蒸汽一起从排气孔中排出。一般认为当排出的气流很强并有嘘声时，表明锅内的空气已排尽，沸腾后约需 5 min。

5）升压：冷空气完全排尽后，关闭排气阀，继续加热，锅内压力开始上升。

6）保压：当压力表指针达到所需压力时，控制电源，开始计时并维持压力至所需的时间。如一般培养基灭菌实验中采用 0.1～0.15 MPa，121℃，20～30 min 灭菌。

灭菌中起主要作用的因素是温度而不是压力，因此锅内的冷空气必须完全排尽后，才能关闭排气阀，维持所需压力。

7）降压：达到灭菌所需的时间后，切断电源，让灭菌锅温度自然下降，当压力表的压力降至“0”后，方可打开排气阀，排尽余下的蒸汽，旋松螺栓，打开锅盖，取出灭菌物品，倒掉锅内剩水。注意压力一定要降到“0”后，才能打开排气阀，开盖取物。否则就会因锅内压力突然下降，使容器内的培养基或试剂由于内外压力不平衡而冲出容器口，造成瓶口被污染，甚至灼伤操作者。

8）无菌检查：将已灭菌的培养基放入 37℃恒温培养箱培养 24 h，检查无杂菌生长后，即可使用。

6．斜面和平板的制作

（1）斜面的制作

将已灭菌装有琼脂培养基的试管，趁热置于木棒或玻璃棒上，使其成适当斜度，凝固后即成斜面。斜面长度不超过试管长度 1/2 为宜，如图 3—5a 所示。如制作半固体或固体深层培养基时，灭菌后则应垂直放置至凝固。

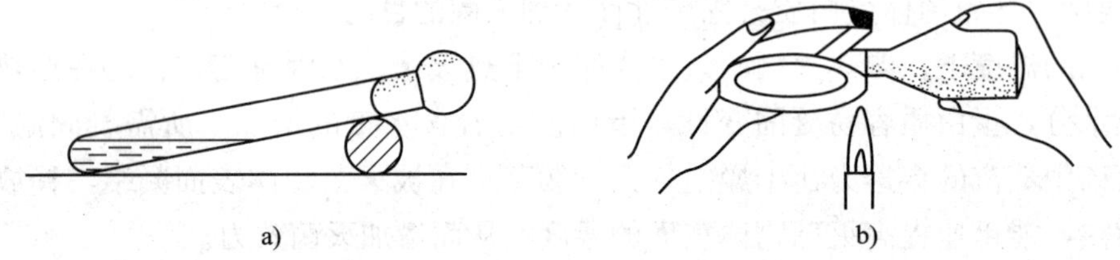

图 3—5　斜面及平板培养基制作

a）斜面试管制作　b）平板制作

（2）平板的制作

将装在三角瓶或试管中已灭菌的琼脂培养基融化后，待冷却至 50℃左右倾入无菌培养皿中。温度过高时，皿盖上的冷凝水太多；温度低于 50℃，培养基易于凝固而无法制作平板。

平板的制作应在火旁进行，左手拿培养皿，右手拿三角瓶的底部或试管，左手同时用小指和手掌将棉塞打开，灼烧瓶口，用左手大拇指将培养皿盖打开一条缝，至瓶口正好伸入，倾入 10～15 mL 培养基，迅速盖好皿盖，置于桌上，轻轻旋转平皿，使培养基均匀分布于整个平皿中，冷凝后即成平板，如图 3—5b 所示。

7．培养基的灭菌检查

灭菌后的培养基，一般需进行无菌检查，最好取出 1～2 管（瓶），置于 37℃温箱中培养 1～2 天，确定无菌后方可使用。

8. 无菌水的制备

在每支 250 mL 的三角瓶内装 225 mL 的蒸馏水并塞上棉塞或硅胶塞。在每支试管内装 9 mL 蒸馏水，塞上棉塞或硅胶塞。再在棉塞上包上一张牛皮纸，高压蒸汽灭菌，121℃灭菌 20～30 min。

五、思考与练习

1. 简述移液管和培养皿包扎的注意事项。

2. 简述配制培养基的基本步骤及注意事项。

3. 为什么微生物实验室所用的移液管口或滴管口的上端均需塞入一小段棉花，再用报纸包起来，经高压蒸汽灭菌后才能使用?

4. 为什么微生物实验室所用的三角瓶口或试管口都要塞上棉塞（硅胶塞）才能使用?

5. 配制培养基时为什么要调节 pH 值?

6. 高压蒸汽灭菌为什么比干热灭菌要求温度低、时间短?

实训六　微生物的纯种分离和培养

一、实训目的

1. 掌握从自然界采集样品、分离纯化微生物菌种的方法。

2. 掌握常用的分离纯化微生物的方法。

二、实训材料

1. 培养基

牛肉膏—蛋白胨琼脂培养基、高氏Ⅰ号培养基、察氏琼脂培养基。

2. 仪器、试剂及其他用具

10%苯酚液、盛有 9 mL 无菌水的试管、盛有 90 mL 无菌水并带有玻璃珠的三角烧瓶、琼脂；无菌玻璃涂棒、无菌吸管、接种环、无菌培养皿、土样、显微镜、涂布器等。

三、实训流程

倒平板→制备梯度稀释液→涂布（或划线法）→培养→挑单菌落→保存。

四、实训步骤

1. 稀释涂布平板法

（1）倒平板

将灭过菌的牛肉膏—蛋白胨琼脂培养基、高氏Ⅰ号琼脂培养基、察氏琼脂培养基加热融化待冷至 55～60℃时，高氏Ⅰ号琼脂培养基中加入 10%苯酚数滴，混合均匀后分别倒平板，每种培养基倒三皿。倒平板的方法见本章实训五中平板的制作。

（2）制备土壤稀释液

从果园内腐殖质较丰富的土壤中取样，用铲子刮去表面 5 cm 的浮土，取 5～15 cm 处的土样，记录当时的环境、土质等条件。称取土样 1 g，放入盛 99 mL 无菌水并带有玻璃珠的三角烧瓶中，振摇约 20 min，使土样与水充分混合，将细胞分散。用一支1 mL 无菌吸管从中吸取 1 mL 土壤悬液加入盛有 9 mL 无菌水的大试管中充分混匀，然后用无菌吸管从此试管中吸取 1 mL，加入另一盛有 9 mL 无菌水的试管中，混合均匀，以此类推制成 10^{-1}、10^{-2}、10^{-3}、10^{-4}、10^{-5}、10^{-6}不同稀释度的土壤溶液（见图 3—6）。注意：操作时管尖不能接触液面，每一个稀释度换一支试管。

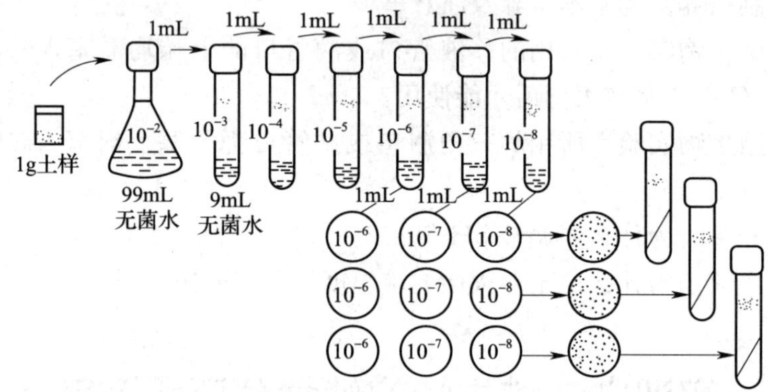

图 3—6　稀释分离过程示意图

（3）涂布

将上述每种培养基的三个平板底面分别用记号笔写上 10^{-6}、10^{-7}和 10^{-8}三种稀度，然后用无菌吸管分别由 10^{-6}、10^{-7}和 10^{-8}三管土壤稀释液中各吸取 0.1 mL 或 0.2 mL，小心地滴在对应平板培养基表面中央位置。右手拿无菌涂棒平放在平板培养基表面上，将菌悬液先沿同心圆方向轻轻地向外扩展，使之分布均匀。室温下静置 5～10 min，使菌液浸入培养基。

（4）培养

将高氏Ⅰ号培养基平板倒置于 28℃培养箱中培养 3～5 d；牛肉膏—蛋白胨平板倒置于 37℃培养箱中培养 2～3 d；察氏琼脂平板倒置于 28℃培养箱中培养 3～5 d。

（5）挑菌落

将培养后长出的单个菌落分别挑取少许细胞接种到上述三种培养基的斜面上，分别置 28℃和 37℃培养箱培养。若发现有杂菌，需再一次进行分离、纯化，直到获得纯培养。

2. 平板划线分离法

（1）倒平板

按稀释涂布平板法倒平板，并用记号笔标明培养基名称、土样编号和实验日期。

（2）划线

在近火焰处，左手拿皿底，右手拿接种环，挑取上述 10^{-1}的土壤悬液一环在平板上划线。划线的方法很多，但无论采用哪种方法，其目的都是通过划线将样品在平板上进行稀释，使之形成单个菌落。常用的划线方法，用接种环以无菌操作挑取土壤悬液一环，先在平板培养基的一边作第一次平行划线 3～4 条，再转动培养皿约 70°角，并将接种环上剩余物烧掉，待冷却后通过第一次划线部分作第二次平行划线，再用同样的方法通过第二次划线部分作第三次划线和通过第三次平行划线部分作第四次平行划线，如图 3—7 所示。划线完毕后，盖上培养皿盖，倒置于培养箱培养。

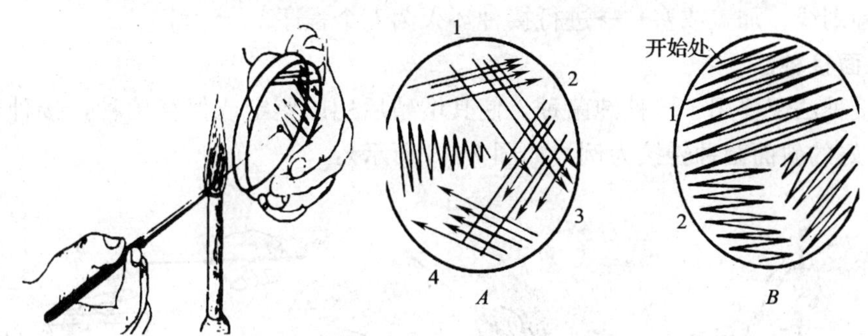

图 3—7　平板划线操作及分离示意图

（3）挑菌落

同稀释涂布平板法，一直到认为分离的微生物纯化为止。

3. 结果判定

所做涂布平板法和划线法是否较好地得到了单菌落？如果不是，请分析其原因并重做。

五、思考练习题

在三种不同的平板上你分离得到哪些类群的微生物？简述它们的菌落特征。

实训七　微生物接种

一、实训目的

1. 掌握常用的几种微生物接种技术。

2. 建立无菌操作的概念，掌握无菌操作的基本技术。

二、实训说明

接种是微生物实验及科学研究中一项最基本的操作技术。无论微生物的分离、培养、纯化或鉴定，还是有关微生物的形态观察及生理研究都必须进行接种。接种的关键是要进行严格的无菌操作，如操作不慎引起污染，则实验结果就不可靠，并影响下一步工作的进行。

三、实训器材

1. 器械和用品

酒精灯、试管、记号笔、火柴、试管架、接种环、接种针、接种钩、滴管、移液管、三角形接种棒等接种工具。

2. **菌种和培养基**

菌种：大肠杆菌、金黄色葡萄球菌。

培养基：普通琼脂斜面和平板、营养肉汤、普通琼脂高层（直立柱）。

四、操作步骤

接种程序一般可分为：灭菌接种环→稍冷→蘸取细菌样品→进行接种（包括：启盖或塞、接种划线、加盖或塞）→进行接种环灭菌五个程序。

1. **斜面接种法**

斜面接种法主要用于接种纯菌种，使其增殖后用以鉴定或保存菌种，接种步骤如下（以从已长好的斜面菌种转接为例，如图 3—8 所示）：

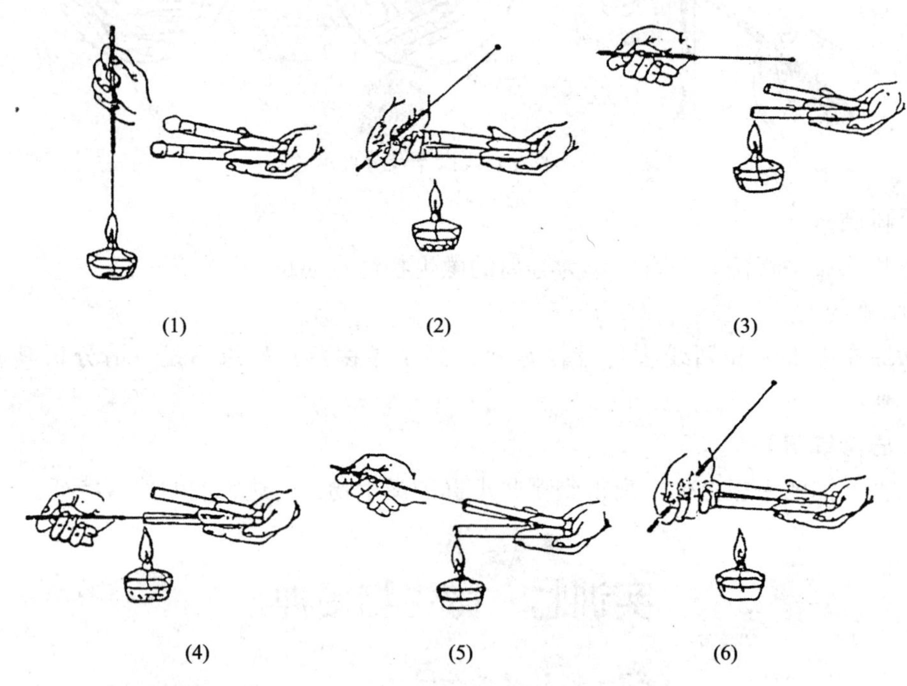

图 3—8 斜面接种法示意图

（1）左手拿两支试管，一支为经灭菌的斜面，另一支为已长好的菌种。右手持接种环或接种针通过火焰灭菌后稍冷，并同时以右手小指和无名指轻轻拔取两支试管的棉塞或试管帽（先转动棉塞后拔去），夹持于手指间。

（2）将试管口通过火焰数次，并稍转动，以防止外界的污染。

（3）首先将接种环伸入有菌试管，使接种环接触菌苔取少量菌，取出接种环，立即将管口通过火焰灭菌后，将接种环伸入斜面管内，先从斜面底部到顶端拖一条接种线，再自下而上地蜿蜒涂布，或直接自斜面底部向上蜿蜒涂布。此步注意接种环不可碰试管壁和接种时不要划破培养基。

（4）烧试管口，塞好棉塞或盖好试管帽，将接种环插到酒精瓶中。最后，将接种管贴好标签或用记号划好标记后再放入试管架，即可进行培养。

2. 液体接种法

一般情况下多用增菌液进行增菌培养，也可用纯培养菌接种液体培养基进行生化试验。其操作方法与注意事项与斜面接种法基本相同，仅将不同点介绍如下：

由斜面培养物接种至液体培养基，用接种环从斜面上蘸取少许菌苔，接至液体培养基时应在管内靠近液面试管壁上将菌苔轻轻研磨并轻轻振荡，或将接种环在液体内振摇几次即可。如接种霉菌菌种时，若用接种环不易挑起培养物时，可用接种钩或接种铲进行。

由液体培养物接种液体培养基时，可用接种环或接种针蘸取少许液体移至新液体培养基即可。也可根据需要用吸管、滴管或注射器吸取培养液移至新液体培养基即可。

接种液体培养物时应特别注意勿使菌液溅在工作台上或其他器皿上，以免造成污染。如有溅污，可用酒精棉球灼烧灭菌后，再用消毒液擦净。凡吸过菌液的吸管或滴管，应立即放入盛有消毒液的容器内。

3. 固体接种法

普通斜面和平板接种均属于固体接种，斜面接种法前已述及，不再赘述。固体接种的另一种形式是接种固体曲料，进行固体发酵。按所用菌种或种子菌来源不同可分为：

（1）用菌液接种固体料

包括用菌苔刮洗制成的菌悬液和直接培养的种子发酵液进行接种。接种时按无菌操作将菌液直接倒入固体料中，搅拌均匀。但要注意接种所用水容量要计算在固体料总加水量之内，否则会使接种后含水量加大，影响培养效果。

（2）用固体种子接种固体料

包括用孢子粉、菌丝孢子混合种子菌或其他固体培养的种子菌。将种子菌于无菌条件下直接倒入无菌的固体料中即可，但必须充分搅拌使之混合均匀。一般是先把种子菌和少部分固体料混匀后再拌大堆料。

4. 穿刺接种法

此法多用于半固体、醋酸铅、三糖铁琼脂与明胶培养基的接种，操作方法和注意事项与斜面接种法基本相同。但必须使用笔直的接种针，而不能使用接种环。接种柱状高层或半高层斜面培养管时，应向培养基中心穿刺，一直插到接近管底，再沿原路抽出接种针。注意勿使接种针在培养基内左右移动，以使穿刺线整齐，并便于观察生长结果，如图 3—9 所示。

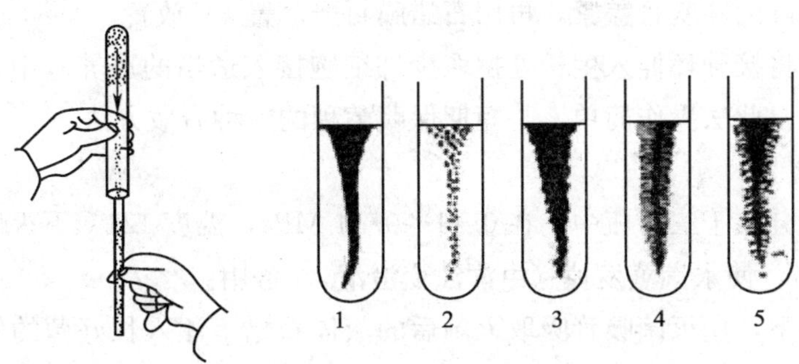

图 3—9　穿刺接种法操作及菌丝生长示意图

五、思考与练习

1. 分别记录并描绘平板划线、斜面和半固体接种的微生物生长情况和培养特征。
2. 如何确定平板上某单个菌落是否为纯培养？请写出实训的主要步骤。
3. 试述如何在接种中贯彻无菌操作的原则？
4. 以斜面上的菌种接种到新的斜面培养基为例说明操作方法和注意事项。
5. 试设计一个实训，从土壤中分离酵母菌并进行计数。

实训八　微生物菌种保藏

一、实训目的

掌握斜面低温法、穿刺法、液体石蜡法、滤纸法、砂土管法等几种不同的菌种保藏方法。

二、材料与仪器

1. 实验仪器

斜面试管、冰箱、砂土管、分样筛、真空干燥器。

2. 菌种

大肠杆菌、啤酒酵母、毛霉。

三、操作步骤

1. 斜面低温法

将菌种转接在适宜的固体培养基上，待其充分生长后，用油纸将棉塞部分包扎好(斜面试管用带帽的螺旋试管为宜，这样培养基不易干，且螺旋帽不易长霉)，置于4℃冰箱保藏。保藏时间依微生物的种类而异，霉菌、放线菌及有芽孢的细菌保存2～4个月移种一次，普通细菌最好每月移种一次，假单胞菌两周传代一次，酵母菌2个月传代一次。

2. 穿刺法

(1) 将欲保存菌种进行半固体穿刺接种，置适宜温度下培养。

(2) 将培养好的穿刺管盖紧，再用石蜡膜封严，置4℃放置。

(3) 使用时将接种环伸入生长处挑取少许细胞接入适当的培养基中，穿刺管封严后可保留以后再用。此法操作简单，是短期保藏菌种的一种有效方法。

3. 液体石蜡法

将液体石蜡分装于三角瓶中，在0.11～0.14 MPa，温度121℃下灭菌30 min，然后放在40℃温箱中，使水汽蒸发掉（由浑浊变澄清），备用。

在无菌条件下，用灭菌吸管吸取灭菌后的液体石蜡，注入长好菌的斜面或半固体穿刺培养基上，其用量以高出斜面顶端1 cm为准，使菌种与空气隔绝。将试管直立，置低温或室温下保藏。

4. **滤纸法**

（1）将滤纸剪成0.5 cm×1.2 cm的小条装入0.6 cm×8 cm的安瓿管中，每管装1～2片，用棉花塞上后经121℃灭菌30 min。

（2）用无菌的脱脂奶2～3 mL加入待保存的菌种斜面中，将菌苔刮下，制成菌悬液。

（3）用无菌滴管（或吸管）吸取菌悬液0.5～1 mL，滴在安瓿管中的滤纸条上，塞上棉花。

（4）将安瓿管放入真空干燥器中，用真空泵抽气至干燥。

（5）用火焰将安瓿管封口（距管口约4 cm），置4℃或室温存放。

（6）取用时将安瓿管破碎，取出滤纸条，用无菌水溶解干燥物，转入适当的培养基中培养。

5. **砂土管法**

（1）将砂土分别用10%盐酸浸泡2～4 h，用水冲洗直至pH值接近中性，最后一次用蒸馏水冲洗，烘干后砂子过40目筛，土过100目筛。

（2）将砂与土按3∶1比例混合（或其他比例）均匀后，装入10 mm×100 mm的小试管中，每管装1 cm高，塞上棉塞，灭菌，然后烘干，抽样无菌试验，直至证明无菌后使用。

（3）在欲保存的斜面菌种中注入2～3 mL无菌水，用接种环轻轻将菌苔刮下，制成菌悬液。

（4）每支砂土管加入0.5 mL菌悬液（刚刚使砂土湿润为宜），用接种环拌匀。

（5）将装有菌悬液的砂土管放入真空干燥器内（内装干燥剂）用真空泵抽干水分后火焰封口（也可用橡皮塞或棉塞封住试管口）。

（6）置4℃冰箱或室温干燥处保存。

四、思考与练习

1. 菌种保藏记录结果

菌种名称	保藏记录	保藏方法	保藏日期	存放条件	经手人

2. 根据实训体验，谈谈1～2种菌种保藏方法的利弊。

3. 你认为哪些因素影响菌种的存活性？

第四章　微生物在食品生产中的应用

学习目标

1. 了解细菌在食醋、乳酸制品、谷氨酸钠生产中的应用。

2. 了解酵母菌在啤酒、果酒、白酒及面包的生产工艺及单细胞蛋白开发中的应用。

3. 了解霉菌在酱类、酱油、柠檬酸生产中主要菌种的特征及其作用。

4. 了解食品生产中的微生物酶制剂种类及其应用情况。

第一节　细菌在食品生产中的应用

微生物用于食品生产是人类利用微生物的最早、最重要的一个方面，在我国已有数千年的历史。在食品工业中，可利用细菌生产出许多食品，如食醋、酸奶、味精及种类繁多的调味品等。下面选择几种用细菌生产的典型食品作简要介绍。

一、细菌在食醋生产中的应用

食醋是我国劳动人民在长期的生产实践中生产出来的一种酸性调味品，它能增进食欲，帮助消化，在人们饮食生活中不可缺少。全国各地生产的食醋品种较多。著名的山西陈醋、镇江香醋、四川保宁醋、福建永春老醋（福建红曲老醋）是中国四大名醋。食醋按加工方法可分为合成醋、酿造醋、再制醋三大类。其中产量最大且与人们关系最为密切的是酿造醋，它是用粮食等淀粉质为原料，经微生物制曲、糖化、酒精发酵、醋酸发酵等阶段酿制而成。其主要成分除醋酸（3%～6%）外，还含有各种氨基酸、有机酸、糖类、维生素、醇和酯等营养成分及风味成分，具有独特的色、香、味。它不仅是调味佳品，长期食用对身体健康也十分有益。

1. 典型食醋生产菌种

传统工艺酿醋是利用自然界中的野生菌制曲、发酵，因此涉及的微生物种类繁多。新法制醋均采用人工选育的纯培养菌株进行制曲、酒精发酵和醋酸发酵，因而发酵周期短、原料利用率高。

（1）淀粉液化、糖化微生物

淀粉液化、糖化微生物能够产生淀粉酶、糖化酶。使淀粉液化、糖化的微生物很多，而适合于酿醋的主要是曲霉菌。常用的曲霉菌种有：

1）甘薯曲霉 AS3.324，因适用于甘薯原料的糖化而得名。该菌生长适应性好、易培养、有较强活力的单宁酶，适合于甘薯及野生植物等酿醋；

2）东酒一号，它是 AS3.758 的变异株，培养时要求较高的湿度和较低的温度，上海地区应用此菌制醋较多；

3）黑曲霉 AS3.4309（UV－11），该菌糖化能力强、酶系纯，最适宜培养温度为32℃。制曲时，前期菌丝生长缓慢，当出现分生孢子时，菌丝迅速蔓延；

4）宇佐美曲霉 AS3.758，是日本在数千种黑曲霉中选育出来的糖化力极强、耐酸性较高的糖化型淀粉酶菌种。菌丝黑色至黑褐色，孢子成熟时呈黑褐色。能同化硝酸盐，其生酸能力很强，对制曲原料适宜性也比较强。

此外还有米曲霉菌株：沪酿 3.040、沪酿 3.042（AS3.951）、AS3.863 等；黄曲霉菌株：AS3.800，AS3.384 等。

（2）酒精发酵微生物

生产上一般采用酵母属中的酵母，但不同的酵母菌株，其发酵能力不同，产生的滋味和香气也不同。北方地区常用 1300 酵母，上海香醋选用工农 501 黄酒酵母。K 字酵母适用于以高粱、大米、甘薯等为原料酿制普通食醋。AS2.109、AS2.399 适用于淀粉质原料，而 AS2.1189、AS2.1190 适用于糖蜜原料。

（3）醋酸发酵微生物

1）醋酸菌的选择与菌种制作：醋酸菌是醋酸发酵的主要菌种，醋酸菌具有氧化酒精生成醋酸的能力，其细胞形态呈椭圆形杆状，革兰氏染色阳性，无芽孢，有鞭毛或无鞭毛，运动或不运动，醋酸杆菌属的形态不稳定，细胞老化或在不适宜条件下培养时，菌细胞常出现多形态性；其中极生鞭毛菌不能将醋酸氧化为 CO_2 和 H_2O，而周生鞭毛菌可将醋酸氧化成 CO_2 和 H_2O。不产生色素，液体培养形成菌膜。

醋酸菌在充分供给氧的情况下生长繁殖，并把基质中的乙醇氧化为醋酸，这是一个生物氧化过程，其总反应式为：

$$C_2H_5OH+O_2 \longrightarrow CH_3COOH+H_2O$$

醋酸菌能利用葡萄糖、果糖、蔗糖、麦芽糖、酒精作为碳源，可利用蛋白质水解物、尿素、硫酸铵作为氮源，生长繁殖需要的无机元素有 P、K、Mg。醋酸菌严格好氧，接触酶反应阳性，具有醇脱氢酶、醛脱氢酶等氧化酶类，因此除能氧化酒精生成醋酸外，还可氧化其他醇类和糖类生成相应的酸和酮。具有一定产酯能力。最适生长温度30～35℃，不耐热。最适生长 pH 值为 3.5～6.5。某些菌株耐酒精和耐醋酸能力强。不耐食盐，因此醋酸发酵结束后，添加食盐除调节食醋风味外，还可防止醋酸菌继续将醋酸氧化为二氧化碳和水。

醋厂选用的醋酸菌的标准为：氧化酒精速度快、耐酸性强、不再分解醋酸制品、风味良好的菌种。目前国内外在生产上常用的醋酸菌有：

①奥尔兰醋杆菌：它是法国爱尔兰地区用葡萄酒生产醋的主要菌种。生长最适宜温

度为 30℃。该菌能产生少量的酯，产酸能力较弱，但耐酸能力较强。

②许氏醋杆菌：它是法国有名的速酿醋菌种，也是目前制醋工业较重要的菌种之一。在液体中生长的最适宜温度为 25～27.5℃，固体培养的最适宜温度为 28～30℃，最高生长温度 37℃。该菌产酸高达 11.5%。对醋酸没有进一步氧化作用。

③AS1.41 醋酸菌：它属于恶臭醋酸杆菌，是我国酿醋常用菌株之一。该菌细胞呈杆状，常呈链状排列，单个细胞大小为（0.3～0.4）μm×（1～2）μm，无运动性、无芽孢。在不良的环境条件下，细胞会伸长变成线形、棒形或管状膨大。平板培养时菌落隆起，表面平滑，菌落呈灰白色，液体培养时则形成菌膜。该菌生长的适宜温度为 28～30℃，生成醋酸的最适宜的温度为 28～33℃，最适宜 pH 值为 3.5～6.0，耐受酒精浓度为 8%（体积分数）。最高产醋酸为 7%～9%，产葡萄糖酸力弱，能氧化分解醋酸为二氧化碳和水。

④沪酿 1.01 醋酸菌：它是从丹东速酿醋中分离得到的，是我国食醋工厂常用的菌种之一。该菌细胞呈杆形，常呈链状排列，菌体无运动性，不形成芽孢。在含酒精的培养液中，常在表面生长，形成淡青灰色薄层菌膜。在不良的条件下，细胞会伸长，变成线状或棒状，有的呈膨大状、分支状。该菌由酒精生成醋酸的转化率平均高达 93%～95%。

2）醋酸菌种制备工艺流程：斜面原种→斜面菌种（30～32℃，48 h）→三角瓶液体菌种（一级种子 30～32℃，振荡 24 h）→种子罐液体菌种（二级种子）→（30～32℃，通气培养 22～24 h）→醋酸菌种子。

3）醋酸菌种的培养及保藏：首先配置斜面试管培养基。下面是斜面试管培养基两例：

酒精（6%）100 mL，葡萄糖 0.3 g，酵母膏 1 g，$CaCO_3$ 1.5 g，琼脂 2.5 g；

葡萄糖 1 g，酒精 2 mL，碳酸钙（$CaCO_3$）1.5 g，酵母膏 1 g，琼脂 2.5 g，水 100 mL。pH 值自然（各种成分先加热溶解后再将酒精加热）。

斜面接种醋酸菌后置于 30～32℃恒温箱内培养 48 h。醋酸菌因为没有孢子，所以容易被自己所产生的酸杀死。在醋酸菌中，特别是能产生香酯的菌种每过十几天即死亡，因此宜保藏在 0～4℃冰箱内备用。由于培养基中已加入碳酸钙，可中和产生的酸，所以保藏时间长一些。

2. 生产原料

目前酿醋生产用的主要原料有：薯类，如甘薯、马铃薯等；粮谷类，如玉米、大米等；粮食加工下脚料如碎米、麸皮、谷糠等；果蔬类，如苹果、葡萄、胡萝卜等；野生植物，如橡子、菊芋等。生产食醋除了上述主要原料外，还需要疏松材料如谷壳、玉米芯等，使发酵料通透性好，好氧微生物能良好生长。

3. 生产工艺

目前有固态法食醋生产和液体深层发酵两种制醋生产工艺。

固态法食醋生产是我国食醋生产的传统工艺，酿醋原料长江以南以糯米和大米（粳米）为主，长江以北以高粱和小米为主。现多以碎米、玉米、甘薯、甘薯干、马铃薯、马铃薯干等代用。原料先经蒸煮、糊化、液化及糖化，使淀粉转变为糖，再用酵母使其发酵生成乙醇，然后在醋酸菌的作用下使醋酸发酵，将乙醇氧化生成醋酸。采用这类发酵工艺生产的产品，在体态和风味上都具有独特风格。其工艺流程为：甘薯干或碎米、高粱→粉碎→添加麸皮、谷糠→润水浸渍→蒸煮→冷却过筛→接种麸曲、酒母→加水拌匀→入缸→淀粉糖化、酒精发酵、倒醅→接种醋母→添加粗谷糠拌匀→醋酸发酵、倒醅→加盐→后熟→淋醋→陈酿→澄清→配兑→煎醋（杀菌）→成品。

液体深层发酵制醋是利用发酵罐通过液体深层发酵生产食醋的方法，通常是将淀粉质原料经液化、糖化后先制成酒醪或酒液，然后在发酵罐里完成醋酸发酵。液体深层发酵法制醋具有机械化程度高、操作卫生条件好、原料利用率高（可达65%～70%）、生产周期短、产品的质量稳定等优点。缺点是醋的风味较差。

二、细菌在乳酸制品生产中的应用

乳酸是细菌发酵最常见的最终产物，一些能够产生大量乳酸的细菌称为乳酸细菌。在乳酸发酵过程中，发酵产物中只有乳酸的，称为同型乳酸发酵；发酵产物中除乳酸外，还有乙醇、乙酸及 CO_2 等其他产物的，称为异型乳酸发酵。

乳酸发酵还被广泛地应用于发酵乳、泡菜、酸菜以及青储饲料中，由于乳酸细菌活动的结果，积累了乳酸，可以抑制其他微生物的发展，使蔬菜、饲料得以保存。另外，近代发酵工业多采用淀粉为原料，先经糖化，再接种乳酸细菌进行乳酸发酵生产纯乳酸。

1. 典型乳酸菌菌种

（1）保加利亚乳杆菌

保加利亚乳杆菌固体培养基生长的菌落呈棉花状，易与其他乳酸菌区别。能利用葡萄糖、果糖、乳糖进行同型乳酸发酵产生D型乳酸（有酸涩味，适口性差），不能利用蔗糖。该菌是乳酸菌中产酸能力最强的菌种，其产酸能力与菌体形态有关，菌形越大，产酸越多，最高产酸量2%；如果菌形为颗粒状或细长链状，产酸较弱，最高产酸量1.3%～2.0%。蛋白质分解力较弱，发酵乳中可产生香味物质乙醛。最适生长温度37～45℃，温度高于50℃或低于20℃不生长。常作为发酵酸奶的生产菌。

（2）嗜酸乳杆菌

嗜酸乳杆菌细胞形态比保加利亚乳杆菌小，呈细长杆状，能利用葡萄糖、果糖、乳糖和蔗糖进行同型乳酸发酵产生DL型乳酸，其生长繁殖需要一定的维生素等生长因子，37℃培养生长缓慢，2～3 d可使牛乳凝固。因而，在发酵剂制造及嗜酸菌乳生产中，常在原料乳培养基中添加5%的番茄汁或胡萝卜汁。蛋白质分解力较弱。最适生长温度37℃，20℃以下不生长，耐热性差。最适生长pH值为5.5～6.0，耐酸性强，能在其他乳酸菌不能生长的酸性环境中生长繁殖。嗜酸乳杆菌是能够在人体肠道定殖的少数有益微生物菌群之一，其代谢产物有机酸和抗菌物质——乳杆菌素可抑制病原菌和腐败菌的生长。

（3）嗜热链球菌

嗜热链球菌细胞形态呈链球状，某些菌株若不经过中间牛乳培养则在固体培养基上得不到菌落。能利用葡萄糖、果糖、乳糖和蔗糖进行同型乳酸发酵产生L型乳酸（适口性好)，可使牛乳凝固。蛋白质分解力较弱，在发酵乳中可产生香味物质双乙酰。该菌的主要特征是能在高温条件下产酸，最适生长温度40～45℃，温度低于20℃不产酸。耐热性强，能耐65～68℃的高温。常作为发酵酸乳、瑞士干酪的生产菌。

(4) 乳酸链球菌

乳酸链球菌细胞形态呈双球、短链或长链状，同型乳酸发酵。牛乳随便放置时，牛乳的凝固90%是由该菌所致。产酸能力弱，最大乳酸生物量0.9%～1.0%。可在4% NaCl肉汤培养基和0.3%亚甲基蓝牛乳中生长，能水解精氨酸产生NH_3，对温度适应范围广泛，10～40℃均产酸，最适宜生长温度30℃。而对热抵抗力弱，60℃ 30 min全部死亡。常作为干酪、酸制奶油及乳酒和酸泡菜发酵剂菌种。

(5) 肠膜状明串珠菌

肠膜状明串珠菌固体培养时，菌落直径小于1.0 mm；液体培养，浑浊均匀。细胞球形或豆状，成对或短链排列。利用葡萄糖进行异型乳酸发酵，在高浓度的蔗糖溶液中生长合成大量的荚膜物质——葡聚糖，形成特征性黏液。最适宜生长温度25℃，生长的pH值范围3.0～6.5，具有一定嗜渗压性，可在含4%～6%的NaCl培养基中生长。该菌不仅是酸泡菜发酵重要的乳酸菌，而且已被用于生产右旋糖苷的发酵菌株，右旋糖苷是代血浆的主要成分。

(6) 片球菌

片球菌细胞球形，成对或四联状排列。革兰氏染色阳性，无芽孢，不运动，固体培养，菌落大小可变，直径1.0～2.5 mm。无细胞色素，化能异养型，生长繁殖需要复合生长因子：烟酸、泛酸、生物素和氨基酸，不需要硫胺素、对一氨基苯甲酸和钴胺素。利用葡萄糖进行同型乳酸发酵产生DL型或L型乳酸。通常不酸化和凝固牛乳，不分解蛋白质，兼性厌氧。生长温度范围25～40℃，最适宜生长温度30℃。该属中嗜盐片球菌耐NaCl浓度18%～20%，是参与酱油酿造的重要乳酸菌；乳酸片球菌可在含6%～8%的NaCl环境中生长，耐NaCl浓度13%～20%，是酸泡菜发酵中重要的乳酸菌。

(7) 双歧杆菌属

细胞呈多样形态：Y字形、V字形、弯曲状、勺形，典型形态为分叉杆菌，因而取名bifidus（拉丁语原是分开、裂开之意）。革兰氏染色阳性，无芽孢和鞭毛，不运动。化能异养型，对营养要求苛刻，生长繁殖需要多种双歧因子（能促进双歧杆菌生长，不被人体吸收利用的天然或人工合成的物质），能利用葡萄糖、果糖、乳糖和半乳糖，生成乳酸和乙酸及少量的甲酸和琥珀酸。蛋白质分解力微弱，能利用铵盐作为氮源，专性厌氧，对氧的敏感性存在不同菌种或菌株的差异，多次传代培养后，菌株的耐氧性增强。生长温度范围25～45℃，最适宜生长温度37℃。生长pH值范围4.5～8.5，最适宜生长起始pH值6.5～7.0，不耐酸，酸性环境（pH≤5.5）对菌体存活不利。目前已知的双歧杆菌共有24种，其中9种存在于人体肠道内，它们是两歧双歧杆菌、长双歧杆菌、短双歧杆菌、婴儿双歧杆菌、链状双歧杆菌、假链状双歧杆菌和牙双歧杆菌等。应用于发酵乳制品生产的仅为前面5种。

双歧杆菌是人体肠道的有益菌群，它可定殖在宿主的肠黏膜上形成生物学屏障，具有拮抗致病菌、改善微生态平衡、合成多种维生素、提供营养、抗肿瘤、降低内毒素、提高免疫力、保护造血器官和降低胆固醇水平等重要生理功能，其促进人体健康的有益作用，远远超过其他乳酸菌。

双歧杆菌除了在酸奶中起到和其他乳酸菌一样的对乳营养成分的“预消化”作用，使鲜乳中的乳糖、蛋白质水解成为更易为人体吸收利用的小分子以外，主要产生双歧杆菌素。其对人体肠道中的致病菌如沙门氏菌、金黄色葡萄球菌、志贺氏菌等具有明显的杀灭效果。乳中的双歧杆菌还能分解积存于肠胃中的致癌物N－亚硝基胺，防止肠道癌变，并能通过诱导作用产生细胞干扰素和促细胞分裂剂，从而促进免疫球蛋白的产生、活化巨噬细胞的功能，提高人体的免疫力，增强人体对癌症的抵抗和免疫能力。

目前双歧杆菌制品生产规模和产量逐年增加，品种已有70多种，产品形式分为液态型和固态型两种。液态产品有：双歧杆菌发酵乳饮料、双歧杆菌口服液、双歧杆菌果蔬复合汁饮料。固态产品有：双歧杆菌乳粉和干酪、双歧杆菌干制糖果和糕点、双歧杆菌粉剂和胶囊。

2. 典型乳酸制品生产工艺

（1）凝固型酸乳的生产

原料鲜乳→净化→标准化→均质→杀菌→冷却→接种→分装→发酵→冷却→冷藏后熟→成品。

（2）搅拌型酸奶的生产

搅拌型酸奶即纯酸奶，它与凝固型酸奶生产工艺基本相似，所不同的是：前者为先发酵，再搅拌，后分装；后者为先分装，后发酵，不搅拌。工艺流程如下：原料鲜乳→净化→标准化调制→均质→杀菌→冷却→接种发酵剂→发酵→搅拌破乳→冷却→分装→冷藏后熟→成品。

（3）饮料型酸乳的生产

饮料型酸乳的生产是将酸凝乳与适量无菌水、稳定剂和香精混合，再经均质处理、分装、冷却后制成凝乳粒子直径0.01 mm以下、液体状的酸牛乳。工艺流程如下：原料鲜乳→净化→标准化调制→均质→杀菌→冷却→接种发酵剂→发酵→混合（无菌水、稳定剂、香精）→均质→分装→冷却→成品→入库冷藏。

（4）果蔬汁乳酸菌发酵饮料的生产

工艺流程如下：番茄→清洗→热烫→榨汁→均质→调节pH值→杀菌→冷却→接种发酵剂→发酵→加糖调配→包装→成品。

三、细菌在味精生产中的应用

味精又称味素，是调味料的一种，主要成分为谷氨酸钠。味精的主要作用是增加食品的鲜味，在中国菜里用得最多，也可用于汤和调味汁。最初的味精是利用海带提取，后来以面筋或大豆粕为原料通过用酸水解的方法生产味精。这些方法具有消耗大、成本高、劳动强度大、对设备要求高等缺点。自1965年以后我国味精厂都采用以粮食为原料（玉米淀粉、大米、小麦淀粉、甘薯淀粉）通过微生物发酵、提取、精制而得到符合国家标准的谷氨酸钠。

1. 典型谷氨酸生产菌

在已报道的谷氨酸产生菌中，除芽孢杆菌外，虽然它们在分类学上属于不同的属种，但都有一些共同的特点，如菌体为球形、短杆至棒状、无鞭毛、不运动、不形成芽孢、呈革兰氏阳性、需要生物素、在通气条件下培养产生谷氨酸。谷氨酸生产菌种主要有谷氨酸棒杆菌、乳糖发酵短杆菌和黄色短杆菌。我国使用的生产菌株是北京棒杆菌AS1.299、北京棒杆菌D110、钝齿棒杆菌AS1.542、棒杆菌S-914和黄色短杆菌T6～13等。

(1) 北京棒杆菌AS1.299

细胞呈短杆或棒状，有时略呈弯曲状，两端钝圆，排列为单个、成对或V字形。革兰氏染色阳性，无芽孢，无鞭毛，不运动。普通肉汁固体平皿培养。化能异养型，能利用葡萄糖、果糖、甘露糖、麦芽糖、不分解淀粉和纤维素。铵盐和尿素均可作为氮源，能还原硝酸盐。要求多种无机离子，需要生物素作为生长因子，同时加入硫胺素具有明显的促生长作用。好氧或兼性厌氧，最适生长温度30～32℃，最适生长pH值为6.0～7.5。在含7.5%NaCl或2.6%尿素肉汁培养基中生长良好，10%的NaCl或3%尿素生长受到抑制。不受钝齿棒杆菌AS1.542噬菌体侵染。

(2) 钝齿棒杆菌AS1.542

细胞呈短杆或棒状，两端钝圆，排列为单个、成对或V字形。革兰氏染色阳性，无芽孢，无鞭毛，不运动。细胞内次极端有异染颗粒并存在数个横隔。普通肉汁固体平皿培养，菌落扁平，呈草黄色，表面湿润无光泽，边缘较薄呈钝齿状，不产水溶性色素，直径3～5 mm。化能异养型，能利用葡萄糖、果糖、甘露糖、麦芽糖、蔗糖、水杨苷、七叶灵以及乙酸、柠檬酸、乳酸、葡萄糖酸、延明羧酸等多种有机酸作为碳源迅速进行谷氨酸发酵，不分解淀粉、纤维素、油脂和明胶。铵盐和尿素均可作为氮源，能还原硝酸盐，不同化酪蛋白。要求多种无机离子，需要生物素作为生长因素。好氧或兼性厌氧，20～37℃生长良好，39℃生长微弱，最适宜生长温度30℃。pH值6～9时生长良好，pH值为10时生长减弱，pH值为4～5时不生长。在含7.5%NaCl或2.5%尿素肉汁培养基中生长良好，10%NaCl和3%尿素生长受到抑制。不受北京棒杆菌1.299的噬菌体侵染。

2. 生产原料

发酵生产谷氨酸的原料包括淀粉质原料：玉米、小麦、甘薯、大米等。其中甘薯和淀粉最为常用；糖蜜原料：甘蔗糖蜜、甜菜糖蜜；氮原料：尿素或氨水。

3. 生产工艺

淀粉质原料→粉碎→调浆→水解糖化→冷却→中和→脱色→过滤→添加氮源、无机盐和生长因子→接种二级种子→谷氨酸发酵→谷氨酸提取→加碱中和→除铁脱色→浓缩→干燥→过筛→包装→成品味精。

四、细菌在黄原胶生产中的应用

黄原胶别名汉生胶，又称黄单胞多糖，是国际上20世纪70年代发展起来的新型发酵产品。它是由甘蓝黑腐病黄单胞细菌以碳水化合物为主要原料，经通风发酵、分离提纯后得到的一种微生物高分子酸性胞外杂多糖，作为一种新型优良的天然食品添加剂，其用途越来越广泛。

1. 黄原胶的生产菌种

黄原胶生产有广泛的微生物来源，黄单胞菌属的许多种类菌株都能产生黄原胶。目前，国内外用于生产黄原胶的菌种大多是从甘蓝黑腐病病株上分离到的甘蓝黑腐病黄单胞菌，也称野油菜黄单胞菌。另外生产黄原胶的菌种还有菜豆黄单胞菌、锦葵黄单胞菌和胡萝卜黄单胞菌等。我国目前已开发出的菌株有南开－01.山大－152.008.L4 和 L5。这些菌株一般呈杆状，革兰氏染色阴性，产荚膜，在琼脂培养基平板上可形成黄色黏稠菌落，液体培养可形成黏稠的胶状物。

2. 生产原料

黄原胶发酵培养基的碳源一般是糖类、淀粉等碳水化合物。在黄单胞菌菌体内酶的作用下，1，6－糖苷键被打开，形成直链多糖，经进一步转化，最终变成产物黄原胶。氮源一般以鱼粉和豆饼粉为主。另外，还添加一些微量无机盐，如铁、锰、锌等的盐类，特别是轻质碳酸钙以及 NaH_2PO_4 和 $MgSO_4$，它们对黄原胶的合成有明显的促进作用。

3. 生产工艺

菌种的扩培→发酵原料配比→发酵→发酵条件控制→分离→提纯→干燥。

第二节　酵母在食品生产中的应用

酵母菌与人们的生活有着十分密切的关系，几千年来人们利用酵母菌制作出许多营养丰富、味道鲜美的食品和饮料。目前，酵母菌在食品工业中占有极其重要的地位。利用酵母菌生产的食品种类很多，如黄酒、白酒、啤酒、果酒和面包等。我国是一个白酒生产大国，也是一个酒文化文明古国，酿酒具有悠久的历史，许多独特的酿酒工艺在世界上独领风骚，深受世界各国赞誉，产品种类繁多，而且形成了各种类型的名酒，如四川五粮液酒、贵州茅台酒、青岛啤酒、绍兴黄酒等。酒的品种不同，酿酒所用的酵母以及酿造工艺也不同，而且同一类型的酒各地也有自己独特的工艺。

一、酵母在啤酒生产中的应用

啤酒酿造是以大麦或小麦、水为主要原料，以大米或其他未发芽的谷物、酒花为辅助原料；大麦经过发芽产生多种水解酶类制成麦芽；借助麦芽本身多种水解酶类将淀粉和蛋白质等大分子物质分解为可溶性糖类、糊精以及氨基酸、肽、胨等低分子物质制成麦芽汁；麦芽汁通过酵母菌的发酵作用生成酒精和 CO_2 以及多种营养和风味物质；最后经过过滤、包装、杀菌等工艺制成 CO_2 含量丰富、酒精含量仅 3%～4%、富含多种营养成分、酒花芳香、苦味爽口的饮料酒，即成品啤酒。

1．生产菌种

在生产中，啤酒酵母菌种要求应具有以下优良性状：生长繁殖力强、发酵活力高；代谢产物能够赋予啤酒良好的风味；凝聚性强、沉降速度快，发酵结束易与发酵液分离，便于菌体回收。目前工业生产中应用较多的菌种有啤酒酵母和卡尔酵母。

（1）啤酒酵母

化能异养型，能发酵葡萄糖、果糖、半乳糖、蔗糖、麦芽糖和麦芽三糖以及 1/3 的棉子糖，不发酵蜜二糖、乳糖和甘油醛，也不发酵淀粉、纤维素等多糖。不分解蛋白质，可同化氨基酸和氨态氮，不同化硝酸盐。需要 B 族维生素和 P、S、Ca、Mg、K、Fe 等无机元素。兼性厌氧，有氧条件下，将可发酵性糖类通过有氧呼吸作用彻底氧化为 CO_2 和 H_2O，释放大量能量供细胞生长；无氧条件下，使可发性糖类通过发酵作用生成酒精和 CO_2，释放较少能量供细胞生长。最适宜生长温度 25℃，发酵最适宜温度 10～25℃。最适宜发酵 pH 值范围为 4.5～6.5。真正发酵度达 60%～65%。麦芽汁固体培养，菌落呈乳白色，不透明，有光泽，表面光滑湿润，边缘略呈锯齿状；随培养时间延长，菌落颜色变暗，失去光泽。麦芽汁液体培养，表面产生泡沫，液体变混，培养后期菌体悬浮在液面上形成酵母泡盖。

根据酵母在啤酒发酵液中的性状，可将它们分成两大类：上面啤酒酵母和下面啤酒酵母。上面啤酒酵母在发酵时，酵母细胞随 CO_2 浮在发酵液面上，发酵终了形成酵母泡盖，即使长时间放置，酵母也很少下沉。下面啤酒酵母在发酵时，酵母悬浮在发酵液内，在发酵终了时酵母细胞很快凝聚成块并沉积在发酵罐底。国内啤酒厂一般都使用下面啤酒酵母生产啤酒。

（2）卡尔酵母

化能异养型，能发酵葡萄糖、果糖、半乳糖、蔗糖、麦芽糖、蜜二糖、麦芽三糖和甘油醛以及全部的棉子糖，不发酵乳糖以及淀粉、纤维素等多糖。不分解蛋白质，不还原硝酸盐，可同化氨基酸和氨态氮。需要 B 族维生素以及 P、S、Ca、Mg、K、Fe 等无机离子。兼性厌氧，有氧条件下，将可发性糖类通过有氧呼吸作用彻底氧化为 CO_2 和 H_2O，释放大量能量供菌体繁殖；无氧条件下，使可发酵性糖类通过发酵作用生成酒精和 CO_2，释放较少能量供细胞繁殖。最适宜生长温度 25℃，啤酒发酵最适宜温度 5～10℃。最适宜发酵 pH 值范围为 4.5～6.5，真正发酵度为 55%～60%。

2．生产工艺

（1）啤酒酵母的扩大培养流程

扩大培养是将实验室保存的纯种酵母逐步增殖，使酵母数量由少到多，直至达到一定数量后，供生产需要的酵母培养过程。啤酒酵母的扩大培养流程如下：斜面试管→5 mL麦芽汁试管 3 支（各活化 3 次）→25 mL 麦芽汁试管 3 支→250 mL 麦芽汁三角瓶 3 支→3 L 麦芽汁三角瓶 3 支→100 L 铝桶 1 只（第 1 次加麦芽汁 18 L 第 2 次加麦芽汁 73 L）→100 L 大缸 3 只（一次加满）→1T 增殖槽 1 只（加麦芽汁 600 L）→5T 发酵槽（第一次加麦芽汁 1.8T 第二次加麦芽汁 3.2T）。

（2）啤酒酿造工艺流程

啤酒酿造工艺流程如下：原料大麦→清选→分级→浸渍→发芽→干燥→麦芽及辅料粉碎→糖化→过滤→麦汁煮沸→麦汁沉淀→麦汁冷却→接种→酵母繁殖→主发酵→后发酵→过滤→包装→杀菌→贴标→成品。

用于生产上的啤酒酵母种类繁多。不同的菌株，在形态和生理特性上不一样，在形成双乙酰高峰值和双乙酰还原速度上都有明显差别。在整个啤酒发酵过程中，酵母在厌氧环境中，利用葡萄糖除了产生乙醇和 CO_2 外，还生成乳酸、醋酸、柠檬酸、苹果酸和琥珀酸等有机酸，同时有机酸和低级醇进一步聚合成酯类物质；经过麦芽中所含的蛋白质降解酶将蛋白质降解成胨、肽后，酵母菌自身含有的氧化还原酶继续将低含氮化合物进一步转化成氨基酸和其他低分子物质。这些复杂的发酵产物决定了啤酒的风味、泡特性、色泽及稳定性等各项指标，造成啤酒风味各异，使啤酒具有独特的风格。

二、酵母在果酒生产中的应用

果酒酿造是以多种水果如葡萄、苹果、梨、橘子、山楂、杨梅、猕猴桃等为原料，经过破碎、压榨，制取果汁；果汁通过酵母菌的发酵作用形成原酒；原酒再经陈酿、过滤、调配、包装等工艺制成酒精含量 8.5%以上、含多种营养成分的饮料酒，称为果酒。在各种果酒中葡萄酒是主要品种，葡萄酒是由新鲜葡萄或葡萄汁通过酵母的发酵作用而制成的一种低酒精含量的饮料，是产量居世界第二位的饮料酒种。葡萄酒质量的好坏和葡萄品种及酒母有着密切的关系，因此在葡萄酒生产中葡萄的品种、酵母菌种的选择是相当重要的。

1. 果酒的主要种类

果酒一般以所用的原料来命名，如葡萄酒、苹果酒、梨酒等。根据分类标准，不同酿制方法的果酒可分为发酵酒、蒸馏酒、露酒和汽酒。发酵酒用果汁或果浆经酒精发酵酿制而成；蒸馏酒由发酵果酒经蒸馏后制成，如白兰地、水果白酒。露酒用果实、果汁或果皮经酒精浸泡、兑制而成。汽酒是含 CO_2 的果酒。

2. 葡萄酒酵母

葡萄酒酵母属于啤酒酵母的椭圆变种，简称椭圆酵母。主要是无性繁殖，以单端（顶端）出芽繁殖。在条件不利时也易形成 1～4 个子囊孢子。子囊孢子为圆形或椭圆形，表面光滑。在显微镜下（500 倍）观察，葡萄酒酵母常为椭圆形、卵圆形，一般为（3～10）μm×（5～15）μm，细胞丰满，在葡萄汁琼脂培养基上，25℃培养 3 d，形成圆形菌落，色泽呈奶黄色，表面光滑，边缘整齐，中心部位略凸出，质地为明胶状，很易被接种针挑起，培养基无颜色变化。

化能异养型，可发酵葡萄糖、果糖、半乳糖、蔗糖、麦芽糖、麦芽三糖以及 1/3 的棉子糖，不发酵蜜二糖、乳糖和甘油醛，也不发酵淀粉、纤维素等多糖。不分解蛋白质，不还原硝酸盐，可同化氨基酸和氨态氮。需要 B 族维生素和 P、S、Ca、Mg、K、Fe 等无机元素。兼性厌氧，有氧条件下，将可发性糖类通过有氧呼吸作用彻底氧化为 CO_2 和 H_2O，释放大量能量供菌体繁殖；无氧条件下，使可发酵性糖类通过发酵作用生成酒精和 CO_2，释放较少能量供细胞繁殖。最适宜生长温度 25℃，葡萄酒发酵最适宜温度15～25℃。最适宜发酵 pH 值范围为 3.3～3.5。耐酸、耐乙醇、耐高渗、耐二氧化硫能力强于啤酒酵母。葡萄酒发酵后乙醇含量达16%以上。葡萄酒酵母除了用于葡萄酒生产以外，还广泛用在苹果酒等果酒的发酵上。世界上许多的葡萄酒厂、研究所和有关院校都优选和培育出了各具特色的葡萄酒酵母的亚种和变种。如我国张裕7318酵母、法国香槟酵母和匈牙利多加意酵母等。

优良葡萄酒酵母具有以下特性：除葡萄（其他酿酒水果）本身的果香外，酵母也产生良好的果香与酒香；能将糖分全部发酵完，残糖在4 g/L以下；具有较高的对二氧化硫的抵抗力；具有较高发酵能力，一般可使酒精含量达到16%以上；有较好的凝集力和较快的沉降速度；能在低温（15℃）或果酒适宜温度下发酵，以保持果香和新鲜清爽的口味。

3. 果酒酿造工艺

（1）酵母扩大培养（以葡萄酒酒母培养为例）

从斜面试管菌种到生产使用的酒母，需经过数次扩大培养，每次扩大倍数为10～20倍。工艺流程如下：斜面试管菌种（活化）→麦芽汁斜面试管培养（10倍）→液体试管培养（12.5倍）→三角瓶培养（12倍）→玻璃瓶（或卡氏罐）（20倍）→酒母罐培养→酒母。

（2）果酒生产工艺流程

水果→分选→洗涤→破碎→压榨→果汁→成分调整→添加SO_2、接种酒母→主发酵→后发酵→陈酿→冷、热处理→过滤→调配→灌酒→杀菌→贴标→成品。

三、酵母在白酒生产中的应用

白酒是我国特有的一种蒸馏酒，又称烧酒、老白干、烧刀子等。生产中利用淀粉或糖质（粮谷类）为主要原料，以曲类、酒母为糖化发酵剂，经蒸煮、糖化、发酵、蒸馏、陈酿和勾兑酿制而成酒精度在（体积分数）18%～60%的各类蒸馏酒。其酒质无色（或微黄）透明，气味芳香纯正，入口绵甜爽净，酒精含量较高，经储存老熟后，具有以酯类为主体的复合香味。我国各地区均有生产，以四川、贵州、江苏、河南、山西等地的产品最为著名。不同地区的名酒各有其突出的独特风格。我国酒厂多用固态酿造，此法采用固态糖化、固态发酵及固态蒸馏的传统工艺酿制而成的白酒，如大曲酒、小曲酒、麸曲酒和混曲酒等。

1. 白酒生产中的微生物

由于固态法酿造白酒是开放式的，所以与白酒酿造有关的微生物非常多，主要是酵母菌、细菌和霉菌。

白酒生产中常见的霉菌菌种有曲霉、根霉等。曲霉是酿酒业所用的糖化菌种，是与制酒关系最密切的一类菌。菌种的好坏与出酒率和产品的质量关系密切。白酒生产中常见的曲霉有：黑霉菌、黄曲霉、米曲霉、红曲霉。而根霉是小曲酒的糖化菌。

白酒生产中常见的酵母菌菌种有酒精酵母、产酯酵母、假丝酵母、汉逊酵母、毕赤酵母和球拟酵母等。其中产酯酵母具有产酯能力，它能使酒醅中含酯量增加，并呈独特的香气，也称为生香酵母。

白酒生产中常见的细菌菌种有乳酸菌、醋酸菌、丁酸菌、己酸菌等。大曲和酒醅中都存在乳酸菌，乳酸菌能使发酵糖类产生乳酸，乳酸通过酯化产生乳酸乙酯，使白酒具有独特的香味。固态法酿制白酒是开放式的，操作中势必感染一些醋酸菌，成为白酒中醋酸的主要来源，醋酸是白酒主要的香味成分之一。丁酸菌、己酸菌是一种梭状芽孢杆菌，生长在浓香型大曲生产使用的窖泥中，它利用酒醅浸润到窖泥中的营养物质产生丁酸和己酸。正是这些窖泥中的功能菌的作用，才产生出了窖香浓郁、回味悠长的曲酒。

2. 生产工艺

白酒生产工艺随不同的种类而大不相同，在此不可尽述。以下仅简单介绍我国最具特色的浓香型大曲酒的生产工艺。

浓香型大曲酒，也称为泸香型大曲酒，是大曲酒中产量最大的酒种。我国名酒中大多数是浓香型。如四川及江苏省出产众多的中国名酒都属于这类。浓香型大曲酒以高粱为主要原料，采用中温培养的大曲，大曲用大麦、小麦，并配以一定比例的豌豆培养而成。发酵采用泥窖作发酵容器。酿造工艺极为复杂，现代浓香型大曲酒总的工艺流程如图 4—1 所示。

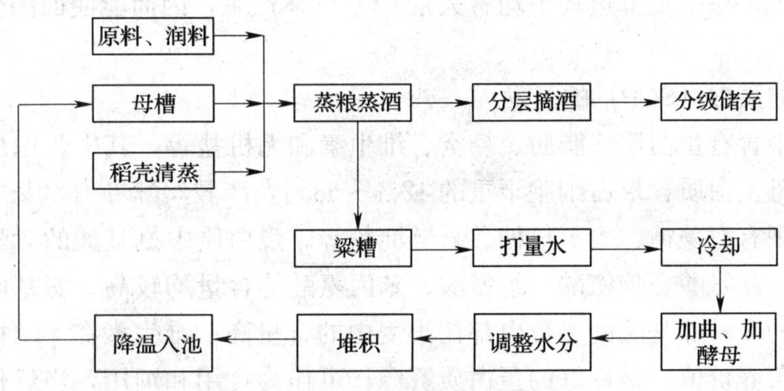

图 4—1　浓香型大曲酒的生产工艺流程图

四、酵母在面包生产中的应用

面包是产小麦国家的主食，几乎世界各国都有生产。它是以面粉为主要原料，以酵母菌、糖、油脂和鸡蛋为辅料生产的发酵食品。其营养丰富，组织蓬松，易于消化吸收，食用方便，深受消费者喜爱。

1. 面团生产中的酵母

面包生产上应用的酵母主要有鲜酵母、活性干酵母及即发干酵母。鲜酵母是酵母菌种在培养基中经扩大培养和繁殖、分离、压榨而制成。鲜酵母发酵力较低，发酵速度慢，不易储存运输，0～5℃可保存 2 个月，其使用受到一定限制。活性干酵母是鲜酵母经低温干燥而制成的颗粒酵母，发酵活力及发酵速度都比较快，且易于储存运输，使用较为普遍。即发干酵母又称速效干酵母，是活性干酵母的换代用品，使用方便，一般无须活化处理，可直接生产。活性干酵母面包发酵剂的制备工艺流程是：糖蜜→澄清处理→添加氮源、磷源→灭菌→发酵培养基→接入种子液→液体深层通气培养→冷却→酵母分离→洗涤→压榨成形→干燥→成品。

目前，我国市场上的活性干酵母有中外合资企业生产的梅山牌、安琪牌、东莞牌等产品，另外还有进口法国、荷兰、德国的产品。在选购时应注意产品的生产日期和包装密封情况，且必须注意选购适合配方要求的酵母如耐高糖与低糖的酵母。只有酵母质量有保障才能生产出高质量的面包。对于储存时间过长的酵母在生产前要对其活力进行测定。

2．**面团发酵的一般原理**

面团发酵就是在适宜条件下，酵母利用面团中的营养物质进行繁殖和新陈代谢，产生 CO_2 气体，使面团膨松，并使面团营养物质分解为人体易于吸收的物质。单糖是酵母最好的营养物质，而面粉中单糖含量很少，不能满足酵母发酵的需要。但面粉中含有相当多的淀粉酶，它将淀粉分解为麦芽糖，麦芽糖及蔗糖在酵母本身分泌的麦芽糖酶及蔗糖酶作用下可分解为单糖被酵母利用。

面包用酵母是一种典型的兼性厌氧微生物，有氧时呼吸旺盛，酵母将糖氧化分解成 CO_2 和水，并释放能量。随着发酵的进行，面团中氧气迅速减少，酵母的有氧呼吸转变为缺氧呼吸，糖被分解为酒精和少量 CO_2 及能量。实际生产中，上述两种作用是同时进行的，发酵初期，前者为主反应；发酵后期，为使发酵旺盛进行，应排除面团中的 CO_2 气体，补充空气。整个发酵过程中均有大量 CO_2 气体产生，因而能使面团膨松，形成大量蜂窝。

五、单细胞蛋白（SCP）的开发

酵母细胞中含有蛋白质、脂肪、糖类、维生素和无机盐等，其中蛋白质含量特别丰富，如啤酒酵母蛋白质含量占细胞干重的42％～53％，产假丝酵母为50％左右。糖类除糖原外，还发现有海藻糖、去氧核糖、直链淀粉等。蛋白质中氨基酸的含量除蛋氨酸比动物蛋白低外，苏氨酸、赖氨酸、组氨酸、苯丙氨酸等含量均较高，氨基酸组成比较完全。人体必需的8种氨基酸的多数也都比小麦中的含量高；维生素在14种以上，因此，它具有较高的营养价值，是良好的蛋白质资源，可作为食用和饲用，当然作为食用还需要解决一些适口性问题。

随着世界人口的不断增长和动植物资源的短缺，从微生物中获得蛋白质（单细胞蛋白）是解决人类蛋白质食物资源的一条重要而有效的途径。

微生物生长繁殖迅速，其生长条件完全受人工控制，而且由于微生物对营养物质适应性强，农副产废弃物、糖蜜、谷氨酸发酵废液、稻草、稻壳、玉米秸、酿造厂和食品厂的废渣、废液、木屑、纸浆废液、甲烷、乙烷、丙烷及短链烷烃等（见表4—1）都可以作为培养酵母的材料进行生产，以达到综合利用的目的。

表4—1　　生产SCP常用菌种及其主要原料

菌种	学名	主要原料
产朊假丝酵母	*Candida utilis*	纸浆废液、木屑等
产朊假丝酵母大细胞变种	*Candida utilis var. major*	糖蜜
日本假丝酵母	*Mycotorula japonica*	纸浆废液
热带假丝酵母	*Candida tropicalis*	短链烷烃
甲烷假单孢菌	*Pseudomonas methanica*	甲烷
毕赤氏酵母	*Pichia*	甲醇或乙醇
汉逊氏酵母	*Hansenula*	甲醇或乙醇

第三节　霉菌在食品生产中的应用

霉菌在食品加工工业中用途十分广泛，许多酿造发酵食品、食品原料的生产，如豆豉、甜面酱、酱油、柠檬酸等都是在霉菌的参与下生产加工出来的。绝大多数霉菌能把加工所用原料中的淀粉、糖类等碳水化合物、蛋白质等含氮化合物及其他种类的化合物进行转化，生产出多种多样的食品、调味品及食品添加剂。不过，在许多食品生产中，除了利用霉菌以外，还要在细菌、酵母的共同作用下来完成。在食品酿造业中，常常以淀粉质为主要原料，只有利用霉菌将淀粉转化为糖才能被酵母菌及细菌利用。

一、霉菌在酱油生产中的应用

酱油是人们常用的一种食品调味料，营养丰富，味道鲜美，在我国已有两千多年的历史。它是用蛋白质原料（如豆饼、豆粕等）和淀粉质原料（如麸皮、面粉、小麦等），利用曲霉及其他微生物的共同发酵作用酿制而成的。

酱油生产中常用的霉菌有米曲霉、黄曲霉和黑曲霉等，应用于酱油生产的曲霉菌株应符合如下条件：不产黄曲霉毒素；蛋白酶、淀粉酶活力高，有谷氨酰胺酶活力；生长快速、培养条件粗放、抗杂菌能力强；不产生异味，制曲酿造的酱制品风味好。

1. 酱油生产菌种

酱油生产所用的霉菌主要是米曲霉（Asp. Oryzae）。生产上常用的米曲霉菌株有：AS3.951（沪酿 3.042）、UE328、UE336、AS3.863、渝 3.811 等。

生产中常常是由两个菌种以上复合使用，以提高原料蛋白质及碳水化合物的利用率，提高成品中还原糖、氨基酸、色素以及香味物质的水平。除曲霉外，还有酵母菌、乳酸菌参与发酵，它们对酱油香味的形成也起着十分重要的作用。

2. 种曲工艺流程

一级种→二级种→三级种
↓
麸皮、面粉→加水混合→蒸料→过筛→冷却→接种→装匾→曲室培养→种曲

3. 成曲生产工艺流程

种曲
↓
原料→粉碎→润水→蒸料→冷却→接种→通风培养→成曲

4. 酱油生产工艺流程（见图 4—2）

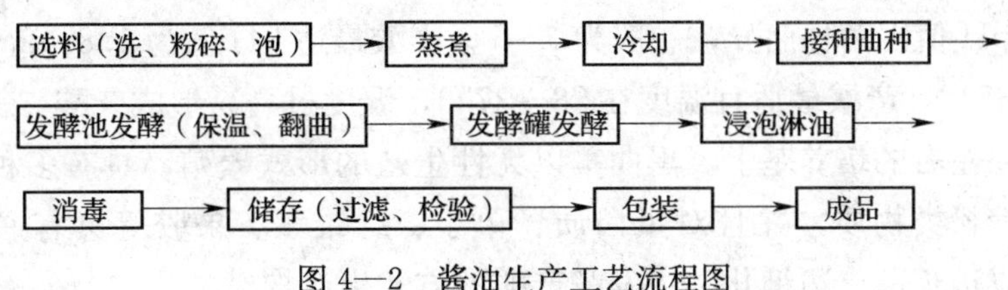

图 4—2　酱油生产工艺流程图

二、霉菌在发酵酱类生产中的应用

发酵酱类包括大豆酱、豆豉、甜面酱、豆瓣酱、蚕豆酱及其加工制品，都是由一些粮食和油料作物为主要原料，利用以米曲霉为主的微生物经发酵酿制而成的。酱类发酵制品营养丰富，易于消化吸收，既可作小菜，又是调味品，具有特有的色、香、味，价格便宜，是一种广受欢迎的大众化调味品。

用于酱类生产的霉菌主要是米曲霉，生产上常用的有沪酿 3.042、黄曲霉 Cr－1 菌株（不产生毒素）、黑曲霉（Asp. Nigerf－27）等。所用的曲霉具有较强的蛋白酶、淀粉酶及纤维素酶的活力，它们把原料中的蛋白质分解为氨基酸，淀粉变为糖类，在其他微生物的共同作用下生成醇、酸、酯等，形成酱类特有的风味。市场上的豆酱种类繁多，其生产酿造工艺也不尽相同，生产用原辅料差异很大。下面介绍几种传统发酵酱生产工艺。

1. 甜面酱生产工艺流程

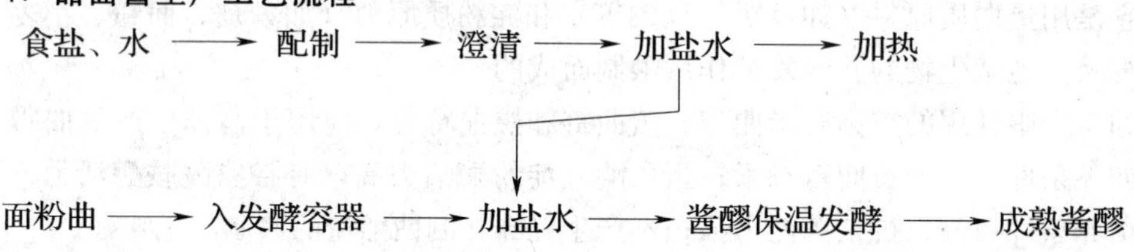

2. 大豆酱生产工艺流程

大豆曲或豆片曲→入发酵容器→加第一次盐水→保温发酵→加第二次盐水→翻酱→豆酱

三、霉菌在柠檬酸生产中的应用

柠檬酸，又名枸橼酸，外观为白色颗粒状或白色结晶粉末，无臭，具有令人愉快的强烈酸味。它天然存在于果实中，其中以柑橘、菠萝、柠檬、无花果等含量较高，早期的柠檬酸生产是以柠檬、柑橘等天然果实为原料加工而成的。由于柠檬酸是生物体主要代谢产物之一，1923 年美国科学家研究成功了以废糖蜜为原料的浅盘法柠檬酸发酵，并设厂生产。1951 年美国 Miles 公司首先采用深层发酵大规模生产柠檬酸。我国于 1968 年用薯干为原料采用深层发酵法生产柠檬酸成功，由于工艺简单、原料丰富、发酵水平高，各地陆续办厂投产，至 20 世纪 70 年代中期，我国柠檬酸工业已初步形成了生产体系。

1. 生产菌种

目前生产上常用产酸能力强的黑曲霉作为柠檬酸生产菌。黑曲霉生产菌可在薯干粉、玉米粉、可溶性淀粉糖蜜、葡萄糖麦芽糖、糊精、乳糖等培养基上生长、产酸。黑曲霉生长最适 pH 值因菌种而异，一般为 3～7；产酸最适 pH 值为 1.8～2.5。生长最适宜温度为 33～37℃，产酸最适宜温度在 28～37℃，温度过高易形成杂酸，斜面培养要求在麦芽汁 40 Be′左右的培养基上。黑曲霉以无性生殖的形式繁殖，具有多种活力较强的酶系，能利用淀粉类物质，并且对蛋白质、单宁、纤维素、果胶等具有一定的分解能力。黑曲霉可以边长菌、边糖化、边发酵产酸的方式生产柠檬酸。

2．工艺流程

柠檬酸发酵的原料有糖质原料（甘蔗废糖蜜、甜菜废糖蜜）、淀粉质原料（主要是番薯、马铃薯、木薯等）和正烷烃类原料三大类。以薯干粉为原料的液体深层发酵工艺流程为：

斜面菌种→麸曲瓶→种子
↓
薯干粉→调浆→灭菌（间歇或连续式）→冷却→发酵→发酵液→提取→成品
↑
无菌空气

第四节　食品生产中的微生物酶制剂及其应用

酶是一种生物催化剂，具有催化效率高、反应条件温和以及专一性强等特点。生物界中已发现有多种生物酶，在生产中广泛应用的仅有淀粉酶、蛋白酶、果胶酶、脂肪酶、纤维素酶、葡萄糖异构酶、葡萄糖氧化酶等十几种。利用微生物生产生物酶制剂要比从植物瓜果、种子、动物组织中获得更容易。因为动、植物来源有限，且受季节、气候和地域的限制，而微生物不仅不受这些因素的影响，而且种类繁多、生长速度快、加工提纯容易、加工成本相对比较低，充分显示了微生物生产酶制剂的优越性。现在除少数几种酶仍然从动、植物中提取外，绝大部分是用微生物来生产的。

一、主要酶制剂、用途及产酶微生物

酶制剂可以由细菌、酵母菌、霉菌、放线菌等微生物生产。微生物产生的各种酶以及它们在食品工业中的应用见表4—2。

表4—2　微生物酶制剂及其在食品工业中的应用

酶	用途	来源
耐高温α—淀粉酶	水解淀粉生产葡萄糖、麦芽糖、糊精	细菌、霉菌
糖化酶	水解淀粉成葡萄糖	细菌、霉菌
普鲁兰酶	水解淀粉成直链低聚糖	细菌、霉菌
蛋白酶	软化肌肉纤维、啤酒果酒澄清、动植物蛋白质水解营养液	细菌、霉菌
脂肪酶	用于制作干酪和奶油，增进食品香味，大豆脱腥等	酵母、霉菌
纤维素酶半纤维素酶	用于大米、大豆、玉米脱皮，淀粉生产	霉菌
果胶酶	用于大米、大豆、玉米脱皮，提高果汁澄清度等用于柑橘脱囊衣，饮料、果酒澄清等	霉菌
葡萄糖氧化酶	用于蛋白质脱葡萄糖以防止食品褐变，食品除氧防腐	霉菌
葡萄糖异构酶	可使葡萄糖转化为果糖生产转化糖	细菌、放线菌
蔗糖酶	防止高浓度糖浆中蔗糖析出，防止糖果发沙	酵母

续表

酶	用途	来源
橙皮苷酶	防止柑橘罐头的白色沉淀	霉菌
乳糖酶	供乳糖酶缺乏症婴儿的乳品生产，防止乳制品中乳糖析出	酵母、霉菌
单宁酶	食品脱涩	霉菌
花色素酶	防止水果制品变色，白葡萄酒脱去红色	霉菌
凝乳酶	乳液凝固剂	霉菌
胺氧化酶	胺类脱臭	酵母、细菌
蜜二糖酶	分解甜菜制糖中的棉子糖	霉菌

二、微生物酶制剂生产

1. 菌种选择

任何生物都能在一定的条件下合成某些酶。但并不是所有的细胞都能用于酶的发酵生产。一般来说，能用于酶发酵生产的细胞必须具备如下几个条件：

（1）酶的产量高：优良的产酶细胞首先应具有高产的特性，才能有较好的开发应用价值。高产细胞可以通过筛选、诱变或采用基因工程、细胞工程等技术而获得；

（2）容易培养和管理：要求产酶细胞容易生长繁殖，并且适应性较强，易于控制，便于管理；

（3）产酶稳定性好：在通常的生产条件下，能够稳定地用于生产，不易退化。一旦细胞退化，要经过复壮处理，使其恢复产酶性能；

（4）易于分离纯化：发酵完成后，需经分离纯化过程，才能得到所需的酶，这就要求产酶细胞本身及其他杂质易于和酶分离；

（5）安全可靠：要保证使用的细胞及其代谢物安全无毒，不会影响生产人员和环境，也不会对酶的应用产生其他不良的影响。

2. 产酶培养

酶的发酵生产是以获得大量所需的酶为目的。为此，除了选择性能优良的产酶细胞以外，还必须满足细胞生长、繁殖和发酵产酶的各种工艺条件，并要根据发酵过程的变化进行优化控制。

（1）固体培养法

固体培养是以皮麸或米糠为主要原料，另外添加谷糠、豆饼等为辅助原料。经过对原料发酵前的处理，在一定的培养条件下微生物进行生长繁殖代谢产酶。固体培养法比液体培养法产酶量高。同时还具有原料简单、不易污染、操作简便、酶提取容易、节省能源等优点。缺点是不便自动化和连续化作业，占地多、劳动强度大、生产周期长。

（2）液体培养法

液体培养法的优点是：占地少、生产量大、适合机械化作业、发酵条件容易控制、不易污染，还可大大减轻劳动强度。其培养方法有分批培养、流加培养和连续培养三种，其中前两种培养法广为应用，后者因污染和变异等关键性技术问题尚未解决，应用受到限制。在深层液体培养中，pH 值、通气量、温度、基质组成、生长速率、生长期及代谢产物等都对酶的形成和产量有影响，要严加控制。深层培养的时间通过监测培养过程的酶活来确定，一般较固体培养周期（1～7 d）短，仅需 1～5 d。

酶作为一种高效生物催化剂，介于天然提取和化学合成两种方法之间，酶合成的工艺具有前两者无法比拟的优点：酶的催化活性高，产品合成速度快，酶的催化特异性，产品纯度高，且能获得指定构象的产品。酶的使用确实能解决化学合成和天然提取方法中的问题，也就为食品添加剂的生产提出了新的思路，必将在食品添加剂的生产中获得越来越广泛的应用。

第五节　食用菌的生产

食用菌味道鲜美、营养丰富，含有丰富的蛋白质、较全面的氨基酸、维生素和无机盐，是世界上公认的健康食物。目前已经开始为人们驯化并人工栽培生产的食用菌有双孢菇（俗称蘑菇）、香菇、平菇、木耳、银耳、灵芝菌、猴头菇、金针菇和鸡腿菇等。由于生产流程大同小异，下面仅介绍我国栽培比较多的双孢菇、香菇和平菇的生产技术。

一、双孢菇的生产

双孢菇属草腐菌，中低温性菇类。我国稻草、麦草丰富，气候比较适合双孢菇的生长，具有很大发展潜力，世界上很多国家都有栽培，其中我国总产占第二位，加工的蘑菇罐头在国际贸易量中占首位。我国现在栽培的品种有 AS2796、As3303、浙农 1 号等。建议应在国家指定的食用菌品种生产单位购买，菌种要求菌丝洁白，呈羽毛状，爬壁能力强，无污染、无老化。

目前我国栽培的双孢菇都是白色变种，主要生产过程是以稻草、动物粪（马、牛、羊粪）为主料，尿素、豆饼或油渣、石灰等为辅料，经预温建堆、翻堆发酵、菇房消毒、播种、覆土消毒、采收后，可售卖鲜品或加工成罐头。

二、香菇的生产

香菇是我国最早进行人工栽培的食用菌之一，传统的栽培方式以椴木为主，椴木香菇质地紧密，品质优良，但是生产周期长、产量低、成本高。代料栽培技术具有原料来源广泛、生产周期短、产量高、收益大等优点，成为目前香菇栽培的主要方式。香菇代料栽培生产过程大体上可以分为制袋、脱袋转色和出菇管理三个方面，产品以鲜卖或干制出售。

三、平菇的生产

目前我国栽培平菇的方法很多。有室内床栽、玉米或大豆与平菇间作、塑料大棚栽培等。以塑料大棚生料塑料袋栽技术最为常见。袋料栽培平菇的原料很多，有棉籽壳、玉米芯、锯木屑、稻草、麦草等，其中以棉籽壳为最好，各地可因地制宜选用。不管选择何种原料，都要求培养料必须新鲜、干燥、无霉变。经配料与堆积发酵、装袋接种、发菌管理、出菇管理等生产过程，产品以卖鲜品或加工成罐头为主。

~思考与练习~

1. 列表说明各类微生物在食品生产方面的作用。
2. 微生物在食品生产应用中菌种扩大培养有哪些共同特点？
3. 为什么说食醋生产是多种微生物参与的结果？
4. 简述双歧杆菌的生理功能和相关产品。
5. 酵母菌在面包生产过程中起哪些作用？
6. 说明微生物酶制剂在食品加工生产中的应用情况。
7. 简述我国栽培比较多的食用菌的生产方式有哪些？

第五章　污染食品的主要致病微生物及其预防

学习目标

1. 掌握污染食品的常见致病细菌种类、生理特性及预防措施。

2. 掌握污染食品的霉菌毒素种类、特性及预防、去毒措施。

3. 掌握污染食品的人畜共患传染病病原微生物种类、传染途径和预防措施。

第一节　污染食品的致病性细菌及其预防

人体如果食用了含有致病性微生物的食品会引起微生物性食物中毒，根据其引起食物中毒的机理不同可分为感染型及毒素型。感染型食物中毒是指由于致病性细菌污染食物，并在食物中大量繁殖，这种含有大量活菌的食物被摄入人体，引起人体消化道的感染而造成的中毒。毒素型食物中毒是指食物中污染了某些产毒素微生物后，在适宜条件下，这些微生物在食物中繁殖并产生毒素，人体摄入该类食物后，由于毒素的作用而造成的中毒。

污染食品的致病性细菌有：沙门氏菌、大肠埃希氏菌、副溶血性弧菌、金黄色葡萄球菌、变形杆菌等。

一、沙门氏菌

1. 生物学特性及中毒症状

沙门氏菌属为革兰氏阴性、无芽孢、直杆菌，大小为（0.5～0.8）μm×（3～4）μm。菌体周生鞭毛，能运动。兼性厌氧，最适生长温度为20～30℃。该属菌能发酵葡萄糖，产酸产气，不分解乳糖，产生H_2S。沙门氏菌广泛分布于自然界，已从人和家畜等哺乳动物、禽类、蛇、龟、蛙等两栖动物中分离出该菌。从自然环境中的蚯蚓、鱼等中也分离出该菌。该菌常污染鱼、肉、禽、蛋、乳等食品，并在食品中增殖。人食入后可在消化道内增殖，引起急性胃肠炎和败血症等，潜伏期一般为12～36 h，病程通常为3～7 d。该菌是重要的食物中毒型细菌之一。

2. 传染源

食品中沙门氏菌的来源大致有以下几种：

（1）家畜、家禽的生前污染

生前感染指家畜、家禽在宰杀前已感染沙门氏菌，包括原发沙门氏菌病和继发沙门氏菌病两种。是肉类食品中沙门氏菌的主要来源。

1）原发沙门氏菌病：指家畜、家禽在宰杀前已经患有沙门氏菌病，如猪霍乱、牛肠炎、鸡白痢等。

2）继发沙门氏菌病：由于健康家畜、家禽肠道内沙门氏菌带菌率较高，当其因患病、疲劳、饥饿或其他原因导致抵抗力下降时，寄生于其肠道内的沙门氏菌，即可经淋巴系统进入血液，引起继发性沙门氏菌感染。

（2）畜肉、禽肉的沙门氏菌污染

指在屠宰过程中或屠宰后，被带有沙门氏菌的粪便、容器、污水等污染的家畜、家禽。

（3）蛋类沙门氏菌的来源

蛋类及其制品感染或污染沙门氏菌的机会较多，尤其是鸭、鹅等水禽及其蛋类，带菌率一般为30%～40%之间。家禽及蛋类沙门氏菌除原发和继发感染使卵巢、卵黄、全身带菌外，禽蛋在经泄殖腔排出时，蛋壳表面还可在肛门腔里被沙门氏菌污染，沙门氏菌可通过蛋壳气孔侵入蛋内。蛋制品，如冻全蛋、冻蛋白等也可在加工过程的各个环节受到污染。

（4）奶中沙门氏菌的来源

患沙门氏菌病的奶牛其奶汁中可能带菌，即使健康奶牛的奶汁，在挤出后，也可受到带菌奶牛粪便或其他污物的污染。故未经彻底消毒的鲜奶，可引起沙门氏菌食物中毒。

（5）熟制品中沙门氏菌的来源

烹调后的熟制品，如熟肉、卤肉、内脏、煎蛋等可再次受到带菌容器、烹调工具等污染，或食品从业人员带菌者的污染。

3. 预防措施

针对细菌性食物中毒发生的三个环节，应采取针对性的预防措施。

（1）防止肉类食品被沙门氏菌污染

1）加强对肉类食品生产企业的卫生监督及家畜、家禽屠宰前的兽医卫生检验，并按有关规定处理。在屠宰健康家畜、家禽时应严格执行合理屠宰流程，防止屠宰后的畜、禽生肉受到胃肠内容物、带菌皮毛、粪便、污水和容器等污染。

2）加强对屠宰后的畜、禽生肉及其内脏的检验。防止被沙门氏菌感染或污染的畜、禽肉进入市场。经兽医确定为条件可食肉的，则应按照无害化制度和要求在厂内进行彻底处理。

3）严格执行肉类食品生产企业的食品卫生监督，加强肉类食品在储藏、运输、加工、烹调或销售的各个环节的食品安全管理。尤其要防止瘦肉类制品被带菌生食物、带菌容器及食品从业人员带菌者的污染。为此，加工食品的用具及容器应生熟分开，对食品从业人员应定期进行健康和肠道带菌检查，肠道传染病患者及带菌者应及时调换工作。

（2）控制繁殖

低温储存食品是控制沙门氏菌繁殖的重要措施。因此，食品企业、集体食堂和食品销售网点均应配置冷藏设备，低温储藏肉类食品。此外加工后的熟肉制品应尽快食用，需储藏时应尽快降温、低温储存并尽可能缩短储存时间。

（3）在食用前彻底加热，以杀灭病原菌

加热杀死病原菌是防止食物中毒的重要措施。为彻底杀灭肉类中可能存在的各种沙门氏菌并灭活其毒素，应使肉块深部的温度至少达到 80℃，并持续 12 min。为此加热肉块时质量不应超过 1 kg，持续煮沸 2.5～3 h，蛋类应煮沸 8～10 min。

二、变形杆菌

1. 生物学特性及中毒症状

变形杆菌属的细菌是革兰阴性杆菌，大小（0.4～0.6）μm×（1.0～3.0）μm，两端钝圆，形态呈明显的多形性，可为杆状、球杆状、球形、丝状等。无荚膜，不形成芽孢。有周身鞭毛，运动活泼。有菌毛，可黏附于真菌等细胞表面。兼性厌氧，适宜生长温度为 30～37℃。营养要求不高，在湿润的固体琼脂平板上常呈扩散生长，如接种于平板中心部位，培养 24 h 可形成以接种部位为中心的厚薄交替的波纹状菌苔。变形杆菌主要包括 5 个种别，即普通变形杆菌、奇异变形杆菌、摩尔根氏变形杆菌、雷极氏变形杆菌和无恒变形杆菌，前 3 种为食物中毒有关菌。引起变形杆菌食物中毒的食品主要是动物性食品，特别是熟肉以及内脏的熟制品。变形杆菌常与其他腐败菌共同污染生食品，使生食品发生感官上的改变，但熟制品被变形杆菌污染后通常无感官性状的变化，极易被忽视而引起中毒。变形杆菌食物中毒发病率较高，潜伏期一般 12～16 h，会引起恶心、呕吐、腹泻、头痛、发热、发冷、乏力等。病程较短，1～3 d 可恢复。

2. 传染源

变形杆菌广泛分布于自然界，也可寄生于人和动物的肠道，因此食品受其污染的机会很多。人体和食品中的变形杆菌带菌率因季节而异，夏秋季较高，冬春季下降。

（1）人类带菌者对熟制品的污染

据报道，健康人肠道带菌率为 1.3%～10.4%，腹泻病人肠道带菌率更高，达 13.3%～52.0%。

（2）被污染的食品工具、容器对熟食品的污染

生的肉类食品，尤其动物内脏中的变形杆菌带菌率较高，在食品烹调加工过程中，如果处理生、熟食品的工具、容器未严格分开，被污染的食品工具和容器可污染熟制品。变形杆菌污染的熟肉或内脏制品在夏、秋季节的较高温度下存放时，会导致变形杆菌在食品中大量生长繁殖，食前未回锅加热或加热不彻底，食后即引起食物中毒。

3. 预防措施

防止污染、控制繁殖和食前彻底加热以杀灭病原菌是预防细菌性食物中毒发生的三个主要环节。变形杆菌属食物中毒的预防在上述基础上，尤其应控制人类带菌者对熟食物的污染，以及食品加工烹调中带菌生产的食物、食物容器、用具等对熟食物的污染。为此，食品企业、集体食堂应建立严格的食品安全管理制度。

三、大肠埃希菌

1. 生物学特性及中毒症状

大肠埃希菌属俗称大肠杆菌属，是一组革兰氏染色阴性短杆菌，最适宜生长温度为40℃，最适宜的pH值范围是6.0～8.0。多数有周身鞭毛，能运动。有菌毛、荚膜及微荚膜。兼性厌氧，营养要求不高，在普通营养肉汤中呈浑浊生长。能发酵乳糖及多种糖类，产酸产气。在普通营养琼脂上呈灰白色的光滑型菌落。在血琼脂平板上，少数菌株产生溶血环。在伊红美蓝琼脂上，由于发酵乳糖，菌落呈蓝紫色并有金属光泽。

该菌在婴儿出生数小时后就进入肠道，并伴随终生，为人类和动物肠道的正常菌群，多不致病。当宿主免疫力下降或侵入肠外组织和器官时，可引起肠外感染。少数能直接引起肠道感染的菌株称为病原性大肠杆菌，会引起呕吐、腹泻、出血性结肠炎等。病症的轻重程度与菌的多少直接相关，菌数平均在10^7个以上，才能引起急性胃肠炎。潜伏期一般为4～10 h。病程较短，1～3 d即可恢复。

2. 传染源

大肠埃希菌存在于人和动物的肠道中，健康人肠道致病性大肠埃希菌带菌率为2%～8%，高者达44%；成人患肠炎、婴儿患腹泻时，致病性大肠埃希菌带菌率可高达29%～52%。大肠埃希菌随粪便排出而污染水源和土壤，受污染的水源、土壤及带菌者的手可直接污染食物或通过食品容器再污染食物。

3. 预防措施

大肠埃希菌的预防与沙门氏菌的预防基本相同。

四、葡萄球菌

1. 生物学特性及中毒症状

葡萄球菌食物中毒是因摄入被葡萄球菌肠毒素污染的食物所引起。葡萄球菌为兼性厌氧的球菌，革兰氏阳性，以多个平面分裂，单个、成对以及不规则的葡萄串状排列。不运动。菌落圆形、低凸起、光滑、闪光奶油状，不透明，可产生金黄色、柠檬色、白色等非水溶性色素，细胞壁中含有磷壁酸。该属具有很强的耐高渗透压能力，可在7.5%～15%NaCl环境中生长。本属中与食品关系最为密切的是金黄色葡萄球菌。该菌除具有上述特征外，还能发酵葡萄糖、分解甘露醇，可产生肠毒素等多种毒素及血浆凝固酶等。该菌存在于人和动物的化脓处、健康人的鼻腔、手指、皮肤和毛发上，并广泛分布于动物体表、垃圾及人类的生活环境中。污染食品后可在其中繁殖，产生毒素，人在食入该食品后可引起各种化脓性疾病、肺炎、败血症、心内膜炎等，发病潜伏期一般为2～4 h。

2. 传染源

葡萄球菌广泛分布于自然界，人和动物的鼻腔、咽、消化道带菌率较高。健康人带菌率为20%～30%，上呼吸道金黄色葡萄球菌感染的患者，其鼻腔带菌率为83.3%。葡萄球菌是常见的化脓性球菌之一，人和动物的化脓性感染部位常成为污染源。

（1）食物中葡萄球菌的来源

1）人带菌者对各种食物的污染。

2）奶牛患化脓性乳腺炎时，乳汁中可能带有葡萄球菌。

3）畜、禽肉体局部患化脓性感染时，感染部位的葡萄球菌对肉体其他部位的污染。

（2）肠毒素形成的条件

1）食物受污染的程度：食物受葡萄球菌污染的程度越严重，繁殖越快也越容易形成毒素。

2）食物存放的温度：在37℃的范围内食物存放的温度越高，产生肠毒素需要的时间越短，如薯类和谷类食品中污染的葡萄球菌在20～37℃下经4～8 h产生毒素，而在5～6℃的温度下需经18 d方可产生毒素。

3）食物存放的环境：通风不良氧分压降低时，肠毒素易于形成，如污染葡萄球菌的剩饭在通风不良的条件下存放，极易形成毒素。

4）食品的种类及性状：一般而言，含蛋白质丰富、含水分较多，同时含一定淀粉的食物，如奶油糕点、冰淇淋、冰棒、剩饭、凉糕等，或含油脂较多的食物，如油炸鱼罐头、油煎荷包蛋，受葡萄球菌污染后易形成毒素。在此需强调的是，淀粉可促进肠毒素的形成，如带葡萄球菌的生肉馅在37℃下经18～19 h产生肠毒素，而在肉馅中加入馒头碎屑或淀粉时，在同样温度下只需8 h就能产生毒素。

3. 预防措施

葡萄球菌肠毒素食物中毒的预防，包括防止葡萄球菌污染和防止其肠毒素形成两个方面。

（1）防止葡萄球菌污染

1）防止带菌人群对各种食物的污染：定期对食品加工人员、饮食从业人员和保育员进行健康检查，患局部化脓性感染（疖疮、手指化脓）、上呼吸道感染（鼻窦炎、化脓性咽炎、口腔疾病等）者应暂时调换其工作。

2）防止葡萄球菌对牛奶的污染：定期对健康奶牛的乳房进行检查，当其患化脓性乳腺炎时，其奶汁不能食用。健康奶牛的奶在挤出后，除应防止葡萄球菌污染外，也应迅速冷却至10℃以下，防止在较高温度下，出现该菌的繁殖和毒素的形成。此外，奶制品应以消毒奶为原料。

3）患局部化脓性感染的畜、禽生肉应按病畜、病禽肉处理，将病变部位除去后，按条件可食肉的卫生管理要求经高温处理后，以熟制品出售。

（2）防止肠毒素的形成

在低温、通风良好条件下储藏食物不仅能防止葡萄球菌生长繁殖，也是防止毒素形成的重要条件。因此，食物应冷藏或置于阴凉通风的地方，其放置时间也不应超过6 h，尤其是气温较高的夏、秋季节，食用前还应彻底加热。

五、副溶血性弧菌

1. 生物学特性及中毒症状

副溶血性弧菌是一种嗜盐性细菌，为革兰氏阴性弯曲或直杆菌，单端生鞭毛，兼性厌氧，发酵糖类产酸不产气，不产生水溶性色素。最适宜生长温度37℃，最适宜pH值为7.7，在含NaCl的培养基中生长最佳。副溶血性弧菌抵抗力较弱，56℃加热5 min，或 90℃加热 1 min，或 1%食醋处理 5 min 均可将其杀灭。广泛分布于淡水、海水和鱼及贝类中。该菌污染食品后，可引起食用者感染型食物中毒，发生腹痛、下痢、呕吐等典型的急性肠胃炎。潜伏期一般为 11～18 h，病程一般为 1～3 d，愈后良好。

2. 传染源

（1）近海海水及海底沉淀物中的副溶血性弧菌对海产品的污染

由于海产品副溶血性弧菌带菌率较高，其对海域附近塘、河、井水的污染，使该区域淡水鱼、虾贝等也可受到副溶血性弧菌的污染，海产品中以墨鱼带菌率最高，达 93%，其次为梭子蟹。

（2）人群带菌者对各种食品的污染

沿海地区饮食从业人员、健康人群及渔民副溶血性弧菌带菌率为 0%～11.7%，有肠道病史者带菌率可达 31.6%～88.8%，带菌人群可污染各类食物。

（3）间接污染

沿海地区炊具副溶血性弧菌带菌率为 61.9%，当食物容器、砧板、切菜刀等处理食物的工具生熟不分时，副溶血性弧菌可通过上述工具污染熟食物或凉拌菜。

受副溶血性弧菌污染的食物，在较高温度下存放，且食前不加热（生吃），或加热不彻底（如海蜇、海蟹、黄泥螺、毛蚶等），或熟制品受到带菌者、带菌生食品，带菌容器及工具等的污染时，食物中的副溶血性弧菌可随食物进入人体肠道，在肠道生长繁殖，当达到一定数量时，即可引起食物中毒。另外，其产生的耐热性溶血毒素也是引起食物中毒的病因。

3. 预防措施

本病预防应紧紧抓住防止污染、控制繁殖和杀灭病原菌三个主要环节。其中控制繁殖和杀灭病原菌尤为重要，低温储藏各种食品，尤其是海产品及各种熟制品。鱼、虾、蟹、贝类等海产品应烧熟煮透，蒸煮时需加热至 100℃并持续 30 min。对凉拌食物（如海蜇）要清洗干净后，置食醋中浸泡 10 min 或在 100℃沸水中漂烫数分钟，以杀灭副溶血性弧菌。

六、肉毒梭菌

1. 生物学特性及中毒症状

肉毒梭菌为革兰阳性短粗杆菌，芽孢呈椭圆形，严格厌氧。当 pH 值低于 4.5 或大于 9.0 时，或当环境温度低于 15℃或高于 55℃时，肉毒梭菌芽孢不能繁殖，也不产生毒素。肉毒梭菌芽孢抵抗力强，需经高压蒸汽 121℃30 min、或干热 180℃5～15 min、或湿热 100℃ 5 h 才能将其杀死。该菌在食品中增殖时可产生肉毒毒素，其毒素的毒性比氰化钾强 1 万倍，是已知最剧烈的毒素，对人的致死量为 0.1～1.0 μg。潜伏期一般 12～48 h，病死率高。当人们食入含有该毒素的食品时，可发生毒素型食物中毒，早期症状为全身无力、头痛、头晕，继而出现眼睑下垂、视力模糊、瞳孔散大、吞咽困难等症状，直至死亡。

2. 传染源

食物中肉毒梭菌主要来源于带菌土壤、尘埃及粪便。尤其是带菌土壤，可污染各类原料食品。利用受肉毒梭菌芽孢污染的食品原料，在家庭自制发酵食品、罐头食品或其他加工食品时，加热的温度及压力均不能杀死肉毒梭菌的芽孢，继后又在密封即厌氧环境中发酵或装罐，提供了使肉毒梭菌芽孢成为繁殖体并产生毒素的条件，食品制成后，一般不经加热而食用，其毒素就会随食物进入人体，引起食物中毒的发生。此外，按牧民的饮食习惯，冬季屠宰的牛肉，密封越冬至开春，气温的升高会为其食品中存在的肉毒梭菌芽孢变成繁殖体及产生毒素提供条件，生吃污染肉毒梭菌及其毒素的牛肉，极易引起中毒。

3. 预防措施

（1）彻底清洗食品原料

加工食品前应对食品原料进行彻底清洁处理，除去泥土和粪便后，用饮用水充分清洗，特别是在肉毒中毒好发地区更应引起充分重视。

（2）罐头食品彻底灭菌

在罐头食品生产中，应严格执行《罐头厂食品安全生产规范》，彻底灭菌。在罐头保藏过程中，当发生胀罐或破裂时不能食用。家庭制作发酵食品时，除对原料食品进行严格清洗外，应彻底蒸煮，一般加热温度为100℃，10～20 min，可使肉毒梭菌毒素受到破坏。

（3）防止毒素产生

加工后的食品应避免再污染和在较高温度或缺氧条件下存放，加工后食用前不再加热处理的食品，更应迅速冷却并在低温环境储存。

（4）食用前加热以灭活毒素

肉毒梭菌毒素不耐热，对可疑食物进行彻底加热是破坏毒素预防中毒发生的可靠措施。

（5）防止婴儿中毒

首先应避免不洁之物（带泥土等污物）进入口内，对婴儿的辅助食品如水果、蔬菜、蜂蜜等应严格控制肉毒梭菌的污染。

七、蜡样芽孢杆菌

1. 生物学特性及中毒症状

蜡样芽孢杆菌为革兰氏染色阳性连锁状杆菌，需氧或兼性厌氧，有鞭毛，无荚膜。该菌生长6 h即可形成芽孢，是条件致病菌，生长繁殖的最适宜温度为28～35℃，10℃以下停止繁殖。其繁殖体不耐热，100℃经20 min可被杀死。该菌广泛分布于土壤、水、调味料、乳及咸肉中，污染牛乳后可产生卵磷脂酶，破坏脂肪球膜，使得脂肪不能很好地乳化，还可以产生类似凝乳酶的酶，使乳液在酸度不高时即可发生凝固。该菌污染食品后，可以引起食品腐败变质，并且产生下痢性毒素、肠毒素、溶血素、呕吐毒素及肠管坏死毒素等，引起人食物中毒。

2. 传染源

蜡样芽孢杆菌广泛分布于自然界土壤、灰尘、腐草、污水及空气中。在食品加工、运输、储藏、销售的各个环节均易受到污染。食品中该菌的污染源主要为泥土、尘埃、空气，其次为昆虫、苍蝇、不洁的用具与容器以及不卫生的食品从业人员。受该菌污染的食物在较高温度及通风不良条件下存放时，其芽孢发芽、繁殖并产生毒素，食前不加热或加热不彻底，会引起食物中毒。

3. 预防措施

土壤、尘埃、空气常是蜡样芽孢杆菌的污染源，昆虫、苍蝇、鼠类、不洁的容器及烹调用具皆可传播该菌。为防止食品受其污染，食堂、食品企业必须严格执行食品良好生产规范（GMP)，做好防蝇、防鼠、防尘等各项卫生工作。因蜡样芽孢杆菌在16～50℃均可生长繁殖并产生毒素，因此奶类、肉类及米饭等食品只能在低温下短时间存放，剩饭及其他熟食品在食用前须彻底加热，一般应在100℃加热20 min。

八、李斯特菌

1. 生物学特性及中毒症状

李斯特菌属中，仅有单核细胞增多性李斯特菌，可引起人类的脑膜炎、败血症、流产及新生儿感染等疾病，如果免疫缺陷者发生李斯特菌感染，其病情严重，病死率高达33%。单增李斯特菌为短小的革兰氏阳性、无芽孢杆菌，陈旧培养物有时会变为革兰氏阴性菌。在脑脊液中常成对排列，易被误认为肺炎球菌。染色过度脱色易被误认为流感杆菌。20～25℃时具有运动性，37℃运动消失。微需氧，营养条件要求不高，在普通培养基上能生长，血清平板上生长良好，菌落周围有狭窄的溶血环。根据菌体与鞭毛抗原不同可分为若干类型。该菌在自然界普遍存在，不易被冻结、强光等环境因素所杀灭。土壤、烂菜、污水、江河水道、饲料中均可有该菌存在，因此常被人和动物所携带。

2. 传染源

单增李斯特氏菌广泛存在于自然界中，不易被冻结，能耐受较高的渗透压，在土壤、地表水、污水、废水、植物、青储饲料、烂菜中均有该菌存在，所以动物很容易食入该菌，并通过口腔—粪便的途径进行传播。据报道，健康人粪便中单增李氏菌的携带率为0.6%～16%，有70%的人可短期带菌，4%～8%的水产品、5%～10%的奶及其产品、30%以上的肉制品及15%以上的家禽均被该菌污染。人主要通过食入软奶酪、未充分加热的鸡肉、未再次加热的热狗、鲜牛奶、巴氏消毒奶、冰淇淋、生牛排、羊排、卷心菜色拉、芹菜、西红柿、法式馅饼、冻猪舌等而受到感染，其中85%～90%的病例是由被污染的食品引起的。

该菌可通过眼及破损皮肤、黏膜进入人体内而造成感染，孕妇感染后通过胎盘或产道感染胎儿或新生儿，栖居于阴道、子宫颈的该菌也引起感染，性接触也是本病传播的可能途径，且有上升趋势。

3. 预防措施

控制李斯特菌这类病原菌的最好方法是降低交叉污染，应使原料和成品操作分离，保持区域干燥，以防细菌生长和减少微生物扩散；每日对排水沟、地面、废物容器进行清洗；用于原料和成品加工的器皿和温度计都必须进行彻底消毒（在使用前后）；经常擦洗地面以保持清洁。

清洗时可选用季铵组分和过氧化酸性杀菌剂，其中季铵组分的杀菌剂对李斯特菌非常有效；过氧化酸性杀菌剂可以去除单增李斯特菌的生物被膜，有效杀死李斯特氏菌。

第二节　污染食品的霉菌毒素及其预防

人体食用污染食品的霉菌不会造成食物中毒，但少数的产毒霉菌可产生霉菌毒素，霉菌毒素通常具有耐高温性，人和动物一次性摄入含大量霉菌毒素的食物常会发生急性中毒，而长期摄入含少量霉菌毒素的食物则会导致慢性中毒和癌症。

一、污染食品的常见霉菌毒素

1. 黄曲霉毒素

黄曲霉毒素（AFT或AT）是黄曲霉和寄生曲霉的代谢产物。寄生曲霉的所有菌株都能产生黄曲霉毒素，但我国寄生曲霉罕见。黄曲霉是我国粮食和饲料中常见的真菌，由于黄曲霉毒素的致癌力强，因而受到重视，但并非所有的黄曲霉都是产毒菌株，即使是产毒菌株也必须在适合产毒的环境条件下才能产毒。

（1）黄曲霉毒素的性质

黄曲霉毒素的化学结构是一个双氢呋喃和一个氧杂萘邻酮。现已分离出B_1、B_2、G_1、G_2、B_{2a}、G_{2a}、M_1、M_2、P_1等十几种。其中以B_1的毒性和致癌性最强，它的毒性比氰化钾大100倍，仅次于肉毒毒素，是真菌毒素中最强的，致癌作用比已知的化学致癌物都强，比二甲基亚硝胺强75倍。M_1是黄曲霉毒素B_1在动物体内经过羟化而衍生成的代谢产物，主要存在于牛奶中。黄曲霉毒素具有耐热的特点，裂解温度为280℃，在水中溶解度很低，能溶于油脂和多种有机溶剂。

（2）黄曲霉的产毒条件和途径

黄曲霉生长产毒的温度范围是12～42℃，最适宜产毒温度为33℃，最适宜A_w值为0.93～0.98。黄曲霉在水分为18.5%的玉米、稻谷、小麦上生长时，第三天开始产生黄曲霉毒素，第十天产毒量达到最高峰，以后便逐渐减少。菌体形成孢子时，菌丝体产生的毒素逐渐排出到基质中。黄曲霉产毒的这种迟滞现象，意味着高水分粮食如在两天内进行干燥，粮食水分降至13%以下，即使污染黄曲霉也不会产生毒素。

（3）中毒症状

黄曲霉毒素是一种强烈的肝脏毒，对肝脏有特殊亲和性并有致癌作用。它主要强烈抑制肝脏细胞中RNA的合成，破坏DNA的模板作用，阻止和影响蛋白质、脂肪、线粒体、酶等的合成与代谢，干扰动物的肝功能，导致突变、癌症及肝细胞坏死。同时，饲料中的毒素可以蓄积在动物的肝脏、肾脏和肌肉组织中，人食入后可引起慢性中毒。中毒症状分为三种类型：

1）急性和亚急性中毒。短时间摄入黄曲霉毒素量较大，会迅速造成肝细胞变性、坏死、出血以及胆管增生，在几天或几十天后死亡。

2）慢性中毒。持续摄入一定量的黄曲霉毒素，会使肝脏出现慢性损伤，生长缓慢、体重减轻，肝功能降低，出现肝硬化，在几周或几十周后死亡。

3）致癌性。实验证明许多动物小剂量反复摄入或大剂量一次摄入黄曲霉毒素都能引起癌症，主要是肝癌。

2. 黄变米毒素

黄变米是 20 世纪 40 年代日本在大米中发现的。这种米由于被真菌污染而呈黄色，故称黄变米。可以导致大米黄变的真菌主要是青霉属中的一些种。黄变米毒素可分为三大类：

（1）黄绿青霉毒素

大米在含水量水分 14.6%时，容易感染黄绿青霉，在 12～13℃便可形成黄变米，米粒上有淡黄色病斑，同时产生黄绿青霉毒素。该毒素不溶于水，加热至 270℃失去毒性；为神经毒，毒性强，中毒特征为中枢神经麻痹、进而心脏及全身麻痹，最后呼吸停止而死亡。

（2）桔青霉毒素

桔青霉污染大米后形成桔青霉黄变米，米粒呈黄绿色。精白米易污染桔青霉形成该种黄变米。桔青霉可产生桔青霉毒素，暗蓝青霉、黄绿青霉、扩展青霉、点青霉、变灰青霉、土曲霉等霉菌也能产生这种毒素。该毒素难溶于水，为一种肾脏毒，可导致实验动物肾脏肿大，肾小管扩张和上皮细胞变性坏死。

（3）岛青霉毒素

岛青霉污染大米后形成岛青霉黄变米，米粒呈黄褐色溃疡性病斑，同时含有岛青霉产生的各种毒素，包括黄天精、环氯肽、岛青霉素、红天精。前两种毒素都是肝脏毒，急性中毒可造成动物发生肝萎缩现象；慢性中毒会发生肝纤维化、肝硬化或肝肿瘤，可导致大白鼠肝癌。

3. 杂色曲霉毒素

杂色曲霉毒素（ST）是杂色曲霉和构巢曲霉等产生的，基本结构为一个双呋喃环和一个氧杂蒽酮。其中的杂色曲霉毒素Ⅳa 是毒性最强的一种，不溶于水，可以导致动物的肝癌、肾癌、皮肤癌和肺癌，其致癌性仅次于黄曲霉毒素。由于杂色曲霉和构巢曲霉经常污染粮食和食品，而且有 80%以上的菌株产毒，所以杂色曲霉毒素在肝癌病因学研究上很重要。糙米中易污染杂色曲霉毒素，糙米经加工成标二米后，毒素含量可以减少 90%。

能产生 ST 的菌种主要是杂色曲霉、构巢曲霉和离蠕孢霉。此外，谢瓦曲霉、赤曲霉、焦曲霉、阿姆斯特丹曲霉、黄褐曲霉、四脊曲霉、变色曲霉、爪曲霉、毛壳霉及黄曲霉和寄生曲霉等也可产生 ST。上述这些霉菌广泛存在于自然界，可污染大麦、小麦、玉米、花生、大豆、咖啡豆、火腿、奶酪等粮食、食品和饲草，尤其对小麦、玉米、花生等饲料和饲草污染更为严重。产毒量最高的是杂色曲霉，其次是构巢曲霉和离蠕孢霉，前者产生 ST 的量约为后者的 2 倍。

霉菌毒素广泛存在于花生、玉米等谷物型食品中，它所造成的污染与多种因素有关，并且机理相当复杂，因而较难从根本上加以控制，因此，必须加强管理和预防。

二、霉菌毒素的预防

1. 防霉

通过控制湿度和水分、控制温度、控制气体成分以及化学方法等可达到防霉的效果。

（1）物理防霉

1）干燥防霉：控制水分和湿度，保持食品和储藏场所的干燥，做好食品储藏地的防湿防潮，环境相对湿度不超过65%～70%；保持食品干燥，控制温差，防止结露，粮食及食品可在阳光下晾晒、风干、烘干或加吸湿剂密封。一般粮食粒含水分在13%以下，玉米籽12.5%以下，花生在8%以下，霉菌即不容易繁殖。

2）低温防霉：小于10℃和大于30℃霉菌生长显著减弱，在0℃时几乎不生长。把食品储藏温度控制在霉菌生长的适宜温度以下，从而抑菌防霉，冷藏的食品温度界限应在4℃以下。

3）气调防霉：即通过控制气体成分，防止霉菌生长和毒素产生。粮堆内氧气浓度控制在2%以下或二氧化碳浓度增高到40%～50%以上，可以有效抑制霉菌的生长繁殖。通常采取除氧或加入CO_2、N_2等气体，运用密封技术控制和调节储藏环境中的气体成分等方法，现已在食品储藏工作中广泛应用。

（2）化学防霉

使用防霉化学药剂，有熏蒸剂如溴甲烷、二氯乙烷、环氧乙烷，有拌和剂如有机酸、漂白粉、多氧霉素。如环氧乙烷熏蒸，用于粮食防霉效果很好；又如食品中加入0.1%的山梨酸，防霉效果很好。

此外，在收获、储藏及运输过程中，应防雨淋或水浸，以免粮食发热霉变。同时，保持粮粒及花生外壳的完整，对防止霉菌污染也有一定的作用。更不要将受黄曲霉毒素污染的饲料喂养牲畜，因为黄曲霉毒素B_1在奶牛体内能转化为有致癌作用的黄曲霉毒素M_1而进入牛奶，进而进入人体，危害健康。

2. 去毒

（1）挑选霉粒法

适用于花生、玉米。因黄曲霉毒素主要集中在霉变的粮粒中，凡表面长有黄绿色霉菌，或破损、变色、变质的花生米和玉米，都有可能被黄曲霉毒素污染。因此在食用前应仔细挑选，剔除霉变粒。有的利用机械或人工风力进行风筛，风速达到8.9 m/s（相当于6级风），可吹去比重轻的病粒。

（2）碾轧加工法

一般适用于受污染的大米，稻谷受黄曲霉菌污染后，黄曲霉毒素主要集中在米糠层及大米表层，如果在稻谷加工时，尽量除去米糠层，提高大米精度，可降低大米中黄曲霉毒素的含量。

（3）脱胚去毒

适用于玉米。因黄曲霉毒素主要集中于玉米胚部。可采用两种方法：一是浮选法，将玉米碾成1.5～4.5 mm的碎粒，加入3～4倍的清水，搅拌、轻搓，胚部碎片较轻容易上浮，将其捞出。如此反复3～4次，可除去部分毒素，二是碾轧法，即将玉米碾轧三次，去掉外皮及胚部。

（4）高温高压法

黄曲霉毒素较耐高温，在一般烹调温度下难以消除。但高温、高压下去毒效果较好，如加水搓洗或用高压锅煮饭，很适用于家庭中大米的去毒。工业生产中，由于能耗高，对食品中的营养成分破坏较大，实际应用很少。

（5）物理吸附法

主要适用于花生油、玉米油的精加工，常用的吸附剂为活性炭、白陶土、黏土、高岭土、沸石等，特别是沸石可牢固地吸附黄曲霉毒素，去毒效果很好。

（6）微生物去毒法

已经发现具有解毒作用的菌株包括乳酸菌、双歧杆菌、白腐真菌、假密环菌及黑曲霉等对除去粮食中的黄曲霉毒素均有较好效果。

第三节　污染食品的人畜共患传染病病原微生物及其预防

人畜共患传染病是指人和动物由共同病原体引起的，又在流行病学上有关联的疾病。其可通过人与患病动物的直接接触，或经由动物媒介、被污染的空气、水和食物传播。简单地说，就是人和动物都可得的病。目前世界上存在的人畜共患疾病有 200 多种，中国有 130 多种。可致人畜共患传染病的病原菌具有很强的致病力，仅少量病原菌即可引起疾病的发生，并且人与动物之间可以直接传染。在我国通过推广“检疫、免疫、捕杀病畜”的综合性防治措施，同时从加强管理传染源、切断传播途径、保护易感人群及健康家畜三个环节采取相应措施，已使人畜间共患发病率降到非常低的水平。本章介绍几种常见的人畜共患病及其病原菌。

一、结核病病原菌

1. 生物学特性

结核病是由结核杆菌感染引起的慢性传染病。结核杆菌是家畜、野生动物、禽类及人类结核病的病原菌，为革兰氏阳性，不能运动、不能形成芽孢、无荚膜的细长杆菌。结核杆菌对干燥有很大的抵抗力，在干燥的痰液和尘埃中，可存活 2～7 个月，在水中能生存 5 个月，在土壤中可存活 7 个月。对湿热的抵抗力不强，61.6℃经 28.5 min 即可杀灭，100℃立即死亡。

人型结核杆菌主要是引起人的结核病，但是也可以感染猪、牛、山羊、狗、猫等牲畜。牛型结核杆菌主要是牛的结核病的病原菌。人类的某些结核病，特别是儿童的结核病经常是由该型细菌所引起，猪、羊、马、狗等动物也能感染。结核病是青年人容易发生的一种慢性和缓发的传染病。一年四季都可以发病，15 岁到 35 岁的青少年是结核病的高发年龄。潜伏期 4～8 周，其中 80%发生在肺部，其他部位（颈淋巴、脑膜、腹膜、肠、皮肤、骨骼）也可继发感染。

2. **症状**

肺结核早期或轻度肺结核，可因无任何症状或症状轻微而被忽视。若病变处于活动进展阶段时，可出现发热、咳嗽咳痰和痰中带血等症状。

3. **传染源和传染途径**

人与人之间呼吸道传播是本病传染的主要方式。结核杆菌来自病人和病畜的病灶，病菌随着痰液、尿液、粪便、乳液或其他分泌物排出体外而传播。病菌除通过呼吸道侵入人体外，也可以由污染病菌的食品和饮用水经消化道而感染。乳牛对结核杆菌的易感性很强，乳牛群中常引起结核病的扩散。因此，加强乳牛场的卫生管理和严格控制乳牛消毒的质量，是从食品卫生方面预防结核病的一项重要措施。

4. **预防措施**

为了预防结核病的发生，应该注意做到以下几点：

(1) 加强卫生教育，使青年人懂得结核病的危害和传染方式，养成不随地吐痰的良好卫生习惯，对结核病患者的痰要进行焚烧或药物消毒。

(2) 要定时对青少年进行体格检查，做到早发现、早隔离、早治疗。除此之外，还要按时给婴幼儿接种卡介苗，以使机体产生免疫、减少结核病的发生。

(3) 发现有低热、盗汗、干咳嗽痰中带血丝等症状时，要及时到医院检查。确诊结核病以后，要立即用链霉素、雷米松、乙胺丁醇药物进行治疗。同时，还要注意增加营养，以增强体质。只要发现及时、治疗彻底，结核病是完全可以治愈的。

(4) 结核病是由结核杆菌经呼吸道传播的疾病，主要通过病人咳嗽，打喷嚏和大声说话时喷出的飞沫来传播。为了避免传染，一定要养成良好的卫生习惯。打喷嚏时要用手帕捂住嘴，避免面对他人；房内要经常换气（人群密集的地方更要注意）；还要多锻炼，提高免疫力。

二、炭疽病原菌

1. **生物学特性**

炭疽病是由炭疽杆菌引起的食草动物的急性传染病。是一种人畜共患的急性传染病。炭疽杆菌为兼性需氧菌，长 4～8 μm，宽 1～1.5 μm；菌体两端平削呈竹节状长链排列，革兰氏染色阳性。在人体内有荚膜形成并具较强致病性，无毒菌株不产生荚膜。炭疽杆菌生存力强，在一般培养基上生长良好。本菌繁殖体的抵抗力同一般细菌，于56℃2 h、75℃1 min 即可被杀灭。常用浓度的消毒剂也能迅速杀灭。在体外不适宜的环境下可形成卵圆形的芽孢。芽孢的抵抗力极强，在自然条件或在腌渍的肉中能长期生存，在土壤中可存活数十年，经直接日光暴晒 100 h、煮沸 40 min、140℃热 3 h、110℃高压蒸汽 60 min 以及浸泡于 10%福尔马林液 15 min、新配石炭酸溶液（5%）和 20%漂白粉溶液数日以上，才能将芽孢杀灭，因此，本菌致病力较强。

2. **症状**

临床上主要表现为皮肤坏死溃疡、焦痂和周围组织广泛水肿及毒血症症状，偶尔引致肺、肠和脑膜的急性感染，并可伴发败血症。

3. 传染源和传染途径

炭疽的传染源是患炭疽病的草食动物，包括家畜和野生动物。最易感的小家畜是绵羊和山羊，以及牛、鹿和马等。这类动物的炭疽感染经过很快，羊一经感染，常为闪电型突然死亡，多死于败血症。病死动物的血液和尸体中含有大量炭疽芽孢杆菌，因此未经任何消毒处理的动物尸体是非常危险的传染源。因炭疽死亡的兽尸和其濒死时的分泌物、排泄物更会污染土壤和水草。炭疽芽孢杆菌可随风尘和水流而造成扩散，从而引起动物和人间散在病例的发生。炭疽芽孢杆菌的长期存活可造成持久性疫源地，对人、畜形成长期危害。

4. 预防措施

（1）管理传染源

病人应进行隔离和治疗。对病人的用具、被服、分泌物、排泄物及病人用过的敷料等均应严格消毒或烧毁，其尸体必须火化；对可疑病畜、死畜必须焚毁或加大量生石灰深埋在地面 2 m 以下；禁止食用或剥皮；病人应隔离至创口愈合、痂皮脱落或症状消失，分泌物或排泄物培养 2 次阴性（相隔 5 d）为止。

（2）切断传播途径

对疑似污染的皮毛原料应在消毒后再加工。牧畜的收购、调运和屠宰加工要有兽医检疫。防止水源污染，加强饮食、饮水监督。必要时封锁疫区。对病人的衣服、用具、废敷料、分泌物、排泄物等分别采取煮沸、漂白粉、环氧乙烷、过氧乙酸、高压蒸汽等消毒灭菌措施。对染菌及可疑染菌者应予严格消毒。畜产品加工厂须改善劳动条件，加强防护设施，工作时要穿工作服、戴口罩和手套。

（3）保护易感者

1）加强卫生宣传教育：养成良好卫生习惯，防止皮肤受伤，如有皮肤破损，立即涂擦 3%～5%碘酒，以免感染。

2）健畜和病畜宜分开放牧，对接触病畜的畜群进行减毒活疫苗接种。

3）对从事畜牧业、畜产品收购、加工、屠宰业的工作人员和疫区人群，每年接种炭疽杆菌减毒活疫苗 1 次。

三、口蹄疫病原菌

1. 生物学特性

口蹄疫病毒属于微核糖核酸病毒科口蹄疫病毒属，是目前所知病毒中最细微的一级。其最大颗粒直径为 23 nm，最小颗粒直径为 7～8 nm。该病毒易发生变异，对外界环境的抵抗力很强，在冰冻情况下，血液及粪便中的病毒可存活 120～170 d。阳光直射下 60 min 即可杀死；加温 85℃ 15 min、煮沸 3 min 即可死亡。对酸碱作用敏感，故 1%～2%氢氧化钠、30%热草木灰、1%～2%甲醛等都是良好的消毒液。

2. 症状

该病潜伏期 1～7 d，发病 1～2 d 后，病牛齿龈、舌面、唇内面可见到蚕豆到核桃大的水疱，涎液增多并呈白色泡沫状挂于嘴边。在口腔发生水疱的同时或稍后，趾间及蹄冠的柔软皮肤上也发生水疱，也会很快破溃，然后逐渐愈合。有时在乳头皮肤上也可见到水疱。本病一般呈良性经过，经一周左右即可自愈，死亡率1%～2%，该病型称为良性口蹄疫。有些病牛在水疱愈合过程中，病情突然恶化，全身衰弱、肌肉发抖，心跳加快、节律不齐，食欲废绝、反刍停止，行走摇摆、站立不稳，往往因心脏麻痹而突然死亡，这种病型称为恶性口蹄疫，死亡率高达25%～50%。犊牛发病时往往看不到特征性水疱，主要表现为出血性胃肠炎和心肌炎，死亡率很高。

3．传染源和传染途径

口蹄疫是由口蹄疫病毒引起的、以口唇和蹄部等部位发生水疱及其溃斑为主要特征的偶蹄动物（猪、牛、羊、鹿、骆驼等）的一种急性、热性、高度接触性传染病。俗称为“鹅口疮”“口疮”“蹄癀”“脱靴症”。

口蹄疫的传播途径有多种，主要包括：

（1）直接接触传播，如易感动物与被感染动物及其排泄物直接接触。

（2）间接传播，主要通过带毒媒介物和器械传播。

（3）气源传播，口蹄疫病毒可以随发病动物呼出的气体传播。

（4）水源传播，如污染的饮水、水源等。

（5）口蹄疫病毒还可经乳汁传播。

4．预防措施

（1）平时注意加强检疫，严密监视疫情动态。

（2）不从疫区进猪与其他易感动物的畜产品。

（3）在疫区与受威胁区域定期进行注射疫苗接种。

（4）加强饲养管理，改善环境卫生，增强畜群的抵抗力。

（5）发现疫情后应及时上报疫情。

（6）严格执行封锁隔离措施，销毁病群死尸（国家要求一律捕杀），对养殖场的畜舍、用具、运输工具进行彻底消毒。

（7）对疫区内的健康畜，进行紧急免疫接种（已病的不能接种）。

四、禽流感病毒

1．生物学特性

流感病毒属于RNA病毒的正黏病毒科，分甲、乙、丙3个型。禽流感病毒属甲型流感病毒，一些亚型也可感染猪、马等各种哺乳动物及人类；乙型和丙型流感病毒则分别见于海豹和猪的感染。甲型流感病毒呈多形性，目前可分为15个H亚型（H_1～H_{15}）和9个N亚型（N_1～N_9）。感染人的禽流感病毒亚型主要为H_5N_1、H_9N_2、H_7N_7，其中感染H_5N_1的患者病情重，病死率高。

禽流感病毒对乙醚、氯仿、丙酮等有机溶剂均敏感。常用消毒剂容易将其灭活，能迅速破坏其传染性，如漂白粉和碘剂等。

禽流感病毒对热比较敏感，65℃加热30 min或100℃2 min以上即可灭活。病毒在粪便中可存活1周，在水中可存活1个月，在pH＜4.1的条件下也具有存活能力。病毒对低温抵抗力较强，在有甘油保护的情况下可保持活力1年以上。病毒在直射阳光下40～48 h即可灭活，如果用紫外线直接照射，可迅速破坏其传染性。禽流感病毒可在水禽的消化道中繁殖。

2. **症状**

高致病性禽流感往往突然爆发，无任何临床症状而死亡。病程稍长可见精神萎顿、不食、衰弱、羽毛松乱，头翅下垂，鸡冠和肉髯呈暗紫色，头部水肿，结膜肿胀发炎，鼻腔内有黏性分泌物，病鸡常摇头，呼吸困难。有些病例出现下痢和神经症状，抽搐、运动失调、瘫痪和半瘫痪，失明。

人类患禽流感，潜伏期一般为1～3 d，通常在7 d以内。急性起病，早期表现类似普通感冒，主要为发热、体温大多持续在39℃以上，热程1～7 d，一般为3～4 d，可伴有流涕、鼻塞、咳嗽、咽痛、头痛、全身不适。部分患者可有恶心、腹痛、腹泻、稀水样便等消化道症状，有些患者可见眼结膜炎。大多数患者治愈后良好，病程短、恢复快，且不留后遗症。

3. **传染源和传染途径**

(1) 禽流感病毒传染源主要为患病或携带病毒的家禽，此外野禽或猪也可成为传染源。

(2) 高致病性禽流感在禽群之间的传播主要依靠水平传播，如空气、粪便、饲料和饮水等；而垂直传播的证据很少。但通过实验表明，实验感染鸡的蛋中也含有流感病毒，因此不能完全排除垂直传播的可能性。

(3) 病毒可以随病禽的呼吸道、眼鼻分泌物、粪便排出，禽类通过消化道和呼吸道途径感染发病。被病禽粪便、分泌物污染的任何物体都可能传播病毒。

(4) 人主要经呼吸道传播。通过密切接触受感染的禽类及其分泌物、排泄物和受病毒污染的水等，以及直接接触病毒毒株而被感染。在感染水禽的粪便中含有高浓度的病毒，并通过污染的水源由粪便—口途径传播流感病毒。目前还没有发现人感染的隐性带毒者，还无人与人之间传播的确切证据。一般认为任何年龄均具有易感性，但12岁以下儿童发病率较高，病情较重。与不明原因病死的家禽或感染、疑似感染禽流感家禽密切接触过的人员为高危人群。

4. **预防措施**

(1) 首先应扑杀掉全部病鸡，然后对整个圈舍喷洒有效的消毒剂，将有机物包括粪便清除，再用洗涤剂清洗表面，之后再用次氯酸钠溶液、福尔马林熏蒸等方法消毒，以杀灭房舍内的病毒。

(2) 控制严重污染的粪便，对垫料和粪便可通过掩埋、堆肥密封发酵等方法进行处理。

(3) 远离家禽的分泌物，尽量避免触摸活的家禽及鸟类。经常接触牲畜的人，要养成良好的卫生习惯。皮肤如果有伤口，要用碘酒消毒，以免感染。畜产品加工厂的工人，工作时要穿工作服、戴口罩和手套。

(4) 保持室内空气流通，应每天开窗换气两次，每次至少10 min，或使用抽气扇保持空气流通。

(5) 保持地面、天花板、家具及墙壁清洁；确保排水道去水顺畅；使用可清洗的地垫，避免使用难以清理的地毯。

（6）吃禽肉要煮熟煮透。

~思考与练习~

1. 引起细菌性食物中毒的常见致病性细菌有哪些?

2. 试述每一种致病菌的生物学特性、传染源及预防措施。

3. 黄曲霉毒素的特点及来源?

4. 如何防霉和去毒?

5. 污染食品引起的常见人畜共患传染病的微生物有哪些?试述每一种病原菌的生物学特性、传染途径和预防措施。

第六章 食品腐败变质及控制

学习目标

1. 掌握微生物引起食品腐败变质的危害、原理及鉴定方法。
2. 掌握各类主要食品的腐败变质现象。
3. 能够鉴别与分析食品是否发生变质。
4. 掌握目前常用的食品防腐保藏方法。
5. 能够根据不同食品的特点和要求采取合理的杀菌和防腐措施。

第一节 食品腐败变质的危害、原理及鉴定

食品腐败变质，是指食品受到各种内外因素的影响，造成其原有化学性质或物理性质发生变化，降低或失去其营养价值和商品价值的过程。如鱼肉的腐臭、油脂的酸败、水果蔬菜的腐烂和粮食的霉变等。食品的腐败变质原因较多，有物理因素、化学因素和生物性因素，如动、植物食品组织内酶的作用，昆虫、寄生虫以及微生物的污染等。其中由微生物污染所引起的食品腐败变质是最为重要和普遍的，因此本章只讨论有关由微生物引起的食品腐败变质问题。

一、食品腐败变质的危害

1. 产生厌恶感

腐败变质的食品首先是带有使人们难以接受的感官性状，如刺激性气味、异常颜色、酸臭味道和组织溃烂，黏液污秽感等。这是由于微生物在生长繁殖过程中促使食品中蛋白质分解，产生出有机胺、硫化氢、硫醇、吲哚、粪臭素等，使人嗅觉产生极其难受的厌恶感。此外，油脂酸败的“哈喇”味和碳水化合物分解产生的特殊气味，也往往使人们难以接受。

2. 降低食品营养

食品中蛋白质、脂肪、碳水化合物腐败变质后内部结构会发生变化。如上所述，蛋白质腐败分解后产生低分子物质，因而丧失了蛋白质原有的营养价值。脂肪酸败水解氧化产生过氧化物，再分解为羰基化合物、低分子脂肪酸与醛、酮等，丧失了脂肪对人体的生理作用和营养价值。碳水化合物腐败变质后分解为醇、醛、酮、酯和二氧化碳，也

丧失了碳水化合物的生理功能。总之，由于食品营养成分分解，营养价值严重降低。

3．引起中毒或引起食源性传染病

腐败变质食品一般由于微生物污染严重，菌相复杂和菌量增多，因而增加了致病菌和产毒霉菌等存在的机会；由于菌量增多，可以使某些致病性微弱的细菌，引起人体的不良反应，甚至中毒；致病菌引起的食物中毒，几乎都有菌量异常增大这个必要条件，有些致病菌如沙门氏菌、大肠埃希菌等，在污染食品后可在食品中存活一定时间，若食用前未采取杀菌措施，则可因食入活体致病菌而引起食源性传染病（详见第六章）。腐败变质分解产物对人体的直接毒害，至今研究仍不够明确，然而这方面的报告与中毒事件却越来越多，如某些鱼类腐败产生的组胺使人体中毒、脂肪酸败产物引起人的不良反应及中毒，以及腐败产生的亚硝胺类、有机胺类和硫化氢等都具有一定毒性。

4．造成不必要的经济损失和浪费

无论因食品腐败变质而造成的食品废弃，还是诱发人类疾病，都会伴随着一定的经济损失。据 WHO 统计，每年全球仅因食品腐败变质而造成的经济损失就多达几百亿美元。

因此，对食品的腐败变质要及时准确鉴定，并采取相应防腐措施严加控制，但这类食品的处理还必须充分考虑具体情况。如轻度腐败的肉、鱼类，通过煮沸可以消除异常气味，部分腐烂的水果蔬菜可拣选分类处理，单纯感官性状发生变化的食品可以加工等。然而人体虽有足够的解毒功能，但在短时间内摄入量不可过大。因此应强调指出，一切处理的前提，都必须以确保人体健康为原则。

二、微生物引起食品腐败变质的基本条件

食品加工前的原料，总是带有一定数量的微生物，在加工过程中及加工后的成品，也不可避免地要接触环境中的微生物，因而食品中存在一定种类和数量的微生物。然而微生物污染食品后，能否导致食品的腐败变质，以及变质的程度和性质如何，是受多方面因素影响的。一般来说，食品发生腐败变质，与食品本身的性质、污染微生物的种类和数量以及食品所处的环境等因素有着密切的关系，而它们三者之间又是相互作用、相互影响的。

1．食品的基质特性

（1）食品的营养成分

食品中含有蛋白质、糖类、脂肪、无机盐、维生素和水分等丰富的营养成分，是微生物的良好培养基。因而微生物污染食品后很容易迅速生长繁殖，造成食品的变质。但由于在不同的食品中，上述各种成分的比例差异很大，而各种微生物分解各类营养物质的能力不同，这就导致了引起不同食品腐败的微生物类群也不同，如肉、鱼等富含蛋白质的食品，容易受到对蛋白质分解能力很强的变形杆菌、青霉等微生物的污染而发生腐败；米饭等含糖量较高的食品，易受到曲霉属、根霉属、乳酸菌、啤酒酵母等对碳水化合物分解能力强的微生物的污染而变质；而脂肪含量较高的食品，易受到黄曲霉和假单孢杆菌等分解脂肪能力很强的微生物的污染而发生酸败变质。

(2) 食品的pH值

根据食品pH值范围的特点，可将食品划分为两大类：酸性食品和非酸性食品。一般规定pH值在4.5以上者，属于非酸性食品；pH值在4.5以下者为酸性食品。例如动物食品的pH值一般在5.0～7.0之间，蔬菜pH值在5.0～6.0之间，它们一般为非酸性食品；水果的pH值在2.0～5.0之间，一般为酸性食品。

各类微生物都有其最适宜的pH值范围，食品中氢离子浓度可影响菌体细胞膜上电荷的性质。当微生物细胞膜上的电荷性质受到食品氢离子浓度的影响而改变后，微生物对某些物质的吸收机制会发生改变，从而影响细胞正常物质代谢活动和酶的作用，因此食品pH值高低是制约微生物生长、影响食品腐败变质的重要因素之一。

大多数细菌最适生长的pH值是7.0左右，酵母菌和霉菌生长的pH值范围较宽，因而非酸性食品适合于大多数细菌及酵母菌、霉菌的生长；细菌生长下限一般在4.5左右，pH值在3.3～4.0以下时只有个别耐酸细菌，如乳杆菌属尚能生长，故酸性食品的腐败变质主要是酵母和霉菌的生长。

另外，食品的pH值也会因微生物的生长繁殖而发生改变，当微生物生长在含糖与蛋白质的食品基质中，微生物首先分解糖产酸，使食品的pH值下降；当糖分不足时，蛋白质被分解，pH值又回升。由于微生物的活动，使食品基质的pH值发生很大变化，当酸或碱积累到一定量时，反过来又会抑制微生物的继续活动。

(3) 食品的水分

水分是微生物生命活动的必要条件，微生物细胞组成不可缺少水分，细胞内所进行的各种生物化学反应，均以水分为溶媒。在缺水的环境中，微生物的新陈代谢发生障碍，甚至死亡。但各类微生物生长繁殖所要求的水分含量不同，因此，食品中的水分含量决定了生长微生物的种类。一般来说，含水分较多的食品，细菌容易繁殖；含水分少的食品，霉菌和酵母菌则容易繁殖。微生物在食品中生长繁殖所需的水不是取决于总含水量(%)，而是取决于水分活度(A_w)。不同微生物类群生长的最低A_w值范围不同(见表6—1)，从表中可以看出，食品的A_w值在0.60以下，则认为绝大部分微生物不能生长。一般认为食品A_w值在0.64以下，是食品安全储藏的防霉水分活度。

表6—1　食品中主要微生物类群生长的最低A_w值范围

微生物类群	最低A_w值范围	微生物类群	最低A_w值
大多数细菌	0.99～0.90	嗜盐性细菌	0.75
大多数酵母菌	0.94～0.88	耐高渗酵母	0.6
大多数霉菌	0.94～0.73	干性霉菌	0.65

新鲜的食品原料，例如鱼、肉、水果、蔬菜等含有较多的水分，A_w值一般在0.98～0.99，适合多数微生物的生长，如果不及时加以处理，很容易发生腐败变质。为了防止食品变质，最常用的办法，就是要降低食品的含水量，使A_w值降低至0.70以下，这样可以较长期地进行保存。在实际中，为了方便，也常用含水量百分率来表示食品的含水量，并以此作为控制微生物生长的一项衡量指标。例如为了达到保藏目的，奶粉含水量应在

8%以下，大米含水量应在13% 左右，豆类在15%以下，脱水蔬菜在14%～20%之间。这些物质含水量百分率虽然不同，但其A_w值约在0.70以下。

（4）食品的存在状态

完好无损的食品，一般不易发生腐败，如没有破碎和伤口的马铃薯、苹果等，可以放置较长时间。如果食品组织溃破或细胞膜碎裂，则易受到微生物的污染而发生腐败变质。

2. 外界环境因素

从某种意义上讲，引起食品变质，环境因素也是非常重要的。影响食品变质的环境因素和影响微生物生长繁殖的环境因素一样，也是多方面的。下面介绍影响食品变质最重要的几个因素，例如温度、湿度和气体等。

（1）温度

根据微生物对温度的适应性，可将微生物分为三个生理类群，即嗜冷、嗜温、嗜热三大类微生物。每一类群微生物都有其最适宜生长的温度范围，但这三类群微生物又都可以在20～30℃之间生长繁殖，当食品处于这种温度的环境时，各种微生物都可生长繁殖而引起食品的变质。

而嗜冷微生物可在较低的温度下生长，是引起冷藏、冷冻食品变质的主要微生物。食品中不同微生物生长的最低温度见表6—2。这些微生物虽然能在低温条件下生长，但其新陈代谢活动极为缓慢，生长繁殖的速度也非常迟缓，因而它们引起冷藏食品变质的速度也较慢。

表6—2　　食品中微生物生长的最低温度

食品微生物	生长最低温/℃	食品微生物	生长最低温/℃
猪肉细菌	−4	乳细菌	−1～0
牛肉霉菌、酵母菌、细菌	−1～1.6	冰淇淋细菌	−10～−3
羊肉霉菌、酵母菌、细菌	−5～−1	大豆霉菌	−6.7
火腿细菌	1～2	豌豆霉菌、酵母菌	−4～6.7
腊肠细菌	5	苹果霉菌	0
熏肋肉细菌	−10～−5	葡萄汁酵母菌	0
鱼贝类细菌	−7～−4	浓橘汁酵母菌	−10
草莓霉菌、酵母菌、细菌	−6.5～−0.3		

在食品中生长的嗜热微生物，主要是嗜热细菌，如芽孢杆菌属中的嗜热脂肪芽孢杆菌、凝结芽孢杆菌；梭状芽孢杆菌属中的肉毒梭菌、热解糖梭状芽孢杆菌、致黑梭状芽孢杆菌；乳杆菌属和链球菌属中的嗜热链球菌、嗜热乳杆菌等。霉菌中纯黄丝衣霉菌耐热能力也很强。在高温条件下，嗜热微生物的新陈代谢活动加快，所产生的酶对蛋白质和糖类等物质的分解速度也比其他微生物快，因而使食品发生变质的时间缩短。由于它们在食品中经过旺盛的生长繁殖后，很容易死亡，所以在实际中，若不及时进行分离培养，就会失去检出的机会。高温微生物造成的食品变质主要是酸败，由分解糖类产酸而

引起。

(2) 气体

微生物与O_2有着十分密切的关系。一般来讲，在有氧的环境中，微生物进行有氧呼吸，生长、代谢速度快，食品变质速度也快；缺乏O_2条件下，由厌氧性微生物引起的食品变质速度较慢。O_2存在与否决定着兼性厌氧微生物是否生长和生长速度的快慢。例如，当A_w值是0.86时，无氧存在情况下金黄色葡萄球菌不能生长或生长极其缓慢；而在有氧情况下则能良好生长。

新鲜食品原料中，在食品原料内部生长的微生物绝大部分应该是厌氧性微生物；而在原料表面生长的则是需氧微生物。食品经过加工，物质结构改变，需氧微生物能进入组织内部，食品更易发生变质。

另外，H_2和CO_2等气体的存在，对微生物的生长也有一定的影响。实际中可通过控制它们的浓度来防止食品变质。

(3) 湿度

空气中的湿度对于微生物生长和食品变质来讲，起着重要的作用（尤其是未经包装的食品）。例如把含水量少的脱水食品放在湿度大的地方，食品极易吸潮，表面水分迅速增加。长江流域梅雨季节，粮食、物品容易发霉，就是因为空气湿度太大（相对湿度70%以上）的缘故。

A_w值反映了溶液和作用物的水分状态，而相对湿度则表示溶液和作用物周围的空气状态。当两者处于平衡状态时，$A_w\times100$就是大气与作用物平衡后的相对湿度。每种微生物只能在一定的A_w值范围内生长，但这一范围的A_w值要受到空气湿度的影响。

3. 引起腐败的主要微生物

在食品发生腐败变质的过程中，起重要作用的是微生物。如果某一食品经过彻底灭菌或过滤除菌，则食品长期储藏也不会发生腐败。反之，如果某一食品污染了微生物，一旦条件适宜，就会引起该食品腐败变质。所以说，微生物的污染是导致食品发生腐败变质的根源。

能引起食品发生腐败变质的微生物种类很多，主要有细菌、酵母和霉菌。一般情况下细菌常比酵母菌占优势，容易引起不同食品腐败变质的微生物见表6—3。

表6—3　部分食品腐败类型和引起腐败的微生物

食品	腐败类型	微生物
面包	发霉 产生黏液	黑根霉、青霉属、黑曲霉、枯草芽孢杆菌
糖浆	产生黏液 发酵 呈粉红色发霉	产气肠杆菌、酵母属、接合酵母属、玫瑰色微球菌（曲霉属、青霉属）
新鲜水果和蔬菜	软腐 灰色霉菌腐烂 黑色霉菌腐烂	根霉属、欧文氏杆菌属、葡萄孢属、黑曲霉、假单胞菌属

续表

食品	腐败类型	微生物
泡菜、酸菜	表面出现白膜	红酵母属
新鲜肉的保存	腐败变黑	产碱菌属、梭菌属、普通变形菌、荧光假单胞菌、腐败假单胞菌
	发霉	曲霉属、根霉属、青霉属
	变酸变绿色、变黏	假单胞菌属、微球菌属、乳杆菌属、明串珠菌属
鱼	变色腐败	假单胞菌属、产碱菌属、黄杆菌属、腐败桑瓦拉菌
蛋	绿色腐败、褪色腐败黑色腐败	荧光假单胞菌、假单胞菌属、产碱菌属、变形菌属
家禽	变黏、有气味	假单胞菌属、产碱菌属
浓缩橘汁	失去风味	乳杆菌属、明串珠菌属、醋杆菌属

三、食品腐败变质的化学过程

食品腐败变质的过程实质上是食品中的蛋白质、碳水化合物、脂肪等被微生物污染后的分解代谢过程或自身组织酶进行的某些生化过程。例如新鲜的肉、鱼类的后熟，粮食、水果的呼吸等可以引起食品成分的分解、食品组织溃破和细胞膜碎裂，为微生物的广泛侵入与作用提供条件，结果导致食品的腐败变质。

1. 食品中蛋白质的分解

肉、鱼、禽蛋和豆制品等富含蛋白质的食品，主要是以蛋白质分解为其腐败变质特征。蛋白质在动、植物组织酶以及微生物分泌的蛋白酶和肽链内切酶等的作用下，首先水解成多肽，进而裂解形成氨基酸。氨基酸通过脱羧基、脱氨基、脱硫等作用进一步分解成相应的氨、胺类、有机酸类和各种碳氢化合物，食品即表现出腐败特征。

$$\text{食物中蛋白质}\xrightarrow[\text{或组织蛋白质酶}]{\text{微生物蛋白质酶}}\text{多肽}\xrightarrow{\text{肽链内切酶}}\text{氨基酸}\xrightarrow[\text{脱氨基、脱硫等作用}]{\text{脱羧基作用、}}\text{氨十胺十硫化氢等}$$

蛋白质分解后所产生的胺类是碱性含氮化合物质，如胺、伯胺、仲胺及叔胺等具有挥发性和特异的臭味。各种不同的氨基酸分解产生的腐败胺类和其他物质各不相同，甘氨酸产生甲胺，鸟氨酸产生腐胺，精氨酸产生色胺进而又分解成吲哚，含硫氨基酸分解产生硫化氢和氨、乙硫醇等。腐败中生成的胺类通过细菌的胺氧化酶被分解，最后生成氨、二氧化碳和水。鱼、贝、肉类的正常成分三甲胺氧化物可被细菌的三甲胺氧化还原酶还原生成三甲胺。这些物质都是蛋白质腐败产生的主要臭味物质。

2. 食品中脂肪的分解

虽然脂肪发生变质主要是由于化学作用所引起，但是许多研究表明，它与微生物也有着密切的关系。脂肪发生变质的特征是产生酸和刺激的“哈喇”气味。人们一般把脂肪发生的变质称为酸败。

食品中油脂酸败的化学反应，主要是油脂自身氧化过程，其次是加水水解。油脂的自身氧化是一种自由基的氧化反应，而水解则是在微生物或动物组织中的解脂酶作用下，使食物中的中性脂肪分解成甘油和脂肪酸等。脂肪水解，产生游离脂肪酸、甘油及其不完全分解的产物，如甘油一酯、甘油二酯。脂肪酸可进而断链而形成具有不愉快味道的酮类或酮酸；不饱和脂肪酸的不饱和键可形成过氧化物；脂肪酸也可再氧化分解成具有特臭的醛类和醛酸，即所谓的“哈喇”气味。这就是食用油脂和含脂肪丰富的食品发生酸败后感官性状改变的原因。

脂肪自身氧化以及加水分解所产生的复杂分解产物，使食用油脂或食品中的脂肪带有若干明显特征：首先是过氧化值上升，这是脂肪酸败最早期的指标；其次是酸度上升，羰基（醛酮）反应阳性。脂肪酸败过程中，由于脂肪酸的分解其固有的碘价（值）、凝固点（熔点）、比重、折光指数、皂化价等也必然发生变化，因而脂肪酸败所特有的“哈喇”味；肉、鱼类食品脂肪的超期氧化变黄；鱼类的“油烧”现象等也常常被作为油脂酸败鉴定中较为实用的指标。

3. 食品中碳水化合物的分解

食品中的碳水化合物包括纤维素、半纤维素、淀粉、糖元以及双糖和单糖等。含这些成分较多的食品主要是粮食、蔬菜、水果和糖类及其制品。在微生物及动植物组织中的各种酶及其他因素作用下，这些食品组成成分被分解成单糖、醇、醛、酮、羧酸、二氧化碳和水等低级产物。由微生物引起糖类物质发生的变质，习惯上称为发酵或酵解。

碳水化合物含量高的食品，变质的主要特征为酸度升高、产气并稍带有甜味、醇类气味等。食品种类不同，也表现为糖、醇、醛、酮含量升高或产气（CO_2），有时常带有这些产物特有的气味。水果中的果胶可被一种曲霉和多酶梭状芽孢杆菌所产生的果胶酶分解，并可使含酶较少的新鲜果蔬软化。

四、食品腐败变质的鉴定

食品受到微生物的污染后，容易发生变质。而鉴别食品的腐败变质一般是从感官、物理、化学和微生物四个方面来进行食品腐败变质的鉴定。

1. 感官鉴定

感官鉴定是以人的视觉、嗅觉、触觉、味觉来查验食品初期腐败变质的一种简单而灵敏的方法。食品初期腐败时会产生腐败臭味，发生颜色的变化（褪色、变色、着色、失去光泽等），出现组织变软、变黏等现象。这些都可以通过感官分辨出来，一般还是很灵敏的。

（1）色泽

食品无论在加工前或加工后，本身均呈现一定的色泽，如有微生物繁殖引起食品变质时，色泽就会发生改变。有些微生物产生色素，并分泌至细胞外，色素不断累积就会造成食品原有色泽的改变，如食品腐败变质时常出现黄色、紫色、褐色、橙色、红色和黑色的片状斑点或全部变色。另外，由于微生物代谢产物的作用促使食品发生化学变化时，也可引起食品色泽的变化。例如肉及肉制品的绿变，就是由于硫化氢与血红蛋白结合形成硫化氢血红蛋白所引起的；腊肠由于乳酸菌增殖过程中产生了过氧化氢会促使肉色素褪色或变绿。

（2）气味

食品本身有一定的气味，动、植物原料及其制品因微生物的繁殖而产生极轻微的变质时，人们的嗅觉就能敏感地觉察到有异常的气味产生。如氨、三甲胺、乙酸、硫化氢、乙硫醇、粪臭素等具有腐败臭味，这些物质在空气中浓度为10^{-11}～10^{-8} mol/m^{3}时，人们的嗅觉就可以察觉到。此外，食品变质时，其他胺类物质、甲酸、乙酸、酮、醛、醇类、酚类、靛基质化合物等也可察觉到。

食品中产生的腐败臭味，常是多种臭味混合而成的。有时也能分辨出比较突出的不良气味，例如：霉味臭、醋酸臭、胺臭、粪臭、硫化氢臭、酯臭等。但有时产生的有机酸以及水果变坏产生的芳香味等，人的嗅觉习惯不认为是臭味。因此评定食品质量不是以香、臭味来划分，而是应该按照正常气味与异常气味来评定。

(3) 口味

微生物造成食品腐败变质时也常引起食品口味的变化。而口味改变中比较容易分辨的是酸味和苦味。一般碳水化合物含量多的低酸食品，变质初期产生酸味是其主要的特征。但对于原来酸味就高的食品，对番茄制品来讲，微生物造成酸败时，酸味只是稍有增高，辨别起来就不那么容易。另外，某些假单孢菌污染消毒乳后可产生苦味；蛋白质被大肠杆菌、小球菌等微生物作用也会产生苦味。

当然，口味的评定从卫生角度看是不符合卫生要求的，而且不同人评定的结果往往意见分歧较多，因此只能作大概的比较，科学的口味评定应借助仪器来测试，这是食品科学需要解决的一项重要课题。

(4) 组织状态

固体食品变质时，动、植物性组织因微生物酶的作用，可使组织细胞破坏，造成细胞内容物外溢，这样食品的性状即出现变形、软化；鱼肉类食品则会呈现肌肉松弛、弹性差，有时组织体表出现发黏等现象；微生物还会引起粉碎后加工制成的食品，如糕点、乳粉、果酱等变质后出现黏稠、结块等表面变形、湿润或发黏现象。

液态食品变质后即会出现浑浊、沉淀，或在表面出现浮膜、变稠等现象，如鲜乳因微生物作用引起变质可出现凝块、乳清析出、变稠等现象，有时还会产气体。

2. 物理鉴定

食品的物理鉴定，主要是根据对蛋白质分解时低分子物质增多这一现象的分析，来先后研究食品浸出物量、浸出液电导率、折光率、冰点下降、黏度上升等指标。其中肉浸液的黏度测定尤为敏感，能反映其腐败变质的程度。

3. 化学鉴定

微生物的代谢，可引起食品化学组成的变化，并产生多种腐败性产物。因此，直接测定这些腐败产物就可作为判断食品质量的依据。

一般氨基酸、蛋白质类等含氮高的食品，如鱼、虾、贝类及肉类，在需氧性败坏时，常以测定挥发性盐基氮含量的多少作为评定的化学指标；对于含氮量少而含碳水化合物丰富的食品，在缺氧条件下的腐败则经常以测定有机酸的含量或 pH 值的变化作为指标。

(1) 挥发性盐基总氮

挥发性盐基总氮系指肉、鱼类样品浸液在弱碱性下能与水蒸气一起蒸馏出来的总氮量，主要是氨和胺类（三甲胺和二甲胺），常用蒸馏法或 Conway 微量扩散法定量测定。

该指标现已列入我国食品安全标准，是用于评价肉类鲜度的唯一理化指标。例如一般在低温有氧条件下，鱼类挥发性盐基氮的量达到 30 mg/100 g 时，即认为是变质的标志；GB 2707—2005 鲜（冻）畜肉卫生标准中挥发性盐基总氮≤15 mg/100 g。

（2）三甲胺

在挥发性盐基总氮构成的胺类中，主要的成分是三甲胺，是季胺类含氮物经微生物还原产生的。可用气相色谱法进行定量，或者将三甲胺制成碘的复盐，用二氯乙烯抽取测定。新鲜鱼虾等水产品、肉中没有三甲胺，初期腐败时，其量可达（4～6）mg/100 g。

（3）组胺

鱼贝类可通过细菌分泌的组氨酸脱羧酶使组氨酸脱羧生成组胺而发生腐败变质。当鱼肉中的组胺达到（4～10）mg/100 g，就会发生变态反应样的食物中毒。

（4）pH 值的变化

食品中 pH 值的变化，一方面可由微生物的作用或食品原料本身酶的消化作用，使食品中 pH 值下降；另一方面也可以由微生物的作用所产生的氨而促使 pH 值上升。一般腐败开始时食品的 pH 值略微降低，随后上升，因此多呈现 V 字形变动。例如，牲畜和一些青皮红肉的鱼在死亡之后，肌肉中因碳水化合物产生消化作用，造成乳酸和磷酸在肌肉中积累，以致引起 pH 值下降；其后因腐败微生物繁殖，肌肉被分解，造成氨积累，促使 pH 值上升。借助于 pH 计测定则可评价食品变质的程度。

但由于食品的种类、加工方法不同以及污染的微生物种类不同，pH 值的变动有很大差别，所以一般不用 pH 值作为初期腐败的指标。

4．微生物菌数测定

对食品进行微生物菌数的测定，可以反映食品被微生物污染的程度及是否发生变质，同时它是判定食品生产的一般卫生状况以及食品安全质量的一项重要依据。在我国国家食品安全标准中常用细菌总菌落数和大肠菌群的近似值来评定食品安全质量，一般食品中的活菌数达到 10^8 cfu/g 时，则可认为其处于初期腐败阶段（详见第八章　国家食品安全标准中的微生物指标及意义）。

第二节　常见食品的腐败变质

食品从原料到加工产品，随时都有被微生物污染的可能。这些污染的微生物在适宜条件下即可生长繁殖，分解食品中的营养成分，使食品失去原有的营养价值，成为不符合食品安全要求的食品。下面就各类食品的腐败变质作一一介绍。

一、乳及乳制品的腐败变质

各种不同的乳液，如牛乳、羊乳、马乳等，其成分虽各有差异，但都含有丰富的营养成分，容易消化吸收，是微生物生长繁殖的良好培养基。乳液一旦被微生物污染，在适宜条件下，就会迅速繁殖引起腐败变质而失去食用价值，甚至可能引起食物中毒或其他传染病的传播。

1. 乳液中微生物的来源及主要类群

牛乳在挤乳过程中会受到乳房和外界微生物的污染，通常根据其来源可以分为两类：

(1) 乳房内的微生物

牛乳在乳房内不是无菌状态，即使遵守严格无菌操作挤出的乳汁，在 1 mL 中也有数百个细菌。乳房中的正常菌群，主要是小球菌属和链球菌属。由于这些细菌能适应乳房的环境而生存，称为乳房细菌。乳畜感染后，体内的致病微生物可通过乳房进入乳汁而引起人类的传染。常见的能引起人畜共患疾病的致病微生物主要有：结核分枝杆菌、布鲁氏杆菌、炭疽杆菌、金黄色葡萄球菌、溶血性链球菌、沙门氏菌等。

(2) 环境中的微生物

乳液在环境中的微生物污染，包括挤奶过程中细菌的污染和奶液挤出后至食用前的一切环节中受到的细菌污染。污染的微生物的种类、数量直接受牛身体表面卫生状况、牛舍的空气、挤奶用具、容器、挤奶工人的个人卫生情况的影响。另外，挤出的奶在处理过程中，如不及时加工或冷藏不仅会增加新的污染机会，而且会使原来存在于鲜乳内的微生物数量增多，这样很容易导致鲜乳变质，所以挤奶后要尽快进行过滤、冷却。

2. 乳液的变质过程

乳液中含有溶菌酶等抑菌物质，使乳液本身具有抗菌特性。但这种特性延续时间的长短，随乳液温度高低和细菌的污染程度而不同。通常新挤出的乳液，迅速冷却到 0℃可保持 48 h，5℃可保持 36 h，10℃可保持 24 h，25℃可保持 6 h，30℃仅可保持 2 h。在这段时间内，乳内细菌是受到抑制的。

当乳液的自身杀菌作用消失后，乳液静置于室温下，可观察到乳液所特有的菌群交替现象。这种有规律的交替现象分为以下几个阶段：

(1) 抑制期（混合菌群期）

在新鲜的乳液中含有溶菌酶、乳素等抗菌物质，对乳液中存在的微生物具有杀灭或抑制作用。在杀菌作用终止后，乳液中各种细菌均会发育繁殖，由于营养物质丰富，暂时不发生互联或拮抗现象。这段时间约 12 h。

(2) 乳链球菌期

鲜乳中的抗菌物质减少或消失后，存在于乳液中的微生物，如乳链球菌、乳酸杆菌、大肠杆菌和一些蛋白质分解菌等迅速繁殖，其中以乳酸链球菌的生长繁殖居优势，它分解乳糖产生乳酸，使乳液中的酸性物质不断增高。由于酸度的增高，抑制了腐败菌、产碱菌的生长。以后随着产酸增多乳链球菌本身的生长也受到抑制，数量开始减少。

(3) 乳杆菌期

当乳链球菌在乳液中繁殖，乳液的 pH 值下降至 4.5 以下时，由于乳酸杆菌耐酸力较强，尚能继续繁殖并产酸。在此时期，乳液中可出现大量乳凝块，并有大量乳清析出，这个时期约有 2 天。

（4）真菌期

当酸度继续升高至 pH 值 3.0～3.5 时，绝大多数的细菌生长受到抑制或死亡。而霉菌和酵母菌尚能适应高酸环境，并利用乳酸作为营养来源而开始大量生长繁殖。由于酸被利用，乳液的 pH 值回升，逐渐接近中性。

（5）腐败期（胨化期）

经过以上几个阶段，乳液中的乳糖已基本上消耗掉，而蛋白质和脂肪含量相对较高，因此，此时能分解蛋白质和脂肪的细菌开始活跃，凝乳块逐渐被消化，乳液的 pH 值不断上升，向碱性转化，同时并伴随有芽孢杆菌属、假单孢杆菌属、变形杆菌属等腐败细菌的生长繁殖，于是牛奶出现腐败臭味。

在菌群交替现象结束时，乳液也产生各种异色、苦味、恶臭味及有毒物质，外观上呈现黏滞的液体或清水。

3. 乳液的消毒和灭菌

鲜乳消毒和灭菌是为了杀灭致病菌和部分腐败菌，消毒的效果与鲜乳被污染的程度有关。鲜乳的消毒灭菌方法有多种，以巴氏消毒法、超高温瞬时杀菌法最为常见（具体参照第三章第一节）。巴氏消毒的操作方法有多种，其设备、温度和时间各不相同，但都能达到消毒目的。

二、肉类的腐败变质

肉类食品包括畜禽的肌肉及其制品和内脏等，由于其营养丰富，有利于微生物生长繁殖；同时家畜、家禽的某些传染病和寄生虫病也可通过肉类食品传播给人，因此保证肉类食品的微生物安全是食品安全工作的重点。

1. 肉类中的微生物

参与肉类腐败过程的微生物是多种多样的，一般常见的有：腐生性微生物和病原微生物。腐生性微生物包括细菌、酵母菌和霉菌，它们污染肉品，使肉品发生腐败变质。

细菌主要是需氧的革兰氏阳性菌，如蜡样芽孢杆菌、枯草芽孢杆菌和巨大芽孢杆菌等；需氧的革兰氏阴性菌有假单胞杆菌属、无色杆菌属、黄色杆菌属、产碱杆菌属、埃希氏杆菌属、变形杆菌属等；此外还有腐败梭菌、溶组织梭菌和产气荚膜羧菌等厌氧梭状芽孢杆菌。

酵母菌和霉菌主要包括有假丝酵母菌属、丝孢酵母属、交链孢酶属、曲霉属、芽枝霉属、毛霉属、根霉属和青霉属。

病畜、禽肉类可能带有各种病原菌，如沙门氏菌、金黄色葡萄球菌、结核分枝杆菌、炭疽杆菌和布鲁氏杆菌等。它们对肉的主要影响并不在于使肉腐败变质，而是传播疾病，造成食物中毒。

2. 肉类变质现象

肉类腐败变质时，往往在肉的表面产生明显的感官变化，常见的有：

（1）发黏

微生物在肉表面大量繁殖后，使肉体表面有黏状物质产生，这主要是微生物繁殖后所形成的菌落，以及微生物分解蛋白质的产物。是由革兰氏阴性细菌、乳酸菌和酵母菌所产生。当肉的表面有发黏、拉丝现象时，其表面含菌数一般为 10^7 个/cm^2。

（2）变色

肉类腐败变质，常会在肉的表面出现各种颜色变化。最常见的是绿色，这是由于蛋白质分解产生的硫化氢与肉质中的血红蛋白结合后形成的硫化氢血红蛋白（H_2S-Hb）造成的，这种化合物积蓄在肌肉和脂肪表面，即显示暗绿色。另外，黏质赛氏杆菌在肉表面能产生红色斑点，深蓝色假单胞杆菌能产生蓝色，黄杆菌能产生黄色。有些酵母菌能产生白色、粉红色、灰色等斑点。

（3）霉斑

肉体表面有霉菌生长时，往往形成霉斑。特别是在一些干腌制肉制品中更为多见。如美丽枝霉和刺枝霉在肉表面产生羽毛状菌丝；白色侧孢霉和白地霉产生白色霉斑；草酸青霉产生绿色霉斑；蜡叶芽枝霉在冷冻肉上产生黑色斑点等。

（4）气味

肉体腐烂变质，除上述肉眼观察到的变化外，通常还伴随一些不正常或难闻的气味，如微生物分解蛋白质会产生恶臭味；在乳酸菌和酵母菌的作用下产生挥发性有机酸的酸味；霉菌生长繁殖产生的霉味等。

3. 鲜肉变质过程

健康动物的血液、肌肉和内部组织器官一般是没有微生物存在的，但由于在屠宰、运输、保藏和加工过程中的污染，致使肉体表面污染了一定数量的微生物。这时，肉体若能及时通风干燥，使肉体表面的肌膜和浆液凝固形成一层薄膜时，可固定和阻止微生物侵入内部，从而延缓肉的变质。

通常鲜肉保藏在0℃左右的低温环境中，可存放10 d左右而不变质。当保藏温度上升时，表面的微生物就能迅速繁殖，其中以细菌的繁殖速度最为显著。它沿着结缔组织、血管周围或骨与肌肉的间隙蔓延到组织的深部，最后使整个肉变质。宰后畜禽的肉体由于有酶的存在，使肉组织产生自溶作用，结果使蛋白质分解产生蛋白胨和氨基酸，这样更有利于微生物的生长。如绞碎的肉比整块肉含菌量高得多，因为在搅拌过程中微生物可以均匀地分布到碎肉中，当绞碎肉的含菌数达到 10^8 个/g 时，在室温条件下，24 h就可能出现异味。

随着保藏条件的变化与变质过程的发展，细菌由肉的表面逐渐向深部浸入，与此同时，细菌的种类也发生变化，呈现菌群交替现象。这种菌群交替现象一般分为三个时期，即需氧期繁殖期、兼性厌氧繁殖期和厌氧菌繁殖期。

（1）需氧菌繁殖期

细菌分解前3～4 d，细菌主要在表层蔓延，最初见到各种球菌，继而出现大肠杆菌、变形杆菌和枯草杆菌等。

（2）兼性厌氧菌期

腐败分解3～4 d后，细菌已在肉的中层出现，能见到产气荚膜杆菌等。

（3）厌氧菌繁殖期

在腐败分解的7～8 d以后，深层肉中已有细菌生长，主要是腐败杆菌。

值得注意的是这种菌群交替现象与肉的保藏温度有关，当肉的保藏温度较高时，杆菌的繁殖速度较球菌快。

三、鱼类的腐败变质

1. 鱼类中的微生物

目前一般认为，新捕获的健康鱼类，其组织内部和血液中常常是无菌的，但在鱼体表面的黏液中，鱼鳃以及肠道内存在着微生物。当然由于季节、所处鱼场环境及种类的不同，其体表所附细菌数有所差异。存在于鱼类中的微生物主要有：假单胞菌属、无色杆菌属、黄杆菌属、不动杆菌属、拉氏杆菌属和弧菌属。淡水中的鱼还有产碱杆菌、气单孢杆菌和短杆菌属。另外，芽孢杆菌、大肠杆菌、棒状杆菌等也有报导。

2. 鱼类的腐败变质

一般情况下，鱼类比肉类更易腐败。因为通常鱼类在被捕获后，不是立即清洗处理，多数情况下是带着容易腐败的内脏和鳃一道进行运输，这样就容易引起腐败。其次，鱼体本身含水量高（70%～80%），组织脆弱，鱼鳞容易脱落，细菌容易从受伤部位侵入，而鱼体表面的黏液又是细菌良好的培养基，因而造成了鱼类死后会很快发生腐败变质。

四、鲜蛋的腐败变质

1. 鲜蛋中的微生物

通常新产下的鲜蛋里是没有微生物的，且新蛋的蛋壳表面有一层黏液胶质层，具有防止水分蒸发、阻止外界微生物侵入的作用。其次，在蛋壳膜和蛋白中，存在一定的溶菌酶，也可以杀灭侵入壳内的微生物，故正常情况下鲜蛋可保存较长的时间而不发生变质。然而鲜蛋也会受到微生物的污染，当母禽不健康时，机体防御机能减弱，外界的细菌可侵入到其输卵管，甚至卵巢。而蛋产下后，蛋壳会立即受到禽类、空气等环境中微生物的污染，如果胶质层被破坏，污染的微生物就会透过气孔进入蛋内，当保存的温度和湿度过高时，侵入的微生物就会大量生长繁殖，结果造成蛋的腐败。

鲜蛋中常见的微生物有：大肠菌群、无色杆菌属、假单胞菌属、产碱杆菌属、变形杆菌属、青霉属、枝孢属、毛霉属、枝霉属等。另外，蛋中也可能存在病原菌，如沙门氏菌、金黄色球菌等。

2. 鲜蛋的腐败变质

由于上述的多种原因，鲜蛋也容易发生腐败变质，其变质有如下两种类型：

（1）由细菌引起的鲜蛋变质

侵入到蛋中的细菌不断生长繁殖并形成各种相适应的酶，然后分解蛋内的各组成成分，使鲜蛋发生腐败并产生难闻的气味。其中荧光假单孢菌可引起蛋黄膜破裂，蛋黄流出与蛋白混合（即散蛋黄）。如果进一步发生腐败，蛋黄中的核蛋白和卵磷脂也被分解，会产生恶臭的 H_2S 等气体和其他有机物，使整个内含物变为灰色或暗黑色。这种黑腐病主要是由变形杆菌属和某些假单胞菌和气单胞菌引起。

（2）由霉菌引起的鲜蛋变质

霉变的霉菌菌丝经过蛋壳气孔侵入后，首先在蛋壳膜上生长起来，逐渐形成斑点菌落，造成蛋液粘壳，蛋内成分分解并有不愉快的霉变气味产生。

五、罐藏食品的腐败变质

罐藏食品是将食品原料经一系列加工处理后，再装入容器，经密封、杀菌而制成的一种特殊形式保藏的食品。一般来说，罐藏食品可保存较长时间而不发生腐败变质。但是有时由于杀菌不彻底或密封不良，也会遭受微生物的污染而造成罐藏食品的变质。

1. 罐藏食品的性质

存在于罐藏食品上的微生物能否引起食品变质，是由多种因素决定的。其中食品的pH值是一个重要因素。因为食品的pH值多半与食品原料的性质及确定的食品杀菌工艺条件有关，并进而与引起食品变质的微生物有关。罐藏食品的分类及要求热力灭菌的温度见表6—4。

表6—4　　不同pH值罐藏食品分类

罐头类型	pH值	主要原料	热力灭菌要求
低酸性食品	5.3以上	谷类、豆类、肉、禽、乳、鱼、虾等	高温杀菌105～121℃
中酸性食品	5.3～4.5	多数蔬菜、甜菜、瓜类等	高温杀菌105～121℃
酸性食品	4.5～3.7	番茄、梨、柑橘等多数水果及果汁	沸水或100℃以下介质中杀菌
高酸性食品	3.7以下	酸泡菜、果酱、部分水果及果汁	沸水或100℃以下介质中杀菌

2. 罐藏食品常见的腐败变质现象

（1）胀罐

罐藏食品腐败变质以后，底盖不像正常情况下那样呈平坦状或凹状，而是出现外凸的现象，形成胀罐。根据底盖外凸的程度，又可分为隐胀、轻胀和硬胀三种情况。

（2）平酸

平酸是指食品已发生酸败，而罐的外观仍属正常，盖和底不发生膨胀，呈平坦或内凹状。这是由于只产酸、不产生气体的缘故。

（3）黑变

在某种细菌活动下，含硫蛋白质被分解，并产生硫化氢。硫化氢气体又与罐内壁铁质发生化学反应形成黑色化合物（FeS），沉积于罐内、罐壁或食品上，以致食品发黑并呈臭味。黑变又称硫化的腐败。这类腐败的罐藏食品外观一般正常，有时也会出现隐胀或轻胀。

（4）发霉

相对来讲，这类腐败不太常见。只有容器裂漏或罐内真空度过低时，才有可能在低水分和高浓度糖分的食品表面出现霉变。

3. 腐败变质的原因

导致罐藏食品发生腐败变质的原因是多方面的，但主要是由化学因素或生物因素、或者二者共同作用所引起的。

（1）化学因素

食品中的酸和马口铁相互作用而产生氢气，会引起罐藏食品“氢膨胀”，使食品发生变质。引起“氢膨胀”的因素有：食品的酸度增加、储藏的温度升高、罐内部镀层和喷漆的缺陷、排气不良、可溶性硫和磷的化合物的存在等。另外，由于食品和马口铁的相互作用，还有可能产生以下后果：罐内侧变色、食品变色、食品中产生不良的气味、饮料或糖浆产生混浊、金属腐蚀或产生穿孔以及食品丧失营养价值等。

（2）微生物因素

微生物因素是指由于罐藏食品污染了微生物而导致食品腐败变质。微生物污染可能来自以下两个原因或者其中之一：

1）杀菌之后罐中残留的微生物。这是由于灭菌不彻底所造成的。在食品工业中，罐藏食品的杀菌只是一种商业灭菌。它只要求在罐内没有致病菌、产毒菌，但并不要求做到“无菌”水平，即允许罐内残留非致病微生物。实际上这些残留下来的微生物是一个隐患。一旦外界环境条件合适，它们就会生长繁殖而有可能导致食品发生变质。而经过高压蒸汽杀菌后的罐藏食品内的残留微生物均是耐热的细菌。

2）杀菌之后发生漏罐。罐藏食品经过杀菌后，一旦由于密封性能不佳发生漏罐，很容易造成微生物污染。通过漏罐发生微生物污染的重要污染源是冷却水。这是因为罐藏食品在热处理后要通过冷却水进行冷却。这样冷却水中的腐败菌就有可能随同冷却水通过漏洞而进入罐内。空气也可能是污染源，但不是重要的。

通过漏罐重新侵入的微生物不一定是耐热的微生物。它可能是不同类型的微生物。

4. 引起罐藏食品变质的主要微生物

罐藏食品由微生物引起的腐败变质通常分为嗜热菌、中温菌、不产芽孢菌、酵母菌和霉菌引起的腐败。

（1）芽孢杆菌

嗜热脂肪芽孢杆菌和凝结芽孢杆菌，是引起罐头平酸腐败（产酸不产气腐败）的嗜热菌；枯草芽孢杆菌、巨大芽孢杆菌和蜡样芽孢杆菌，是引起罐头平酸腐败的中温菌；也有少数中温芽孢细菌引起罐头腐败变质时伴随有气体产生，如多黏芽孢村菌、浸麻芽孢杆菌；TA 菌（如嗜热解糖梭菌）是一种分解糖、专性嗜热、产芽孢的厌氧菌；特别是厌氧的肉毒梭状芽孢杆菌，在食品中繁殖能产生肉毒毒素，且毒性很强，因此罐藏食品常常把能否杀死肉毒梭菌的芽孢作为灭菌标准。罐藏食品发生由芽孢杆菌引起的腐败，多是由于杀菌不彻底造成的。

（2）非芽孢细菌

一类是肠杆菌，如大肠杆菌、产气杆菌、变形杆菌等；另一类是球菌，如乳链球菌、类链球菌和嗜热链球菌等，它们能分解糖类产酸，并产生气体造成罐头胀罐。不产芽孢的细菌耐热性不如产芽孢细菌，如果罐头中发现有不产芽孢的细菌，这常常是由于罐头密封不良、漏气而造成的，或由于杀菌温度过低造成的。

（3）酵母菌

引起罐藏食品变质的酵母菌主要是球拟酵母属、假丝酵母属和啤酒酵母属。由于罐头食品加热杀菌不充分，或罐头密封不良而导致了酵母菌残存于罐内。罐藏食品因酵母引起的变质，绝大多数发生在酸性或高酸性罐头食品中，如水果、果浆、糖浆以及甜炼乳等制品。酵母菌多为兼性厌氧菌，发酵糖产生二氧化碳而造成腐败胀罐。

（4）霉菌

霉菌具有耐酸、耐高渗透压的特性，因此会引起罐藏食品变质，常见于酸度高（pH值在4.5以下）的罐头食品中。但霉菌多为好氧菌，且一般不耐热，若罐头食品中有霉菌出现，说明该食品罐头真空度不够、漏气或杀菌不充分而导致了霉菌残存，例如青霉属、曲霉属等。但也有少数几种霉菌耐热，如纯黄丝衣霉菌和雪白丝衣霉菌等较耐热、耐低氧，可引起水果罐头发酵糖产生二氧化碳而胀罐。

六、果蔬及其制品的腐败变质

1．微生物引起新鲜果蔬的变质

水果和蔬菜的表皮和表皮外覆盖着一层蜡质状物质，这种物质有防止微生物侵入的作用，因此一般正常的果蔬内部组织是无菌的。但是当果蔬表皮组织受到昆虫的刺伤或其他机械损伤时，微生物就会从此侵入并进行繁殖，从而引起果蔬的腐烂变质，尤其是成熟度高的果蔬更易损伤。

水果与蔬菜的物质组成特点是以碳水化合物和水为主，水分含量高，这些是果蔬容易引起微生物变质的一个重要因素（水果85%、蔬菜88%）；其次水果pH值<4.5，蔬菜pH值在5～7之间，这决定了水果蔬菜中能进行生长繁殖的微生物的类群。引起水果变质的微生物，开始只能是酵母菌、霉菌；引起蔬菜变质的微生物是霉菌、酵母菌和少数细菌。

最常见的现象是霉菌首先在果蔬表皮损伤处繁殖或者在果蔬表面有污染物黏附的区域繁殖，侵入果蔬组织后，组织壁的纤维素首先被破坏，进而分解果胶、蛋白质、淀粉、有机酸、糖类，继而酵母菌和细菌开始繁殖。由于微生物繁殖，果蔬外观上就表现出深色的斑点，组织变得松软、发绵、凹陷、变形，并逐渐变成浆液状甚至是水液状，并产生了各种不同的味道，如酸味、芳香味和酒味等。

2．微生物引起果汁的变质

（1）引起果汁变质的微生物

由于水果原料带有一定数量的微生物，在果汁制造过程中，不可避免地会受到微生物的污染，因而果汁中会存在一定数量的微生物。但微生物进入果汁后能否生长繁殖，主要取决于果汁的pH值和果汁中糖分含量的高低。由于果汁的酸度pH值多为2.4～4.2，且糖度较高，因而在果汁中生长的微生物主要是酵母菌、霉菌和极少数的细菌。

果汁中的细菌主要是植物乳杆菌、乳明串珠菌和嗜酸链球菌。它们可以利用果汁中的糖、有机酸生长繁殖并产生乳酸、CO_2等和少量丁二酮、3-羟基-2-丁酮等香味物质。乳明串珠菌可产生粘多糖等增稠物质而使果汁变质；当果汁的pH值>4.0时，酪酸菌容易生长而进行丁酸发酵。

酵母菌也是果汁中所含的微生物数量和种类最多的一类微生物，它们是从鲜果中带来或是在压榨过程中环境污染的，酵母菌能在pH值>3.5的果汁中生长。果汁中的酵母菌，主要有假丝酵母菌属、圆酵母菌属、隐球酵母属和红酵母属。此外，苹果汁保存于低CO_2气体中时，常会见到汉逊氏酵母菌生长，此菌可产生水果香味的酯类物质；柑橘汁中常出现有越南酵母菌、葡萄酒酵母、圆酵母属和醭酵母属的酵母菌，这些菌是在加工中污染的；浓缩果汁由于糖度高、酸度高，细菌的生长受到抑制，在其内部生长的是一些耐渗透压的酵母菌，如鲁氏酵母菌和蜂蜜酵母菌等。

霉菌引起果汁变质时会产生难闻的气味。果汁中存在的霉菌以青霉属最为多见，如扩张青霉、皮壳青霉，其次是曲霉属的霉菌，如构巢曲霉、烟曲霉等。原因是霉菌的孢子有较强的抵抗力，可以在较长的时间保持其活力。但霉菌一般对 CO_2 敏感，故充入 CO_2 的果汁可以防止霉菌的生长。

（2）微生物引起果汁变质的现象

微生物引起果汁变质一般会出现浑浊、产生酒精和导致有机酸的变化。果汁浑浊除了化学因素引起外，造成果汁浑浊的原因大多数是由于酵母菌进行酒精发酵而造成的，当然有时也可由霉菌而造成。通常引起浑浊的是圆酵母菌属中的一些种，以及一些耐热性的霉菌，如雪白丝衣霉菌、纯黄衣霉菌和宛氏拟青霉等。但霉菌在果汁中少量生长时，并不发生浑浊，仅使果汁的风味变坏，产生霉味和臭味等，原因是它们能产生果胶酶，对果汁起澄清作用，只有大量生长时才会浑浊。

引起果汁产生酒精而变质的微生物主要是酵母菌，常见的酵母菌有葡萄汁酵母菌、啤酒酵母菌等。酵母菌能耐受 CO_2，当果汁含有较高浓度的 CO_2 时，酵母菌虽不能明显生长，但仍能保持活力，一旦 CO_2 浓度降低，即可恢复生长繁殖的能力。此外，少数霉菌和细菌也可引起果汁产生酒精变质，如甘露醇杆菌、明串珠菌、毛霉、曲霉、镰刀霉中的部分菌种。

果汁变质时还可导致有机酸的变化。果汁中含有多种有机酸如酒酸、柠檬酸、苹果酸，它们以一定的含量形成了果汁特有的风味，当微生物生长繁殖后，会分解或合成某些有机酸，从而改变了它们的含量比例，因而使果汁原有的风味被破坏，有时甚至会产生一些令人不愉快的异味。如解酒石杆菌、黑根霉、葡萄孢霉属、青霉属、毛霉属、曲霉属和镰刀霉属等。

七、糕点的腐败变质

1. 糕点变质现象和微生物类群

糕点类食品由于含水量较高，糖、油脂含量较多，在阳光、空气和较高温度等因素的作用下，易引起霉变和酸败。引起糕点变质的微生物类群主要是细菌和霉菌，如沙门氏菌、金黄色葡萄球菌、粪肠球菌、大肠杆菌、变形杆菌、黄曲霉、毛霉、青霉和镰刀霉等。

2. 糕点变质的原因

糕点变质主要是由于生产原料不符合质量标准、制作过程中灭菌不彻底和糕点包装储藏不当而造成的。

（1）生产原料不符合质量标准

糕点食品的原料有糖、奶、蛋、油脂、面粉、食用色素、香料等，市售糕点往往不再加热而直接入口。因此，对糕点原料的选择、加工、储存、运输和销售等都应遵守严格的卫生要求。糕点食品发生变质的原因之一是原料的质量问题和冷却时的二次污染，如作为糕点原料的奶及奶油未经过巴氏消毒、奶液中污染有较高数量的细菌及其毒素；蛋类在打蛋前未洗涤蛋壳，不能有效地去除微生物等。为了防止糕点的霉变以及油脂和糖的酸败，应对生产糕点的原料进行消毒和灭菌。对糕点制作中所使用的花生仁、芝麻、核桃仁和果仁等如发现已有霉变和酸败迹象的不能采用。另外应注意冷却环节的卫生。

（2）制作过程中灭菌不彻底

各种糕点食品生产时，都要经过高温处理，既是食品熟制又是杀菌过程，在这个过程中大部分的微生物都能被杀死，但抵抗力较强的细菌芽孢和霉菌孢子往往会残留在食品中，遇到适宜的条件，仍能生长繁殖，引起糕点食品变质。

（3）糕点包装不当

在糕点的生产过程中，由于包装及环境等方面的原因，也会使糕点食品污染许多微生物。烘烤后的糕点，必须冷却后才能包装。所使用的包装材料应无毒、无味，生产和销售部门应具备冷藏设备。

第三节　食品腐败变质的控制

食品的腐败变质主要是由于食品中的酶以及微生物的作用，使食品中的营养物质分解或氧化而引起的。食品的防腐、保藏就是围绕着防止微生物污染、杀灭或抑制微生物生长繁殖以及延缓食品自身组织酶的分解作用而进行的，采用物理学、化学和生物学方法或者几种方法组合，可使食品在尽可能长的时间内，保持其原有的营养价值、色、香、味及良好的感官性状，从而达到延长食品货架期的目的。

一、食品的低温保藏

食品在低温条件下，本身的酶活性及化学反应会得到延缓，食品中残存微生物生长繁殖速度大大降低或完全被抑制。因此食品的低温保藏可以防止或减缓食品的变质，在一定的期限内，可较好地保持食品的品质。

目前在食品制造、储藏和运输系统中，普遍采用人工制冷的方式来保持食品的质量。使食品原料或制品从生产到消费的全过程中，始终保持低温，这种保持低温的方式或工具称为冷链。其中包括制冷系统、冷却或冷冻系统、冷库、冷藏车船以及冷冻销售系统等。

另外，冷却和冷冻不仅可以延长食品货架期，也可和某些食品的制造过程结合起来，达到改变食品性能和功能的目的。例如，冷饮、冰淇淋制品、冻结浓缩、冻结干燥、冻结粉碎等，都已普遍得到应用。近年来，在我国方便食品体系中，冷冻方便食品也日渐普及。

低温保藏一般可分为冷藏和冷冻两种方式。前者无冻结过程，新鲜果蔬类和短期储藏的食品常用此法。后者要将保藏物降温到冰点以下，使水部分或全部呈冻结状态，动物性食品常用此法。

1. **食品的冷藏**

一般的冷藏是指在不冻结状态下的低温储藏。病原菌和腐败菌大多为中温菌，其最适宜生长温度为20～40℃，在10℃以下大多数微生物便难于生长繁殖；－10℃以下仅有少数嗜冷性微生物还能活动；－18℃以下几乎所有的微生物不再发育。因此，低温保藏只有在－18℃以下才是较为安全的。低温下食品内原有的酶的活性大大降低，大多数酶的适宜活动温度为30～40℃，温度维持在10℃以下，酶的活性将受到很大程度的抑制，因此冷藏可延缓食品的变质。冷藏的温度一般设定在－1～10℃范围内，冷藏也只能是食品储藏的短期行为（一般为数天或数周）。

另外，在最低生长温度时，微生物生长非常缓慢，但它们仍在进行生命活动。如霉菌中的侧孢霉属、枝孢属在－6.7℃还能生长；青霉属和丛梗孢霉属的最低生长温度为4℃；细菌中假单胞菌属、无色杆菌属、产碱杆菌属、微球菌属等在－4～7.5℃下生长；酵母菌中，一种红色酵母在－34℃冰冻温度时仍能缓慢发育。

对于动物性食品，冷藏温度越低越好，但对新鲜的蔬菜水果来讲，如温度过低，则将引起果蔬的生理机能障碍而受到冷害（冻伤）。因此应按其特性采用适当的低温，并且还应结合环境的湿度和空气成分进行调节（见后面的食品气调保藏法）。水果、蔬菜收获后，仍保持着呼吸作用等生命活动，不断地产生热量，并伴随着水分的蒸发散失，从而引起新鲜度的降低，因此在不致造成细胞冷害的范围内，也应尽可能降低其储藏温度。湿度高虽可抑制水分的散失，但高湿度也容易引起微生物的繁殖，故湿度一般保持在85％～95％为宜。还应说明的是食品的具体储存期限，还与食品的卫生状况、果蔬的种类、受损程度以及保存的温度、湿度、气体成分等因素有关，不可一概而论。

2. **食品的冷冻保藏**

食品在冰点以上时，只能做较短期的保藏，较长期保藏需在－18℃以下冷冻保藏。

（1）冻结

当食品中的微生物处于冰冻状态时，细胞内游离水形成冰晶体，失去了可利用的水分，水分活度A_w值降低，渗透压提高，细胞内细胞质因浓缩而增大黏性，引起pH值和胶体状态的改变，从而使微生物的活动受到抑制，甚至死亡；微生物细胞内的水结为冰晶，冰晶体对细胞也有机械性损伤作用，也直接导致部分微生物的裂解死亡。

食品在冻结过程中，不仅损伤微生物细胞，鲜肉类、果蔬等生鲜食品的细胞也同样受到损伤，致使其品质下降。食品冻结后，其质量是否优良，受冻结时生成冰晶的形状、大小与分布状态的影响很大。如肉类在缓慢冻结中，冰晶先在溶液浓度较低的肌细胞外生成，结晶核数量少，冰晶生长大，损伤细胞膜，使细胞破裂，解冻时细胞质液外流而形成渗出液，导致肉类营养、水分和鲜味流失，口感降低。同时肌细胞的水分透过细胞膜形成冰晶，肌细胞脱水萎缩，解冻时细胞不可能完全恢复原状。果蔬等植物食品因含水分较高，结冰率更大，更易受物理损伤而使风味受到损失。

冻结时冰晶的大小与其通过最大冰晶生成带的时间有关。肉、鱼等食品通常在－5～－1℃的温度范围为其最大冰晶生成带。冻结速度越快，形成的晶核越多，冰晶越小，且均匀分布于细胞内，不致损伤细胞组织，解冻后复原情况也较好。因此快速冻结有利于保持食品（尤其是生鲜食品）的品质。

所谓快速冻结，即速冻，通常指的是食品在 30 min 内冻结到所设定的温度（−20℃）；或以 30 min 左右通过最大冰晶生成带（−5～−1℃）为准。如以生成冰晶的大小为准，生成的冰晶大小在 70 μm 以下者称为速冻。不过因食品种类不同，受冰晶的影响也不同，故很难有统一的标准。

肉的冻结速度是指在单位时间内，肉体由表面伸展向内部的冻结速度（即结冰层厚度，以厘米表示）。一般可分为：冻结速度为 0.1～1 cm/h，称为缓慢冻结；冻结速度为 1～5 cm/h，称为中速冻结；冻结速度为 5～20 cm/h，称为快速冻结。实践证明对中度厚度的半爿猪肉在 20 h 内由 0～4℃冻结到−18℃，冻结质量是好的。对大多数食品来说，冻结速度在 2～5 cm/h 即可避免质量的下降。肉类中的蛋白质在冻结时会引起酶活性、溶解性、黏度、凝胶形成力、起泡性等一系列变化。一般来说，冻结速度越慢，冻结的最终温度越低，蛋白质变性的程度也越大。防止动物性蛋白质的冻结变性，对于食品的价值及原料品质的保持有重要的意义，低温对果蔬中的脂氧合酶和儿茶酚氧化酶等氧化还原活性较难抑制，这也是绿色果蔬褐变的主要原因。解冻后，冷冻对组织的损伤使氧化还原酶活性提高，更易发生褐变现象。因此若对水果、蔬菜冷冻，在冻结处理前往往要先行杀酶。通常用热水或蒸汽作短时间的热烫处理，即可使酶失活。表 6—5 列举了部分食品的低温冻藏条件和储存期限。

表 6—5　　部分食品的冻藏条件及储存期限

品名	结冰温度/℃	冻藏温度/℃	相对湿度/%	保藏期限
奶油	−2.2	−29～−23	80～85	1 年
加糖奶酪	—	−26	—	数月
冰淇淋	—	−26	—	数月
脱脂乳	—	−26	—	短期
冻结鸡蛋	−0.6～−0.45	−23～−18	90～95	1 年以上
冻结鱼	−1.0	−23～−18	90～95	8～10 月
猪油	—	−18	90～95	2～14 月
冻结牛肉	−1.7	−23～−18	90～95	9～18 月
冻结猪肉	−1.7	−23～−18	90～95	4～12 月
冻结羊肉	−1.7	−23～−18	90～95	8～10 月
冻结兔肉	—	−23～−18	—	6 月以内
冻结果实	—	−23～−18	—	6～12 月
冻结蔬菜	—	−23～−18	—	2～6 月
三明治	—	−18～−15	95～100	5～6 月

(2) 解冻

解冻是冻结的逆过程。通常是冻品表面先升温解冻，并与冻品中心保持一定的温度梯度。由于各种原因，解冻后的食品并不一定能恢复到冻结前的状态。冻结食品解冻时，冰晶升温而溶解，食品物料因冰晶溶解而软化，微生物和酶开始活跃。因此解冻过程的设计要尽可能避免因解冻而可能遭受损失。对不同的食品，应采取不同的解冻方式。

通常是利用流动的冷空气、水、盐水、水冰混合物等作为解冻媒体进行解冻。温度控制在0～10℃，可防止食品在过高温度下造成微生物和酶的活动，防止水分的蒸发。对于即食食品的解冻，可以用高温快速加热。用微波解冻是较好的解冻方法，能量在冻品内外同时发生，解冻时间短，渗出液少，可以保持解冻品的优良品质。

冻结状态良好的肉类，在缓慢解冻时，融解的水分会再度被肉质所吸收，滴落液较少，肉质可基本恢复至原来的状态。对于冻结状态较差的肉类，在解冻时产生的滴落液较多，不仅肉的重量损失较多，肉中部分可溶性物质也会随之损失，肉的质量降低。

二、食品的气调保藏

气调保藏是指用阻气性材料将食品密封于一个改变了气体成分的环境中，从而抑制腐败微生物的生长繁殖及生化活性，达到延长食品货架期的目的。

1. 气调保藏的原理

果蔬的变质主要是由于果蔬的呼吸和蒸发、微生物生长、食品成分的氧化或褐变等作用引起的，而这些作用与食品储藏的温度和环境气体有密切的关系，如氧气、二氧化碳、氮气、水分等。如果能控制食品储藏环境气体的组成，如增加环境气体中CO_2、N_2比例，降低O_2比例，控制食品变质的因素，可达到延长食品保鲜或保藏期的目的。

气调保藏可以降低果蔬的呼吸强度；降低果蔬对乙烯作用的敏感性；延长叶绿素的寿命；减慢果胶的变化；减轻果蔬组织在冷害温度下积累乙醛、醇等有毒物质，从而减轻冷害；抑制食品微生物的活动；防止虫害；抑制或延缓其他不良变化。因此，气调保藏特别适合于鲜肉、果蔬的保鲜，另外还可用于谷物、鸡蛋、肉类、鱼产品等的保鲜或保藏。

一般来说，果蔬在储藏中希望尽可能降低气体成分中的氧气分压，但是如果氧气浓度降得过低，体内有机物就不能形成好气性分解，从而会引起有害于品质的厌氧性发酵。所以，当降低氧气的浓度时，应以不致造成厌氧性呼吸障碍为度。提高环境中二氧化碳的浓度可降低果蔬成熟反应（蛋白质、色素的合成）的速度，抑制微生物和某些酶（如琥珀酸脱酶、细胞色素氧化酶）的活动，抑制叶绿素的分解，改变各种糖的比例，从而良好地保持新鲜蔬菜和水果的品质。但若二氧化碳浓度过高，将造成正常呼吸的生理障碍，反而会缩短储藏时间。各种蔬菜水果的最适二氧化碳浓度均有所差别，一般水果为2%～3%，蔬菜为2.5%～5.5%，同时也都受到氧气浓度和环境温度的影响。氧浓度过低或二氧化碳浓度过高都可能引起果蔬的异常代谢，从而使组织受到伤害。表6—6列出了各种蔬菜、水果气调储藏的工艺条件。

表 6—6　　各种蔬菜、水果气调储藏的工艺条件

品名	气体成分		温度/℃	品名	气体成分		温度/℃
	O_2/%	CO_2/%			O_2/%	CO_2/%	
苹果	3	2～8	0～8	橘	3～5	2～4	6.5
洋葱	2～3	0～2	12～14	番茄	3～10	5～10	9
香蕉	5～10	5～10	0	黄瓜	3～16	5	13
草莓	3～5	5～10	0	莴苣	3～5	2～3	0～1
桃子	2	4～5	0	蘑菇	3～5	3～10	0～1
葡萄	0.5～1	1～2	12～14	花菜	15	5	0～1
柠檬	5～10	5～10	4～6	梨	4～5	3～4	0

2. 气调保藏的方法

根据气体调节原理可将气调储藏分为MA和CA两种。前者指用改良的气体建立气调系统，在以后储藏期间不再调整；后者指在储藏期间，气体的浓度一直控制在某一恒定的值或范围内，这种方法效果更为确切。要想控制食品的储藏气体环境，则必须将食品封闭在一定的容器或包装内。如气调库、气调车、气调垛、气调袋、涂膜保鲜、真空包装和充气包装等。

气调的方法较多，主要有自然气调法、置换气调法（即氮气、二氧化碳置换包装）、氧气吸收剂封入包装、涂膜气调法、减压（真空）保藏和充气包装等。但总的来说，其原理都是基于降低含氧量、提高二氧化碳或氮气的浓度，并根据各储藏物的不同要求，使气体成分保持在所希望的状况。

三、食品的加热杀菌保藏

1. 微生物的耐热性及影响加热杀菌的因素

微生物耐热性及影响加热杀菌的因素参照第二章第四节。需要强调的是在食品基质中的脂肪、蛋白质、糖及其他胶体物质，对细菌、酵母、霉菌及其孢子起着显著的保护作用，这可能是由于细胞质的部分脱水作用，阻止了蛋白质凝固的缘故。因此在对高脂肪及高蛋白食品的加热杀菌时需加以注意。多数香辛料，如芥子、丁香、洋葱、胡椒、蒜、香精等，对微生物孢子的耐热性有显著的降低作用。

2. 加热杀菌的方法

食品的腐败常常是由于微生物和酶所致。食品通过加热杀菌和使酶失活，可久储不坏，但必须不重复染菌，因此要在装罐装瓶密封以后灭菌，或者灭菌后在无菌条件下充填装罐。食品加热杀菌的方法很多，主要有常压杀菌（巴氏消毒法）、加压杀菌、超高温瞬时杀菌（参照第二章第四节）。另外，还有微波杀菌、远红外线加热杀菌和欧姆杀菌等新技术。

（1）微波杀菌

微波（超高频）一般是指频率在300～300 000 MHz的电磁波。目前915 MHz和2 450 MHz两个频率已广泛地应用于微波加热。915 MHz可以获得较大穿透厚度，适用

于加热含水量高、厚度或体积较大的食品；对含水量低的食品宜选用 2 450 MHz。

微波杀菌的机理是基于热效应和非热生化效应两部分：

1）热效应：微波作用于食品，食品表里同时吸收微波能，温度升高。污染的微生物细胞在微波场的作用下，其分子被极化并作高频振荡，产生热效应，温度的快速升高使其蛋白质结构发生变化，从而使菌体死亡。

2）非热生化效应：微波使微生物生命化学过程中产生大量的电子、离子，使微生物生理活性物质发生变化；电场也使细胞膜附近的电荷分布改变，导致膜功能障碍，使微生物细胞的生长受到抑制，甚至停止生长或死亡。另外，微波还可以导致细胞 DNA 和 RNA 分子结构中的氢键松弛、断裂和重新组合，诱发基因突变。

微波杀菌保藏食品是近年来在国际上发展起来的一项新技术，具有快速、节能、对食品的品质影响很小的特点。因此，能保留更多的活性物质和营养成分，适用于人参、香菇、猴头菌、花粉、天麻以及中药、中成药的干燥和灭菌。微波还可应用于肉及其制品、禽及其制品、奶及其制品、水产品、水果、蔬菜、罐头、谷物，布丁和面包等一系列产品的杀菌、灭酶保鲜和消毒，延长货架期。此外，微波还应用于食品的烹调，冻鱼、冻肉的解冻，食品的脱水干燥、漂烫、焙烤以及食品的膨化等领域。

（2）远红外线加热杀菌

远红外线是指波长为 2.5～1 000 μm 的电磁波。食品的很多成分对 3～10 μm 的远红外线有强烈的吸收，因此食品杀菌往往选择这一波段的远红外线加热。

远红外线加热具有热辐射率高、热损失少、加热速度快、传热效率高、食品受热均匀、不会出现局部加热过度或夹生现象，食物营养成分损失少等特点。因此，远红外的杀菌、灭酶效果是明显的。日本的山野藤吾曾将细菌、酵母、霉菌悬浮液装入塑料袋中，进行远红外线杀菌试验，远红外照射的功率分别为 6 kW、8 kW、10 kW、12 kW，试验结果表明，照射 10 min，能使不耐热细菌全部被杀死，使耐热细菌数量降低10^5～10^8个数量级。照射强度越大，残活菌越少，但要达到食品保藏要求，照射功率要在 12 kW 以上或延长照射时间。

远红外加热杀菌不需经过热媒，照射到待杀菌的物品上，加热直接由表面渗透到内部，因此远红外加热已广泛应用于食品的烘烤、干燥、解冻，以及坚果类、粉状、块状、袋装食品的杀菌和灭酶。

（3）欧姆杀菌

这是一种新型的热杀菌方法。欧姆加热是利用电极将电流直接导入食品，由食品本身介电性质所产生的热量，以达到直接杀菌的目的。一般所使用的电流是 50～60 Hz 的低频交流电。

欧姆杀菌与传统罐装食品的杀菌相比具有不需要传热面、热量在固体产品内部产生、适合于处理含大颗粒固体产品和高黏度物料的特点。此系统操作连续、平稳，易于自动化控制，具有维护费用、操作费用低等优点。

四、食品的脱水保藏

食品的脱水保藏，包括干燥脱水和高渗透压脱水两种传统的保藏方法。其原理是降低食品的含水量（水分活度），使微生物因得不到充足的水而不能生长。各种微生物要求的最低水分活度值是不同的（参照第二章第四节）。部分食品中水分活度对微生物生长的关系见表6—7。

表6—7　　部分食品中水分活度对微生物生长的关系

A_w范围	在此范围内的最低水分活度一般所能抑制的微生物	在此水分活度范围内的食品
1.00～0.95	假单胞菌、大肠杆菌变形杆菌、志贺氏菌属、克雷伯氏菌属、芽孢杆菌、产气荚膜梭状芽孢杆菌、一些酵母	罐头水果、蔬菜、肉、鱼以及牛乳；熟香肠和面包；含有约40%蔗糖或7%氯化钠的食品
0.95～0.91	沙门氏杆菌属、溶副血红蛋白弧菌、肉毒梭状芽孢杆菌、沙雷氏杆菌、乳酸杆菌属、足球菌、一些霉菌、酵母（红酵母、毕赤氏酵母）	一些干酪（英国切达、瑞士、法国明斯达、意大利波萝伏洛）、腌制肉（火腿）、一些水果汁浓缩物；含有55%蔗糖或12%氯化钠的食品
0.91～0.87	许多酵母（假丝酵母、球拟酵母、汉逊酵母）小球菌	发酵香肠（萨拉米）、松蛋糕、干的干酪，人造奶油；含65%蔗糖（饱和）或15%氯化钠的食品
0.87～0.80	大多数霉菌（产生毒素的青霉菌），金黄色葡萄球菌、大多数酵母菌属（拜耳酵母）SPP、德巴利氏酵母菌	大多数浓缩水果汁、甜炼乳、巧克力糖浆、槭糖浆和水果糖浆；面粉、米、含有15%～17%水分的豆类食品；水果蛋糕、家庭自制火腿、微晶糖膏、重油蛋糕
0.80～0.75	大多数嗜盐细菌、产真菌毒素的曲霉	果酱、加柑橘皮丝的果冻、杏仁酥糖、糖渍水果、一些棉花糖
0.75～0.65	嗜旱霉菌（谢瓦曲霉、白曲霉、Wallemia Sebi）、二孢酵母	含有约10%水分的燕麦片；颗粒牛轧糖、砂性软糖、棉花糖、果冻、糖蜜、粗蔗糖；一些果干、坚果
0.65～0.60	耐渗透压酵母（鲁酵母），少数霉菌（刺孢曲霉、二孢红曲霉）	含15%～20%水分的果干；一些太妃糖与焦糖；蜂蜜
0.5	微生物不增殖	含约12%水分的酱；含约10%水分的调味料
0.4	微生物不增殖	含约5%水分的全蛋粉
0.3	微生物不增殖	含3%～5%水分的曲奇饼、脆饼干、面包硬皮等
0.2	微生物不增殖	含2%～3%水分的全脂奶粉；含约5%水分的脱水蔬菜；含约5%水分的玉米片；家庭自制的曲奇饼、脆饼干

1．食品干燥脱水保藏法

食品干燥脱水方法主要有：日晒、阴干、喷雾干燥、减压蒸发和冷冻干燥等。生鲜食品干燥和脱水保藏前，一般需破坏其酶的活性，最常用的方法是热烫（也称杀青、漂烫）或硫黄熏蒸（主要用于水果）或添加抗坏血酸（0.05%～0.1%）及食盐（0.1%～1.0%）。肉类、鱼类及蛋中因含0.5%～2.0%肝糖，干燥时常发生褐变，可添加酵母或葡萄糖氧化酶处理或除去肝糖后再干燥。

2. **高渗透压保藏法**

(1) 盐腌

食品经盐腌不仅能抑制微生物的生长繁殖，并可赋予其新的风味，故兼有加工的效果。食盐的防腐作用主要在于提高渗透压，使细胞原生质浓缩发生质壁分离；降低水分活度，不利于微生物生长；减少水中溶解氧，使好气性微生物的生长受到抑制等。

各种微生物对食盐浓度的适应性差别较大。嗜盐性微生物，如红色细菌、接合酵母属和革兰氏阳性球菌在较高浓度食盐的溶液（15%以上）中仍能生长。无色杆菌属等一般腐败性微生物约在5%的食盐浓度，肉毒梭状芽孢杆菌等病原菌在7%～10%食盐浓度时，生长也受到抑制。一般霉菌对食盐都有较强的耐受性，如某些青霉菌株在25%的食盐浓度中仍能生长。

由于各种微生物对食盐浓度的适应性不同，因而食盐浓度的高低就决定了所能生长的微生物菌群。例如肉类中食盐浓度在5%以下时，主要是细菌的繁殖；食盐浓度在5%以上，存在较多的是霉菌；食盐浓度超过20%，主要生长的微生物是酵母菌。

鱼、肉、禽、蛋及各种瓜果、蔬菜，都可采用盐腌防腐。盐腌不仅能防腐，还可以增加食品风味。在腌制食品时要注意盐的添加量，过多会影响味道，过少达不到防腐目的。一般腌制中食盐添加量在8%～10%为宜。在此浓度上可抑制多种腐败菌和致病菌繁殖。此外，在腌制过程中应注意尽量在低温环境条件下进行，以免腐败菌或致病菌在盐还没有充分浸入的部分繁殖。盐腌食品中所含的维生素C损失较多，其营养价值较原来低。

(2) 糖渍

糖渍法是利用高浓度（60%～65%以上）糖增加食品渗透压、降低水分活度，从而抑制微生物生长的一种储藏方法。

一般微生物在糖浓度超过50%时生长便受到抑制。但有些耐透性强的酵母和霉菌，在糖浓度高达70%以上时仍可生长。因而仅靠增加糖浓度有一定局限性，但若再添加少量酸（如食醋），微生物的耐渗透力将显著下降。

必须提醒的是此类食品必须在密封和干燥条件下保存。因为糖极易吸收空气中的水分，使防腐作用降低。常见的糖渍食品有果脯、蜜饯、果酱等。糖渍食品的营养也有一定程度的损失，但糖渍后的糖液仍可食用，所以溶于糖水中的营养物质不会丢失。

果酱等因其原料果实中含有有机酸，在加工时又添加蔗糖，并经过加热，在渗透压、酸和加热等三个因子的联合作用下，可得到非常好的保藏性。但有时果酱也会出现因微生物作用而变质腐败的现象，其主要原因是糖浓度不足。

五、非加热物理杀菌保藏

所谓非加热物理杀菌（冷杀菌）是相对于加热杀菌而言，无须对物料进行加热，利用其他灭菌机理杀灭微生物，因而避免了食品成分因加热而被破坏。冷杀菌方法有多种，如放射线辐照杀菌、超声波杀菌、放电杀菌、高压杀菌、紫外线杀菌、磁场杀菌和臭氧杀菌等。

1. 辐照杀菌

食品的辐照保藏是指用放射线辐照食品，借以延长食品保藏期的技术。辐射线主要包括紫外线、X射线和γ射线等，其中紫外线穿透力弱，只有表面杀菌作用，而X射线和γ射线（比紫外线波长更短）是高能电磁波，能激发被辐照物质的分子，使之引起电离作用，进而影响生物的各种生命活动。

（1）辐照对微生物的影响

微生物受电离放射线的辐照时，其细胞膜、细胞质分子会引起电离，进而引起各种化学变化，使细胞直接死亡；在放射线高能量的作用下，水电离为OH^-和H^+，从而也间接引起微生物细胞的致死作用；微生物细胞中的脱氧核糖核酸（DNA）、核糖核酸（RNA）对放射线的作用尤为敏感，放射线的高能量导致DNA的较大损伤和突变，直接影响着细胞的遗传和蛋白质的合成。

不同微生物对放射线的抵抗性不同，不同微生物对放射线的敏感性见表6—8。一般来说，耐热性大的微生物，对放射线的抵抗力往往也比较大。三大类微生物中细菌芽孢大于酵母，酵母大于霉菌和细菌营养体，革兰氏阳性菌的抗辐射较强。另外，食品的状态、营养成分、环境温度、氧气存在与否，微生物的种类、数量等都影响着辐照杀菌的效果。此外，照射剂量会影响微生物的存活，通常微生物随着被照射剂量的增加，其活菌的残存率逐渐下降。杀灭食品中活菌数的90％（即减少一个对数周期）所需要吸收的射线剂量称为“D”值，其单位为“戈瑞”（Gy，即1 kg被辐照物质吸收1 J的能量为1戈瑞），常用千戈瑞（kGy）表示。若按罐藏食品的杀菌要求，必须完全杀灭肉毒芽孢杆菌A、B型菌的芽孢，多数研究者认为需要的剂量为40～60 kGy。总之，辐照杀菌能够将除病毒以外的所有微生物完全杀灭，以达到延长食品保藏期的目标。

表6—8　微生物对放射线的敏感性

菌种	基质	D值/kGy	菌种	基质	D值/kGy
A型肉毒梭菌	食品	4	假单孢杆菌	缓冲液、有氧	0.04
B型肉毒梭菌	缓冲液	3.3	枯草杆菌	缓冲液	2.0～2.5
E型肉毒梭菌	肉汤	2	粪链球菌	肉汁	0.5
产气荚膜杆菌	肉	2.1～2.4	米曲霉	缓冲液	0.43
鼠伤寒沙门氏菌	缓冲液、有氧	0.2	产黄青霉	缓冲液	2.4
鼠伤寒沙门氏菌	冰冻蛋	0.7	啤酒酵母	缓冲液	2.0～2.5
大肠杆菌	肉汤	0.2	短小芽孢杆菌	缓冲液、有氧	1.7
嗜热脂肪芽孢杆菌	缓冲液	1	耐辐照小球菌	牛肉	2.5

（2）环境条件对辐照杀菌的影响

在辐照杀菌中氧气的有无对杀菌效果的好坏有显著的影响。一般来说，有氧气存在的情况下，放射线杀菌的效果更好，但厌氧时对食品成分破坏不及有氧时的1/10，故实际运用放射线对食品杀菌时，多在厌氧状态下进行；其次是温度越高，破坏性越大；此外半胱氨酸、谷胱甘肽、氨基酸、葡萄糖等化合物对微生物体有保护作用。但放射线辐照对于食品中原有毒素的破坏几乎是无效的。因此在辐照时，应尽量采用低温、缺氧，以减轻对食品的副作用，提高辐照杀菌的效果。

(3) 辐照在食品保藏中的应用

放射线辐照由于其具有节约能源（可节约 70%～97%能源）、杀菌效果好、可改善某些食品品质、便于连续工业化生产等优点，目前已有 70 多个国家批准应用于食品保藏，并已有相当规模的实际应用。

常应用的放射源为放射性同位素钴 60（Co^{60}）、铯 187（Cs^{187}）、磷 32（P^{32}）等。它们主要释放出的是 γ 射线。

辐照食品的卫生安全性问题，尤其是食品经辐照后是否有放射性物质的残留，是否会产生新的放射源，是否会引起化学劣变或毒性物质等卫生安全问题，一直是人们所关注的。各国科学家对辐照食品的安全性进行了数十年的研究，通过长期的动物饲养实验和对相关临床症状、血液学、病理学、繁殖及致畸等方面的研究，证明上述疑虑是可以消除的。

2. 超声波杀菌

声波在 9～20 kHz 以上都为超声波。超声对细菌的破坏作用主要是通过强烈的机械振荡作用，使细胞破裂、死亡。超声波作用于液体物料时，会产生空化效应，空化泡剧烈收缩和崩溃的瞬间，泡内会产生几百兆帕的高压、强大的冲击波及数千度的高温，对微生物会产生粉碎性的杀灭作用。不同微生物对超声波的抵抗力是有差异的。伤寒沙门氏菌在频率为 4.6 MHz 的超声中可全部被杀死，但对葡萄球菌和链球菌只能部分地使其受到伤害。个体大的细菌更易被破坏，杆菌比球菌更易于被杀死，但芽孢杆菌的芽孢不易被杀死。

超声波灭菌机制可用于食品杀菌、食具的消毒和灭菌及护士的洗手消毒等。有人曾实验用超声波对牛乳消毒，经 15～16 s 消毒后，乳液可以保持 5 d 不发生腐败；常规消毒乳再经超声波处理，冷藏条件下，保存 18 个月未发现变质。日本生产的气流式超声餐具清洗机，其清洗餐具可使细菌总数及大肠菌群降低 10^5～10^6 以上，若同时使用洗涤剂或杀菌剂，可做到完全无菌。

3. 高压放电杀菌

高压放电杀菌是近年来出现的新型杀菌技术，高压放电杀菌采用的电源一般为脉冲电压。高压脉冲电场产生常用 LG 振荡电路，产生的强度为 15～100 kV/cm，脉冲为 1～100 kHz，放电频率为 1～20 Hz。

脉冲放电杀菌是电化学效应、冲击波空化效应、电磁效应和热效应等综合作用结果，并以电化学效应和冲击波空化效应为主要作用。此法可使细胞膜穿孔，液体介质电离产生臭氧，微量的臭氧可有效杀灭微生物。高压放电杀菌的效果取决于电场强度、脉冲宽度、电极种类、液体食品的电阻、pH 值、微生物种类以及原始污染程度等因素。

由于放电杀菌的介质为液体，故只能用于液态食品的杀菌。现在，高压放电杀菌已成功地用于牛奶、果汁等的杀菌。

4. 高压杀菌

所谓高压杀菌就是将食品物料以某种方式包装以后，置于高压（200 MPa 以上，2 000多个大气压）装置中加压，使微生物的形态、结构、生物化学反应、基因机制以及细胞壁膜发生多方面的变化，进而使微生物的生理机能丧失或发生不可逆变化而致死，达到灭菌、长期安全保存的目的。高压杀菌技术也是近年来出现的新型杀菌技术，需要有特殊的加压设备和耐高压容器及辅助设备，目前还处于试验研究与开发阶段，但其在食品工业中的应用前景是可喜的。

六、化学防腐剂保藏

防腐剂按其来源和性质可分成无机防腐剂、有机防腐剂及天然防腐剂三类。

1. 无机防腐剂

（1）过氧化氢

过氧化氢是一种氧化剂，它不仅具有漂白作用，而且还具有良好的杀菌、除臭效果。缺点是由于过氧化氢有一定的毒性，对维生素等营养成分有破坏作用，因此需经加热或者过氧化氢酶的处理以减少其残留。常用于切面、面条、鱼糕等防腐，允许残留量为0.1 g/kg 以下，其他食品为0.03 g/kg 以下。

（2）硝酸盐和亚硝酸盐

硝酸盐和亚硝酸盐主要是作为肉的发色剂而被使用。亚硝酸与血红素反应，形成亚硝基肌红蛋白，会使肉呈现鲜艳的红色。另外，硝酸盐和亚硝酸盐也有延缓微生物生长的作用，尤其是对防止耐热性的肉毒梭状芽孢杆菌芽孢的发芽，有良好的抑制作用。但亚硝酸在肌肉中能转化为亚硝胺，有致癌作用，因此在肉品加工中应严格限制其使用量，目前还未找到完全替代物。我国国标允许用量为火腿、咸肉、香肠、腊肉等在0.07 g/kg 以下；鱼肉香肠、鱼肉火腿为0.05 g/kg 以下（以亚硝酸残留量计）。

（3）二氧化硫及亚硫酸盐

二氧化硫被作为食品添加剂已有几个世纪的历史，最早的记载是在罗马时代用做酒器的消毒。由于其对霉菌和细菌的生长有较强的抑制作用，后来被广泛地应用于食品中，如制造果干、果脯时的熏硫；制成二氧化硫缓释剂，用于葡萄等水果的保鲜储藏等。

亚硫酸盐通常是指二氧化硫及能够产生二氧化硫的无机亚硫酸盐，包括二氧化硫（SO_2）、硫黄、亚硫酸（H_2SO_3）、亚硫酸盐（如 Na_2SO_3）、亚硫酸氢盐（如 $NaHSO_3$）、焦亚硫酸盐（如 $Na_2S_2O_5$）、低亚硫酸盐（如 $Na_2S_2O_4$），是食品工业广泛使用的漂白剂、防腐剂和抗氧化剂，其中有效成分为二氧化硫。

亚硫酸盐可作为食品漂白剂、防腐剂，可抑制非酶褐变和酶促褐变，从而防止食品褐变，使水果不致变黑。还能防止鲜虾生成黑斑，但作为防腐剂其必须在酸性介质中才能有效。在发酵酒类行业中也被广泛地应用（尤其在果酒酿造中）。但是亚硫酸盐能引起过敏反应并导致气喘，因此要严格按照国家食品安全标准中的规定使用。

我国《食品添加剂使用安全标准》对二氧化硫类物质在各类食品中的使用范围、使用量及允许最大残留量做出了明确的规定。如硫黄只限于熏蒸蜜饯、干果、干菜、粉丝和食糖；低亚硫酸钠可用于蜜饯、干果、干菜、粉丝、葡萄糖、食糖、冰糖、饴糖、糖果、液体葡萄糖、竹笋、蘑菇及蘑菇罐头，最大使用量为 0.40 g/kg；二氧化硫可用于葡萄酒、果酒等，最大使用量不应超过 0.25 g/kg，二氧化硫残留量均不得超过0.05 g/kg；对芝麻、乳品、银耳、莲子、龙眼、荔枝、虾仁、米粉、豆芽、生姜及生食用鲜鱼贝类则禁止使用。

2. 有机防腐剂

(1) 苯甲酸及苯甲酸钠

苯甲酸（C_6H_5COOH）和苯甲酸钠（C_6H_5COONa）又称安息香酸和安息香酸钠，是白色结晶，苯甲酸微溶于水，易溶于酒精；苯甲酸钠易溶于水。苯甲酸对人体较安全，是我国允许使用的两种国家标准的有机防腐剂之一。

苯甲酸的抑菌机理是，它的分子能抑制微生物细胞呼吸酶系统活性，特别是对乙酰辅酶缩合反应有很强的抑制作用。在高酸性食品中杀菌效力为微碱性食品的 100 倍，苯甲酸只有在未被解离的分子态才有防腐效果，苯甲酸对酵母菌的影响大于霉菌，而对细菌效力较弱。

苯甲酸允许用量为：酱油、醋、果汁类、果酱类、罐头，最大用量 1.0 g/kg；葡萄酒、果子酒、琼脂软糖，最大用量 0.8 g/kg；果子汽酒，0.4 g/kg；低盐酱菜、面酱灶、蜜饯类、山楂类、果味露最大用量 0.5 g/kg（以上均以苯甲酸计，1 g 钠盐相当于 0.847 g 苯甲酸）。

(2) 山梨酸和山梨酸钾

山梨酸和山梨酸钾为无色、无味、无臭的化学物质。山梨酸难溶于水（600：1），易溶于酒精（7：1），山梨酸钾易溶于水。它们对人有极微弱的毒性，是近年来各国普遍使用的安全防腐剂，也是我国允许使用的有机防腐剂之一。

山梨酸分子能与微生物细胞酶系统中的巯基（—SH）结合，从而达到抑制微生物生长和防腐的目的。山梨酸和山梨酸钾对细菌、酵母和霉菌均有抑制作用，但对厌气性微生物和嗜酸乳杆菌几乎无效。其防腐作用较苯甲酸广，pH＝5～6 以下时使用适宜。效果随 pH 值增高而减弱，在 pH＝3 时抑菌效果最好。在腌制黄瓜时可用于控制乳酸发酵。

山梨酸允许用量为：酱油、醋、果酱类、人造奶油、琼脂奶糖、鱼干制品、豆乳饮料、豆制素食、糕点馅等的最大用量 1.0 g/kg（以山梨酸计，1 g 山梨酸相当于其钾盐 1.33 g)；低盐酱菜、面酱类、蜜饯类、山楂类、果叶露等最大用量 0.5 g/kg；果汁类、果子露、果酒最大用量 0.6 g/kg；汽水、汽酒最大用量 0.2 g/kg；浓缩果汁应低于 2 g/kg。

(3) 双乙酸钠

双乙酸钠为白色结晶，略有醋酸气味，极易溶于水（1 g/mL)；10%水溶液 pH 值为 4.5～5.0。双乙酸钠成本低，性质稳定，防霉防腐作用显著。可用于粮食、食品、饲料等防霉防腐（一般用量为 1 g/kg），还可作为酸味剂和品质改良剂。该产品添加于饲料中可提高蛋白质的效价，增加适口性，提高饲养动物的产肉、产蛋和产乳率，还可防止肠炎，提高免疫力，是新近开发的添加剂。已被美国食品和药物管理局（FDA）认定为一般公认安全物质，并于 1993 年撤除了 SDA 在食品、医药及化妆品中的允许限量。

（4）丙酸钙

丙酸钙为白色结晶性颗粒或粉末，无臭或略带轻微丙酸气味，对光和热稳定，易溶于水。丙酸是人体内氨基酸和脂肪酸氧化的产物，所以丙酸钙是一种安全性很好的防腐剂。ADI（每日人体每千克允许摄入量）不作限制规定。对霉菌有抑制作用，对细菌抑制作用小，对酵母无作用，常用于面制品发酵及奶酪制品防霉等。

3. 天然防腐剂

（1）乳酸链球菌素（Nisin）

又称乳酸链球菌肽，是从乳酸链球菌发酵产物中提取的一类多肽化合物，食入胃肠道易被蛋白酶所分解，因而是一种安全的天然食品防腐剂。FAO（世界粮农组织）和 WHO（世界卫生组织）已于 1969 年给予认可，是目前唯一允许作为防腐剂在食品中使用的细菌素。

Nisin 的抑菌机制是作用于细菌细胞的细胞膜，可以抑制细菌细胞壁中肽聚糖的生物合成，使细胞膜和磷脂化合物的合成受阻，从而导致细胞内物质的外泄，甚至引起细胞裂解。也有的学者认为 Nisin 是一个疏水带正电荷的小肽，能与细胞膜结合形成管道结构，使小分子和离子通过管道流失，造成细胞膜渗漏。Nisin 的作用范围相对较窄，仅对大多数革兰氏阳性菌（G^+）具有抑制作用，如金黄色葡萄球菌，链球菌、乳酸杆菌、微球菌、单核细胞增生李斯特菌、丁酸梭菌等，且对芽孢杆菌、梭状芽孢杆菌孢子的萌发抑制作用比对营养细胞的作用更大。但 Nisin 对真菌和革兰氏阴性菌（G^-）没有作用，因而只适用于由 G^+ 引起的食品腐败的防腐。最近报道，Nisin 与螯合剂 EDTA 二钠连接可以抑制一些 G^-，如抑制沙门氏菌、志贺氏菌和大肠杆菌等细菌生长。Nisin 在中性或碱性条件下溶解度较小，因此添加 Nisin 防腐的食品必须是酸性，在加工和储存中室温、酸性下是稳定的。

目前 Nisin 已成功地应用于高酸性食品（$pH<4.5$）的防腐；对于非酸性罐头食品，添加 Nisin 可减轻罐头热处理的温度和时间，更好地保持产品的营养和风味；用于鱼、肉类的防腐味，在不影响肉的色泽和防腐效果的情况下，可明显降低硝酸盐的使用量，达到有效防止肉毒梭状芽孢杆菌毒素形成的目的。

（2）纳他霉素

纳他霉素的分子是一种具有活性的环状四烯化合物，含 3 个以上的结晶水，其外观白色（或奶油色），为无色、无味的结晶粉末，分子式为 $C_{33}H_{47}NO_{13}$，相对分子质量为 665.73。微溶于水和甲醇，溶于稀酸、冰醋酸及二甲苯甲酰胺，难溶于大部分有机溶剂。在 pH 值高于 9 或低于 3 时，其溶解度会有所提高，在大多数食品的 pH 值范围内非常稳定。纳他霉素具有一定的抗热处理能力，在干燥状态下相对稳定，能耐受短暂高温（100℃）；但由于它具有环状化学结构、对紫外线较为敏感，故不宜与阳光接触。纳他霉素活性的稳定性受 pH 值、温度、光照强度和氧化剂及重金属的影响，所以，产品应该避免与氧化物及硫氢化合物等接触。

纳他霉素是一种天然、广谱、高效安全的酵母菌及霉菌等丝状真菌抑制剂，它不仅能够抑制真菌，还能防止真菌毒素的产生。纳他霉素对人体无害，很难被人体消化道吸收，而且微生物很难对其产生抗性，同时因为其溶解度很低等特点，通常用于食品的表面防腐。纳他霉素是目前国际上唯一的抗真菌微生物防腐剂。1997 年我国卫生部正式批准纳他霉素作为食品防腐剂。目前该产品已经在 50 多个国家得到广泛使用。主要应用于乳制品、肉制品、发酵酒、饮料，方便食品。烘烤食品和香基等食品的生产和保藏。

（3）溶菌酶

溶菌酶为白色结晶，含有 129 个氨基酸，等电点 10.5～11.5。溶于食品级盐水，在酸性溶液中较稳定，55℃活性无变化。

溶菌酶能溶解多种细菌的细胞壁而达到抑菌、杀菌目的，但对酵母和霉菌几乎无效。溶菌作用的最适 pH 值为 6.0～7.0；温度为 50℃。食品中的羧基和硫酸能影响溶菌酶的活性，因此将其与其他抗菌物如乙醇、植酸、聚磷酸盐等配合使用，效果更好。目前溶菌酶已用于面食类、水产熟食品、冰淇淋、色拉和鱼子酱等食品的防腐保鲜。

4. 正确使用食品防腐剂

在食品的防腐保鲜中，不同的食品污染的微生物种类不同，如水果以霉菌为主，乳、肉类以细菌为主，因此要对不同的食品所针对的防治对象决定所用防腐剂品种，一些常用食品防腐剂对微生物的作用情况见表 6—9。

表 6—9　　一些常用食品防腐剂对微生物的作用

防腐剂	细菌	霉菌	酵母
二氧化硫	＋＋	＋	＋
丙酸	＋	＋＋	＋＋
山梨酸	＋	＋＋＋	＋＋＋
苯甲酸	＋＋	＋＋＋	＋＋＋
尼泊金酯	＋＋	＋＋＋	＋＋＋
亚硝酸钠	＋＋	－	－

注：“＋”表示有抑制作用；“＋＋”表示有较强的抑制作用；“＋＋＋”表示有强的抑制作用；“－”表示无抑制作用。

添加食品防腐剂，首先必须严格按照食品卫生法规定的使用剂量和使用范围来使用，以对人体无毒害为前提。同时，为使食品防腐剂达到最佳使用效果必须注意影响防腐剂使用的如下各种因素，在实践中加以灵活应用。

（1）pH 值与水分活度

在水中，某些防腐剂是处于电离平衡状态。如酸型防腐剂，其发挥防腐作用的微粒，主要靠未电离的酸的作用，这类防腐剂在 pH 值低时使用效果好。

水分活度高，有利于细菌和霉菌的生长。一般细菌生存的水分活度在 0.9 以上，一般霉菌在 0.7 以下。降低水分活度有利于防腐剂防腐效果的发挥。在水中加入电解质，或加入其他可溶性物质，当达到一定的浓度时，可以降低水分活度，对防腐剂起到增效作用。

（2）防腐剂的使用时间

同种防腐剂因加入的场合和时间不同，效果可能不同。一定要首先保证食品本身处于良好的卫生条件下，并将防腐剂的加入时间放在细菌的诱导期。如果细菌的增殖进入对数期，则防腐剂的效果就不好。防腐剂一般要早加入，加入得早，不仅效果好，用量也少。食品染菌情况越严重，则防腐剂效果越差，如果食品已经变质，任何防腐剂也不可逆转。

（3）食品的原料和成分的影响

防腐剂的作用会受到食品的原料和成分的影响。如食品中的香味剂、调味剂、乳化剂等具有抗菌作用。食盐、糖类、乙醇可以降低水的活度。食品中的某些成分与防腐剂起反应，可能使防腐剂部分或全部失效。也会被食品中的微生物分解，如山梨酸能被乳酸菌还原为山梨糖醇，可成为其碳源。

（4）防腐剂的配合使用

各种防腐剂都有一定的作用范围，没有一种防腐剂能够抑制一切腐败性微生物，而且许多微生物还可能产生抗药性。所以应将不同作用范围的防腐剂配合使用。防腐剂配合使用，可能有三个效应，一个是增效或协同效应；一个是增加或相加效应；还有一个是对抗效应。一般是将同类型防腐剂配合使用。如酸性防腐剂与其盐，同种酸的几种酯配合使用。将具有长效作用的防腐剂与作用迅速但耐久性差的防腐剂配合使用，也能增强防腐剂的效果。金属盐中有些对防腐剂有抗拒作用。如氧化钙能轻微地削弱山梨酸、苯甲酸的抗菌效果。

另外，要防止微生物的污染，就需要对食品进行必要的包装，使食品与外界环境隔绝，并在储藏中始终保持其完整和密封性。因此，食品的保藏与食品的包装也是紧密联系的。

~思考与练习~

1. 微生物引起食品变质必须具备哪些条件？

2. 微生物引起食品中蛋白质、脂肪、碳水化合物分解变质的主要鉴定指标有哪些？

3. 如何控制微生物对食品的污染和由此而引起的腐败变质？
4. 简述未经消毒的鲜牛奶发生自然腐败变质时，微生物菌群的变化规律。
5. 引起罐藏食品发生胀罐和平酸腐败的微生物主要有哪些？
6. 引起鲜肉、鲜蛋、果汁等发生腐败变质的微生物主要有哪些？
7. 食品防腐中可采用的方法有哪些？适用对象分别是哪些？
8. 食品防腐剂有哪些种类？在食品工业中如何正确应用？

第七章　食品生产中微生物污染与安全管理

学习目标

1. 掌握食品生产中污染食品的微生物的来源及其途径。

2. 掌握食品生产中微生物的消长规律。

3. 掌握食品企业关于对食品微生物污染应采取的安全管理工作内容和要求。

4. 了解食品安全管理的相关法规和管理体系。

第一节　污染食品的微生物来源及其途径

微生物污染是食品污染中最广泛和最普遍的污染，是当代社会最为关注的食品安全问题。有害微生物、寄生虫不仅会造成食品的腐败变质，还会引起食源性疾病和人畜共患传染病。由于食品从原料、生产、加工、储藏、运输、销售到烹调等各个环节，常常与环境发生各种方式的接触，进而导致微生物的污染。因此，在食品生产加工过程中污染食品的微生物来源可分为土壤、空气、水、操作人员、动植物原料、加工设备以及包装材料等方面。

一、污染食品的微生物来源

1. 土壤

土壤中含有大量可被微生物利用的碳源和氮源，还含有大量的硫、磷、钾、钙、镁等无机元素及硼、钼、锌、锰等微量元素，加之土壤具有一定的保水性、通气性及适宜的酸碱度（pH 值为 3.5～10.5），土壤的温度变化范围通常为 10～30℃，而且表面土壤的覆盖还有保护微生物免遭太阳紫外线危害的作用。因此，土壤为微生物的生长繁殖提供了有利的营养条件和环境条件，因此，素有“微生物的天然培养基”和“微生物大本营”之称。

土壤中的微生物数量可达 10^7～10^9 个/g，而且种类十分庞杂，其中细菌占有比例最大，可达 70%～80%，放线菌占 5%～30%，其次是真菌、藻类和原生动物。不同土壤中微生物的种类和数量有很大差异，在地面下 3～25 cm 是微生物最活跃的场所，肥沃的土壤中微生物的数量和种类较多，果园土土壤中酵母的数量较多。土壤中的微生物除了自身发展外，分布在空气、水和人及动植物体的微生物也会不断进入土壤中。许多病原微生物就是随着动植物残体以及人和动物的排泄物进入土壤的。因此，土壤中的微生物既有非病原性的，也有病原性的。通常无芽孢菌在土壤中生存的时间较短，而有芽孢菌在土壤中生存时间较长。例如沙门氏菌只能生存数天至数周，炭疽芽孢杆菌却能生存数年或更长时间。同时土壤中还存在着能够长期生活的土源性病原菌。霉菌及放线菌的孢子在土壤中也能生存较长时间。

2. 空气

空气中不具备微生物生长繁殖所需的营养物质和充足的水分条件，加之室外经常接受来自日光的紫外线照射，所以空气不是微生物生长繁殖的场所。然而空气中也确实含有一定数量的微生物，这些微生物是随风飘扬而悬浮在大气中或附着在飞扬起来的尘埃或液滴上的。它们来自土壤、水、人和动植物体表的脱落物和呼吸道、消化道的排泄物。

空气中的微生物主要为霉菌、放线菌的孢子和细菌的芽孢及酵母。不同环境空气中微生物的数量和种类有很大差异。公共场所、街道、畜舍、屠宰场及通气不良处的空气中微生物的数量较高。空气中的尘埃越多，所含微生物的数量也就越多。室内污染严重的空气微生物数量可达 10^6 个/m^3，海洋、高山、乡村、森林等空气清新的地方微生物的数量较少。空气中可能会出现一些病原微生物，它们直接来自人或动物的呼吸道、皮肤干燥脱落物及排泄物或间接来自土壤，如结核杆菌、金黄色葡萄球菌、沙门氏菌、流感嗜血杆菌和病毒等。患病者口腔喷出的飞沫小滴含有 1 万～2 万个细菌。

3. 水

自然界中的江、河、湖、海等各种淡水与咸水水域中都生存着相应的微生物。由于不同水域中的有机物和无机物种类和含量、温度、酸碱度、含盐量、含氧量及不同深度光照度等存在差异，因而各种水域中的微生物种类和数量呈明显差异。通常情况下，水中微生物的数量主要取决于水中有机物质的含量，有机物质含量越多，其中微生物的数量也就越大。

淡水水域中的微生物可分为两大类型：一类是清水型水生微生物，这类微生物习惯于在洁净的湖泊和水库中生活，以自养型微生物为主，可被看做是水体环境中的土居微生物，如硫细菌、铁细菌、衣细菌及含有光合色素的蓝细菌、绿硫细菌和紫细菌等。也有部分腐生性细菌，如色杆菌属、无色杆菌属和微球菌属的一些种能在低含量营养物的清水中生长。霉菌中也有一些水生性种类，如水霉属和绵霉属的一些种可以生长于腐烂的有机残体上。此外还有单细胞和丝状的藻类以及一些原生动物常在水中生长，通常它们的数量不大。另一类是腐败型水生微生物，它们是随腐败的有机物质进入水域，获得营养而大量繁殖的，是造成水体污染、传播疾病的重要原因。其中数量最大的是 G^- 细菌，如变形杆菌属、大肠杆菌、产气肠杆菌和产碱杆菌属等，还有芽孢杆菌属、弧菌属和螺菌属中的一些种。当水体受到土壤和人畜排泄物的污染后，会使肠道菌的数量增加，如大肠杆菌、粪链球菌和魏氏梭菌、沙门氏菌、产气荚膜芽孢杆菌、炭疽杆菌、破伤风芽孢杆菌等。污水中还会有纤毛虫类、鞭毛虫类和根足虫类原生动物。进入水体的动植物致病菌，通常因水体环境条件不能完全满足其生长繁殖的要求，故一般难以长期生存，但也有少数病原菌可以生存达数月之久。

海水中也含有大量的水生微生物，主要是细菌，它们均具有嗜盐性。近海中常见的细菌有：假单胞菌、无色杆菌、黄杆菌、微球菌属、芽孢杆菌属和噬纤维菌属，它们能引起海产动植物的腐败，有的是海产鱼类的病原菌。海水中还存在有可能引起人类食物中毒的病原菌，如副溶血性弧菌。

矿泉水及深井水中通常含有很少的微生物数量。

4. 人及动物体

人体及各种动物，如犬、猫、鼠等的皮肤、毛发、口腔、消化道和呼吸道均带有大量的微生物，如未经清洗的动物被毛、皮肤微生物的数量可达 10^5～10^6/cm^2。当人或动物感染了病原微生物后，体内会存在不同数量的病原微生物。其中有些菌种是人畜共患病原微生物，如沙门氏菌、结核杆菌、布鲁氏杆菌。这些微生物可以通过直接接触或通过呼吸道和消化道向体外排出而污染食品。

蚊、蝇及蟑螂等各种昆虫也都携带有大量的微生物，其中可能含有多种病原微生物，它们接触食品同样会造成微生物的污染。

5. 加工机械及设备

各种加工机械设备本身没有微生物所需的营养物质，但在食品加工过程中，由于食品的汁液或颗粒黏附于内表面，食品生产结束时机械设备没有得到彻底的清洗和灭菌，使原本少量的微生物得以在其上大量生长繁殖，便成为微生物的污染源。这种机械设备在后来的使用中会通过与食品接触而造成食品的微生物污染。

6. 包装材料

各种包装材料如果处理不当也会带有微生物。一次性包装材料通常比循环使用的材料所带有的微生物数量要少，而塑料包装材料由于带有电荷会吸附灰尘及微生物。

7. 原料及辅料

（1）动物性原料

屠宰前健康的畜禽体表、被毛、消化道、上呼吸道等器官总是有微生物存在，如未经清洗的动物被毛、皮肤微生物数量可达 10^5～10^6个/cm^2。如果被毛和皮肤污染了粪便，微生物的数量会更多。刚排出的家畜粪便微生物数量可多达 10^7个/g，瘤胃成分中微生物的数量可达 10^9个/g。患病的畜禽其器官及组织内部可能有微生物存在，如病牛体内可能带有结核杆菌、口蹄疫病毒等。屠宰后的畜禽即丧失了先天的防御机能，微生物侵入组织后会迅速繁殖。因此屠宰过程卫生管理不当将造成微生物广泛污染的机会。最初微生物污染是在使用非灭菌的刀具放血时，将微生物引入血液中的，随着血液短暂的微弱循环而扩散至胴体的各部位。在屠宰、分割、加工、储存和肉的配销过程中的每一个环节，微生物的污染都可能发生。

刚生产出来的鲜乳总是会含有一定数量的微生物，这是由于即使是健康乳畜的乳房内，也可能生存有一些细菌。当乳畜患乳房炎时，乳房内还会含有引起乳房炎的病原菌，如无乳链球菌、化脓棒状杆菌、乳房链球菌和金黄色葡萄球菌等。当其患有结核或布氏杆菌病时，乳液中可能有相应的病原菌存在。

鱼类生活在水域中，由于水域中含有多种微生物，所以鱼的体表、鳃、消化道内都有一定数量的微生物。活鱼体表每平方厘米附着的细菌有 10^2～10^7个/cm²，每毫升鱼的肠液中含细菌数为 10^5～10^8个/mL。因此，刚捕捞的鱼体所带有的细菌主要是水生环境中的细菌。主要有假单胞菌属、黄色杆菌属、无色杆菌属等，淡水中的鱼还有产碱杆菌属、气单胞菌属和短杆菌属等。

(2) 植物性原料

健康的植物在生长期与自然界广泛接触，其体表存在有大量的微生物，所以收获后的粮食中一般都含有其原来生活环境中的微生物。据测定，每克粮食都含有几千个以上的细菌。这些细菌多属于假单胞菌属、微球菌属、乳杆菌属和芽孢杆菌属等。此外，粮食中还含有相当数量的霉菌孢子，主要是曲霉属、青霉属、铰链孢霉属、镰刀霉属等，还有酵母菌。植物体表还会附着有植物病原菌及来自人畜粪便的肠道微生物及病原菌。

由于果蔬原料本身带有微生物，而且在加工过程中还会再次感染，所以制成的果蔬汁中必然存在大量微生物。果汁的 pH 值一般为 2.4～4.2，糖度较高，可达 60～70°Brix，因而在果汁中生存的微生物主要是酵母菌，其次是霉菌和极少数的细菌。

二、微生物污染食品的途径

食品在生产加工、运输、储藏、销售以及食用过程中都可能遭受到微生物的污染，其污染的途径可分为两大类。

1. 内源性污染

凡是作为食品原料的动植物体在生活过程中，由于本身带有的微生物而造成的食品污染称为内源性污染，也称第一次污染。如畜禽在生存期间，其消化道、上呼吸道和体表总是存在一定类群和数量的微生物。当受到沙门氏菌、布氏杆菌、炭疽杆菌等病原微生物感染时，畜禽的某些器官和组织内就会有病原微生物的存在。当家禽感染了鸡白痢、鸡伤寒等传染病时，病原微生物可通过血液循环侵入其卵巢，在蛋黄形成时被病原菌污染，使所产卵中也含有相应的病原菌。

2. 外源性污染

食品在生产加工、运输、储藏、销售和食用过程中，通过水、空气、人、动物、机械设备及用具等而使食品发生微生物污染称为外源性污染，也称第二次污染。

(1) 通过水污染

在食品的生产加工过程中，水既是许多食品的原料或配料成分，也是清洗、冷却、冰冻不可缺少的物质，设备、地面及用具的清洗也需要大量用水。各种天然水源包括地表水和地下水，不仅是微生物的污染源，也是微生物污染食品的主要途径。自来水是天然水净化消毒后而供饮用的，在正常情况下含菌较少，但如果自来水管出现漏洞、管道中压力不足以及暂时变成负压时，则会引起管道周围环境中的微生物渗漏进入管道，使自来水中的微生物数量增加。在生产中，即使使用符合卫生标准的水源，由于方法不当也会导致微生物的污染范围扩大。如在屠宰加工场中的宰杀、除毛、开膛取内脏的工序中，皮毛或肠道内的微生物可通过用水的散布而造成畜体之间的相互感染。生产中所使用的水如果被生活污水、医院污水或厕所粪便污染，就会使水中微生物数量骤增，这种水中不仅会含有细菌、病毒、真菌、钩端螺旋体，还可能会含有寄生虫。用这种水进行食品生产会造成严重的微生物污染，同时还可能造成其他有毒物质对食品的污染，所以水的卫生质量与食品的卫生质量有密切关系。食品生产用水必须符合饮用水标准，采用自来水或深井水。循环使用的冷却水要防止被畜禽粪便及下脚料污染。

(2) 通过空气污染

空气中的微生物可能来自土壤、水、人体及动植物的脱落物和呼吸道、消化道的排泄物，它们可随着灰尘、水滴的飞扬或沉降而污染食品。人体的痰液、鼻涕与唾液的小水滴中所含有的微生物包括病原微生物，当有人讲话、咳嗽或打喷嚏时均可直接或间接污染食品。人在讲话或打喷嚏时，距人体 1.5 m 内的范围是直接污染区，大的水滴可悬浮在空气中达 30 min 之久；小的水滴可在空气中悬浮 4～6 h，因此食品暴露在空气中被微生物污染是不可避免的。

(3) 通过人及动物接触污染

从事食品生产的人员，如果他们的身体、衣帽不经常清洗，不保持清洁，就会有大量的微生物附着其上，通过皮肤、毛发、衣帽与食品接触而造成污染。在食品的加工、运输、储藏及销售过程中，如果被鼠、蝇、蟑螂等直接或间接接触，同样会造成食品的微生物污染。试验证明，每只苍蝇带有数百万个细菌，80％的苍蝇肠道中带有痢疾杆菌，鼠类粪便中带有沙门氏菌、钩端螺旋体等病原微生物。

(4) 通过加工设备及包装材料污染

在食品的生产加工、运输、储藏过程中所使用的各种机械设备及包装材料，在未经消毒或灭菌前，总是会带有不同数量的微生物而成为微生物污染食品的途径。在食品生产过程中，通过不经消毒灭菌的设备越多，造成微生物污染的机会也越多。已经过消毒灭菌的食品，如果使用的包装材料未经过无菌处理，则会造成食品的重新污染。

第二节　食品生产中微生物的消长

食品受到微生物的污染后，其中的微生物种类和数量会随着食品所处环境和食品性质的变化而不断地变化。这种变化所表现的主要特征就是食品中微生物出现的数量增多或减少，即称为食品微生物的消长。食品中微生物的消长通常有以下规律及特点：

一、食品生产前

食品生产前，无论是动物性原料还是植物性原料都已经不同程度地被微生物污染，加之运输、储藏等环节，微生物污染食品的机会进一步增加，因而使食品原料中的微生物数量不断增多。虽然有些种类的微生物污染食品后因环境不适而死亡，但是从存活的微生物总数看，一般不表现减少而只有增加。这一微生物消长特点在新鲜鱼肉类和果蔬类食品原料中表现明显，即使食品原料在加工前的运输和储藏等环节中曾采取了较严格的卫生措施，但早在原料产地已因污染而存在的微生物，如果不经过一定的灭菌处理它们仍会存在。

二、食品生产过程中

在食品生产的整个过程中，有些处理工艺如清洗、加热消毒或灭菌对微生物的生存是不利的。这些处理措施可使食品中的微生物数量明显下降，甚至可使微生物几乎完全消除。但如果原料中微生物污染严重，则会降低加工处理过程中微生物的下降率。在食品加工过程中的许多环节也可能发生微生物的二次污染。一般在生产条件良好和生产工艺合理的情况下，污染较少，故食品中所含有的微生物总数不会明显增多；如果残留在食品中的微生物在加工过程中有繁殖的机会，则食品中的微生物数量就会出现骤然上升的现象。

三、食品生产后

经过加工制成的食品，由于其中还残存有微生物或再次被微生物污染，在储藏过程中如果条件适宜，微生物就会生长繁殖而使食品变质。在这一过程中，微生物的数量会迅速上升，当数量上升到一定程度时不再继续上升，相反活菌数会逐渐下降。这是由于微生物所需营养物质的大量消耗，使变质后的食品不利于该微生物继续生长，而导致其逐渐死亡，此时的食品已不能食用。如果已变质的食品中还有其他种类的微生物存在，并能适应变质食品的基质条件而得到生长繁殖的机会，这时就会出现微生物数量再度升高的现象。加工制成的食品如果不再受污染，同时残存的微生物又处于不适宜生长繁殖的条件，那么随着储藏日期的延长，微生物数量就会日趋减少。

由于食品的种类繁多，加工工艺及方法和储藏条件不尽相同，致使微生物在不同食品中呈现的消长情况也不可能完全相同。充分掌握各种食品中微生物消长规律的特点，对于指导食品的生产具有重要的意义。

第三节　食品生产中微生物的安全管理

微生物污染是导致食品腐败变质的首要原因，生产中必须针对污染源、污染途径以及生产中的变化，采取综合措施才能有效地控制食品的微生物污染，保证食品安全。

一、加强环境卫生管理

人们在生产和生活中，不断地产生大量的污染物、垃圾、污水和粪便等。这些废弃物质，如果不加以合理地收集并进行无害化处理，会对人们的健康带来极大的威胁。在废弃物中的一部分经常含有对人体有害的物质，另一部分可能含有病源微生物和寄生虫卵，而且有些微生物能在其中长期地保持其生存能力。这些污染物经常是一些有害昆虫孳生繁殖的场所。这些污染物污染环境后，能够不断地通过水、土壤、空气、食物或媒介动物而侵害人群和牲畜。

搞好环境卫生是做好各项卫生工作的基础，因此厂区的环境卫生状况直接与食品卫生质量相关。食品企业应搞好全厂的环境卫生，如绿化、道路平整、垃圾清除、污水排放、灭蝇、灭蚊和消毒等，使厂区成为一个环境优美、清洁的文明单位。

二、食品企业生产的安全管理

食品企业的生产安全管理工作，都是围绕控制污染源和切断污染途径而进行的。因而在实际操作中不仅应加强环境卫生管理、降低环境中的含菌量，以减少微生物污染食品的机会，更应加强食品在生产、储藏、运输和销售过程中的安全管理。根据食品行业的安全管理规范，应重点做好如下几个方面的工作：

1. 食品的储藏和运输卫生

对食品原料或成品的运输工具和储藏的场所，在使用之前，必须经过清洗和消毒。食品在储藏、运输和销售过程中，场所要保持高度的清洁状态，做到无尘、无蝇、无鼠。使用时，要有防尘、防热设备，对易腐食品的原料，应设置冷藏设备，根据各类食品的不同性质，选择合适的储存方法及储存条件；直接供食用的熟食制品，要有供该食品专用的、高度洁净的、经过消毒的专用运输工具；储藏的食品要定期检查，一旦发现生霉、发臭等变质现象，都要及时进行处理。销售过程中，应采取“先进先出”的原则，尽量缩短储存期。

2. 食品生产卫生

食品生产只有在良好的卫生环境中进行，才能有效地防止食品污染，从而生产出符合食品安全标准要求的食品。

(1) 为避免食品生产基地的废弃物料、废水、污染物等污染周围环境和避免周围环境中的垃圾、粪便、废气、污水、粉尘等污染食品。应根据国家工业企业设计卫生标准的规定，设置防护带。生产厂房、办公室和生活间应分开设置。食品仓库、冷藏库和屠宰场等特殊的房舍应单独设置。

(2) 在食品生产单位所在地的周围和生产单位内的车间之间的空间场所存在的灰尘和污染物中，带有大量微生物，这是食品生产污染的重要来源之一。除对这些场所做好经常性的保洁工作外，还应尽可能绿化起来。绿化地区的分布和绿茵性质，应符合隔离污染源的要求。

(3) 食品车间内的卫生良好与否直接影响到食品的卫生质量。除经常性保持车间四壁和上下六面清洁外，还必须做好生产设备的清洗消毒工作。在生产进行中，严格执行各项生产卫生制度，尽量做到减少食品被暴露和接触人手及其他未经消毒的物品，以避免形成污染食品途径。生产中，合理控制温度，缩短生产流程，简化工艺过程以及生产的连续化、自动化及密闭化等，都是提高生产食品数量和质量的有力措施，其中绝大部分也都是能够起到防止微生物污染作用的比较有效的措施。

在生产食品的车间中，即使能达到清洁的状况，仍不足以杜绝来自空气中灰尘的污染。为了彻底防止来自空气的污染，在食品生产环境中的空气必须是洁净的。根据这一要求，可采用空气洁净技术，即把室外的空气经过过滤进入室内，同时把室内有灰尘的空气向室外排出。空气的过滤应使用高效过滤器，它是一种几乎能把空气中的灰尘全部过滤掉的主要设备，过滤器内起过滤作用的滤纸，最早用植物纤维，后来使用石棉纤维和人造纤维，近年来普遍使用玻璃纤维。纤维直径越小，过滤效能越高。所应用的纤维直径可小到 0.3 μm，利用这种过滤器和其他附件可净化空气，造成无尘环境，即可称为无菌环境。一般细菌的大小，其直径在0.5～1.0 μm，一般都附着在0.5 μm以上的灰尘颗粒上，通过高效过滤器几乎可以全部被阻挡住。通入室内的洁净气流，从整个室内顶面或侧壁，沿着整个房间截面平行地向着一个方向流动，从而把室内有灰尘的空气压出去。在洁净室内，为了有效防止带入有尘源的物品，进入室内的设备物品都要经过吹淋，或者用吸尘机清除干净；进入室内的人，除换上清洁的或经过消毒的工作衣帽外，有时还必须经过无菌空气淋浴，就是用无菌空气吹洗人的全身，以消除人体表面的浮尘。

3. 个人卫生

食品企业人员，应注意个人卫生。养成良好的卫生习惯，如勤理发、剪指甲、洗手、洗澡和经常保持工作衣帽及口罩的清洁等。凡食品企业人员，尤其是直接接触食品的人员，必须定期进行健康检查，每3个月到半年进行一次。检查重点应是消化道传染病的带菌情况、传染性肝炎、结核病、蠕虫症以及皮肤、口腔等部位的化脓性疾病等。如有发现，必须治愈后才能恢复原有的工作。

4. 食品生产用水卫生

食品生产用水，必须符合国家规定的饮用水的卫生标准。天然水源容易受到各种污染物和微生物的污染，常常不能符合饮用水的卫生要求，因此，必须进行净化和消毒后才能应用，并定期检验以确保安全。

水的净化目的是改善水的物理性状，除去浮游物质。水的净化，一般要通过沉淀、凝集和过滤几个过程，才能取得较好的效果。水源水经过净化处理后，微生物可以被清除一部分，但还可能有病源微生物存在，必须经过消毒的处理。一般采用加氯消毒法，可有良好的消毒效果。如果水源被化学物质污染时，按照上述一般净化的方法是不可能将水中所含的化学物质清除的，必须考虑采用其他有效的净化方法。

对水源要进行卫生防护，设置卫生防护带。因为无论是地面水或地下水均有可能受到污染。严格防护水源是做好饮用水卫生的一个非常重要的关键措施。

5. 工厂制定完善的安全、质量检验制度

食品企业应按照国家或行业标准规定的检验方法对原料、辅料、半成品、成品各道关键工序环节进行物理、化学、微生物等方面的检验；卫生防疫部门应经常或不定期对食品进行抽样检验，凡不符合安全标准和要求的产品，一律不得出厂。工厂应根据企业安全规范的要点，建立健全各项安全制度和实施细则。

三、食品生产中的安全质量管理体系

安全、卫生的食品生产与科学的管理密不可分，GMP管理体系和HACCP质量管理体系就是国际上较为流行的质量管理体系。

1. GMP管理体系

世界卫生组织称GMP为良好操作规范或良好生产工艺（Good Manufacturing Practice的缩写）。GMP标准是由食品生产企业与卫生部门共同制定的，规定了在加工、储藏和食品分配等各道工序中所要求的操作和管理规范。它要求食品生产企业应具备合理的生产工艺过程，良好的生产设备，正确的生产知识，严格的操作规范以及食品质量管理体系。其主要内容涵盖选址、设计、厂房建筑、设备、工艺过程、检测手段、人员组成、个人卫生、管理职责、卫生监督程序和满意程度等一系列食品生产经营条件，并提出了卫生学评价的标准和规范。GMP 标准用文件形式提供管理的可靠性，目的是为各种食品的制造、加工、包装、储藏等有关方面制定出一个统一的指导原则和卫生规范。不同的食品制造业各有其特点和要求，因而在这个框架的基础上，对各专门的食品制造业还需要制定详细的附加条件，使每一种食品加工行为按确定的管理和技术标准受到控制。

目前以美国为首的发达国家都在推行 GMP 制度，并用于各种食品企业的食品质量管理。

2. 危险分析与关键点控制体系（HACCP 质量管理体系）

HACCP 全面质量管理体系被食品界公认为确保食品安全的最佳管理方案，在发达国家已得到广泛应用。它可以确保食品加工和制造遵循 GMP 规范，目前已为全世界接受的 ISO 质量认证体系也将 HACCP 纳入其中。HACCP 系统的最大特点是：充分利用检验手段，对生产流程中各个环节进行抽样检测和有效分析，预测食品污染的原因，从而提出危害关键控制点（包括能保证控制有害事故发生的 CCP1，以及能最大限度地减少事故发生但不能对危害事故进行控制的 CCP2）及危害等级，再根据危害关键控制点提出控制项目（这些因素通常指温度、时间、湿度、水分活度、pH 值、可滴定酸、氯浓度、黏度等）、控制标准（管理关键限值）、检测方法、监控方法以及纠正的措施。通过采取这些相应的措施，从而预防危害的发生。同时也能将正确的措施及时反馈到工艺流程中，如此循环反馈、改进，不断提高。同时能对每一个关键控制点的操作进行日常监测，并记录所有检测结果，建立准确可靠的档案资料系统和检查 HACCP 质量管理体系工作状况的程序，出现问题有据可查。

HACCP 管理体系的核心是将食品质量的管理贯穿于食品从原料到成品的整个生产过程当中，侧重于预防性监控，不依赖对最终产品进行的检验，打破了传统检验结果滞后的缺点，从而将危害消除或降低到最低限度。HACCP 是一个系统工程，必须引起各级领导重视，全员投入、协调作战，才能保证 HACCP 的正常运转并取得预期效果。

HACCP 系统在发达国家已广泛应用。我国目前也正将此管理体系尝试性地应用于生产当中。HACCP 管理体系是我国今后食品企业管理的发展方向，也是防止食品腐败变质、延长货架期的主要管理模式。

四、食品的法制监督管理

加强食品的安全监督管理，保证食品的质量。既要有科学管理，又必须有法制管理，两者缺一不可。

食品安全的监督管理主要包括三方面的内容：一是道德规范；二是法制管理；三是技术规范。只有三者相辅相成的发展、渗透以形成一股强大的社会力量，才能促使食品卫生管理工作不断得到加强。

在我国，国家高度重视食品安全，早在 1995 年颁布的《中华人民共和国食品卫生法》，是国家对食品生产、经营卫生监督管理最高层次的法律规范。它标志着我国的食品卫生管理已进入了法制管理的时期。在此基础上，2009 年 2 月 28 日，十一届全国人大常委会第七次会议通过了《中华人民共和国食品安全法》。食品安全法是我国立法机构适应新形势发展的需要，为了从制度上解决现实生活中存在的食品安全问题，更好地保证食品安全而制定的。其中确立了以食品安全风险监测和评估为基础的科学管理制度，明确将食品安全风险评估结果作为制定、修订食品安全标准和对食品安全实施监督管理的科学依据。

政府对食品安全进行依法监督管理，实行法律规范下的社会制约，其主要形式就是食品安全监督。在我国执行食品安全监督行政权的机构为食品安全法授权的机构，主要有国家食品药品监督管理局，农业部、卫生部、国家质检总局、国家工商总局、商务部、环境保护部等政府部门。国务院设立食品安全委员会。包括省、市、县各级卫生、农业、工商、质量技术监督、食品药品监管等部门，代理各级政府卫生行政部门行使行政权，各执法机构执行行政权基本的法律依据就是食品安全法。

食品安全标准是由安全部门批准颁发的单项食品安全法规，是判定食品、食品添加剂及食品生产所用产品是否符合食品安全法的主要衡量标志，也是检验食品安全状况的依据。它规定了食品中可能带入的有毒有害物质的限量，具体又分为国家标准、行业标准及地方（企业）标准。在国家标准部分又分为强制性国家标准（用 GB 表示）、推荐性国家标准（GB/T）、内部标准（GBn）和试行标准。不同行业标准分别用 QB、SB、SN 和 NY 等表示。食品企业制定的安全标准至少要等齐于国家标准、行业标准及地方（企业）标准，提倡食品企业的安全标准高于上级标准。

食品企业是食品生产的主体，食品安全与质量的好坏，企业是关键，国家职能部门是保障。而食品的安全质量首先取决于食品企业的安全管理水平。因此，食品企业应抓好环境安全和生产中的安全管理，严格遵守我国的食品安全法规和标准，同时又要借鉴国际上先进的食品安全管理经验和模式（GMP、HACCP、ISO9001 系列标准、全面卫生管理模式），尽快与国际食品安全标准和管理模式接轨。

~思考与练习~

1. 污染食品的微生物来源和途径有哪些？
2. 食品生产中微生物的消长规律是什么？
3. 食品企业环境卫生管理包括哪些方面？
4. 食品企业生产的安全质量管理包括哪些方面？
5. 简述 GMP 和 HACCP 管理体系及其作用。

第八章　食品微生物安全检验技术

学习目标

1. 掌握食品企业微生物实验室的基本要求和配置。
2. 掌握我国食品安全标准中微生物检验指标及意义。
3. 掌握常见食品微生物安全检验样品的采集与处理方法。
4. 掌握我国食品安全标准中常用微生物指标的检验方法和操作技能。

第一节　食品企业微生物实验室的基本要求和配置

食品企业必须设置食品微生物检验实验室，实验室一般要求总体面积应在 70 m^2 以上，要求水、电供应充足、畅通，排污设施与安全措施齐备。

一、选址

1. 实验室应选择在清洁安静的场所，远离生活区、锅炉房与交通要道。

2. 实验室应选择在光线充足、通风良好的场所，要与生产加工车间有一定距离。

3. 实验室应选择在方便取样与检验，距离车间较近的工作场所。

二、结构和布局

根据生产实际需要，一般工厂应设置微生物检验和理化检验兼有的综合实验室，主要包括以下三大部分：微生物检验实验室、理化检验实验室、办公室。

1. 办公室

办公室是化验人员进行原始记录等各项工作的场所，是与非化验室人员交往较多的场所，因此，应设在综合实验室的最外层，只需有桌、椅等简单设施即可。

2. 理化检验实验室（或者和微生物检验实验室合并）

主要有理化分析室（兼作感观检验室）和仪器室。

3. 微生物检验实验室

主要有微生物检验操作室、无菌室、培养基制作室和洗涮消毒室。一般布局要求如下：

（1）微生物检验操作室

微生物检验操作室是微生物培养与检验的主要操作室，主要设施是实验台。对实验台的要求如下：

1）实验台面积一般不小于 2.4 m×1.3 m。

2）实验台位置应在实验室的中心，要有充足的光线，也可以做边台。

3）实验台两侧需安装小盆与水龙头。

4）实验台中间设置试剂架，架上装有日光灯与插座。

5）实验台材料要以耐热、耐酸碱为宜。

（2）无菌室

无菌室是处理样品和接种培养的主要工作间，应与微生物检验操作室紧密相连。为满足无菌室的无菌要求，无菌间应满足以下布局：

1）入口避开走廊，设在微生物检验操作室内。

2）与操作室用两道缓冲间隔开。

3）无菌室与缓冲间均应装有紫外灯，要求每 3 m^2安装 30 W 紫外灯一盏。

4）无菌室内设有工作台（中心与边台皆可），紫外灯距工作台面要小于 1.5 m。

5）无菌室与操作室之间设有无菌传递窗。

（3）培养基制作室

培养基室是制作、配制微生物培养中所需培养基及检验用试剂的场所，其主要设备应为边台与药品橱。

1）边台上要放置电炉，以满足熔化煮沸培养基时使用。

2）边台材料要耐高热、耐酸碱。

3）药橱分门别类存放一些一般药品及试剂。

4）危险、易腐易燃、有毒有害的药品应单独设保险柜存放。

5）边台上要放天平，以称取药品用。

（4）洗刷消毒室

洗刷消毒室用以消毒洗刷待用与已用的玻璃器皿、培养基及污物，其面积应大于 10 m^2。为满足洗刷消毒的功能，洗刷消毒室应设有：

1）1～2 个洗刷池，洗刷池上下水管网要畅通。

2）器皿橱或工作台，以放置洗刷好的器皿。

3）高压灭菌锅，其所用电源应满足用电负荷。

4）室内安有通风装置或换气扇。

5）有条件的单位还可在该室内设置可提供日常检验用水的蒸馏水器装置。

4. 分区

对于小型企业，如果没有更多的房间进行实验室区分，应通过规划房间分区，以保证实验室不同工作区（洁净区和一般操作区）之间有一定区分，一般最少应保证 4 个房间或者 4 个分区。

（1）洗刷消毒区域，这个区域要求相对独立，最好以房间间隔，因为要在这个区域处理废物，会有一定的污染和湿度。

(2) 培养基配制区域，用于培养基的配制，经常有水等，需要相对独立。

(3) 一般操作区域，这个是主要操作区域，微生物的试验结果的观察，显微镜操作，一般的简单理化操作，仪器设备等，都可以合并在这个房间或者区域进行。

(4) 无菌操作区域即无菌室，要求独立。

三、一般仪器设备

1. 培养箱

是培养微生物的主要设备，可以选择干热恒温或者生化培养箱，要求有两个。

2. 电热干燥箱

用于吸管、平皿类玻璃器皿的干热、灭菌和烘烤。

3. 高压蒸汽灭菌器（又叫高压灭菌锅）

用于物品、培养基、无菌水的灭菌。

4. 冰箱

用于保藏菌种和待测样品。

5. 电子天平

要求精确度 0.01 g。

6. 显微镜

观察微生物形态和镜检的必备仪器。

7. 超净工作台

无菌操作平台。

8. 水浴锅

部分培养温度需要水浴及培养基保温。

四、常规玻璃器皿

1. 吸管

用于吸取少量液体，常用的吸管为 0.1 刻度 1 mL 及 1.0 刻度的 10 mL 吸管。

2. 培养皿

为硬质玻璃双碟，常用于分离培养，盖与底大小应合适，常用规格为 90 mm。

3. 三角烧瓶与广口瓶

多用于盛放培养基及配制溶液，常用的规格有 250 mL、500 mL、1 000 mL。

4. 烧杯

供盛放废液或煮沸用，常用的规格为 100 mL、250 mL、5 00 mL、1 000 mL。

5. 量筒

用于液体测量，常用规格为 100 mL、250 mL、1 000 mL。

6. 试管

用于微生物培养，有多种规格。

7. 载玻片盖玻片

微生物涂片观察用。

8. **试剂瓶**

装试剂用，常用棕色避光。

9. **其他**

如试管架、毛刷、酒精灯、接种棒、镍铬丝、涂布棒等。

五、化学试剂和培养基

化学试剂和培养基：参照所执行标准后面的附录购买所需试剂和培养基，目前所用多为合成干粉培养基，试剂也可以购买标准配套试剂。

第二节　食品安全标准中微生物指标及意义

一、食品微生物指标及意义

食品在食用前的各个环节中，被微生物污染往往是不可避免的，评价食品被微生物污染的程度要用微生物检验指标来衡量。我国现行食品安全标准中设定的常用微生物指标有四种（类）：菌落总数、大肠菌群、致病菌和霉菌与酵母记数。其中致病菌主要包括沙门氏菌、志贺氏菌、金黄色葡萄球菌、溶血性链球菌等。

1. **菌落总数**

菌落总数是指食品检样经过处理，在一定的条件下（样品处理、培养基成分、培养温度和时间、pH 值、需氧条件）培养后，所得到的每单位食品（1 g、1 mL 或 1 cm^2）中所含细菌菌落的总数。菌落总数的含义并不表示实际中的所有细菌菌落总数，而是指在一定条件下（如需氧情况、营养条件、pH 值、培养温度和时间等）每克（每毫升）检样所生长出来的细菌菌落总数。所谓一定条件，按国家标准方法规定，即在需氧情况下，37℃培养 48 h，能在普通营养琼脂平板上生长的细菌菌落总数，所以对于厌氧或微需氧菌、有特殊营养要求的以及非嗜中温的细菌，由于现有条件不能满足其生理需求，故难以繁殖生长。因此，菌落总数又称为需氧菌数或杂菌数。

菌落总数的测定一方面是用来判定食品被细菌污染的程度即清洁状态及其安全质量，它反映食品在生产过程中是否符合国家食品安全标准要求，以便对被检样品做出适当的食品安全评价，如带鱼在细菌菌落总数≤10^4 cfu/g 时为一级鲜度，当菌落总数≤10^6 cfu/g 为二级鲜度；又如酱油菌落总数国家食品安全标准为≤30 000 cfu/mL，如果被检测酱油菌落总数超过 30 000 cfu/mL，则鉴定该产品为不合格产品。另一方面是可以用来预测食品耐存放程度或期限。如菌落总数为 10^5 cfu/cm^2 的牛肉 0℃可保存 7 d，而菌落总数为 10^3 cfu/cm^2 的牛肉 0℃可保存 18 d；有的食品当细菌数达到 10^6～10^7 cfu/g 时，即能从感官上发现变质，因此也有人认为，菌数达 10^6～10^7 cfu/g 的食品即可能引起食物中毒。

2. **大肠菌群**

大肠菌群并非细菌学分类命名，而是卫生细菌领域的用语，它不代表某一个或某一属细菌，而指的是具有某些特性的一组与粪便污染有关的细菌。这些细菌在生化及血清学方面并非完全一致，其定义为：需氧及兼性厌氧、在37℃能分解乳糖和产酸产气的革兰氏阴性无芽孢杆菌。一般认为该菌群细菌可包括大肠埃希菌、柠檬酸杆菌、产气克雷伯菌、变形杆菌和阴沟肠杆菌等。

大肠菌群首先是作为粪便污染指标菌提出来的，进行该项检验主要是以该菌群的检出情况来表示食品中是否有粪便污染。大肠菌群数的高低，表明了粪便污染的程度，也反映了对人体健康危害性的大小。其次是把它作为判断食品是否被肠道致病菌所污染及污染程度的指示菌。这是因为人们通过大量研究发现，大肠菌群在数量和检验方面均符合指示菌的三项要求：①和肠道致病菌的来源相同，并且在相同的来源中普遍存在和数量很多，以易于检出；②在外界环境中的生存时间与肠道致病菌相当或稍长；③检验方法比较简便。

大肠菌群作为食品检验的指示菌说明：在食品中存在的大肠菌群数量越多，表示该食品受粪便污染的程度越大，也就相应地表示该食品被肠道致病菌污染的可能性也就越大。

大肠菌群是评价食品食品安全及质量的重要指标之一，目前已被国内外广泛应用于食品检验和安全监督工作中。

3. 致病菌

食品首先应考虑其安全性，其次才是可食性和其他，食品中一旦含有致病性微生物，其安全性就随之丧失，其食用性也不复存在；各国的食品监督部门对致病性微生物都作了严格的限量或不得检出标准规定，把它作为食品安全最重要的指标。

致病性微生物是指可能通过食品引起人类致病的各种微生物及其毒素，根据不同食品可能污染的致病菌必须有针对性地设置各自的检验指标。致病菌包括沙门氏菌、金黄色葡萄球菌、大肠埃希氏菌、溶血性链球菌、副溶血弧菌、肉毒梭菌、蜡样芽孢杆菌等。

4. 霉菌和酵母菌

霉菌和酵母菌广泛分布于自然界，土壤、空气及水中都有它们的菌体及孢子存在，因而在食品生产、储藏等各个环节均可造成污染，引起食品变质并危害人体健康。由于它们生长缓慢和竞争能力不强，故常常会在不适于细菌生长的食品中出现，这些食品的一般特点是pH值低、湿度低、含盐和含糖高的食品，低温储藏的食品以及含有抗菌素的食品等，如糕点、面包、碳酸饮料、含乳饮料、蜂蜜、食糖、蜜饯、番茄酱等。霉菌和酵母往往使这些食品表面失去正常的色、香、味而腐败变质。例如，酵母在新鲜的和加工的食品中繁殖，可使食品发生难闻的异味，它还可以使液体发生浑浊、产生气泡、形成薄膜、改变颜色及散发不正常的气味等。

另外，有些霉菌能够合成有毒代谢产物—霉菌毒素，如黄曲霉产生致毒、致癌较强的黄曲霉毒素B_1。

因此，霉菌和酵母菌也作为评价某些食品安全质量的指示菌，并以霉菌和酵母菌计数来反映食品被污染的程度。目前已有若干个国家制定了某些食品的霉菌和酵母菌限量标准，我国也已制定了一些食品中霉菌和酵母菌的限量标准。

二、国家食品安全标准中部分食品的微生物指标

1．巴氏杀菌乳微生物限量（GB 19645—2010）

项目	采样方案[a]及限量（若非指定，均以 CFU/g 或 CFU/mL 表示）				检测方法
	n	*c*	*m*	*M*	
菌落总数	5	2	50 000	100 000	GB 4789.2
大肠菌群	5	2	1	5	GB 4789.3 平板计数法
金黄色葡萄球菌	5	0	0/25 g（mL）	—	GB 4789.10 定性检测
沙门氏菌	5	0	0/25 g（mL）	—	GB 4789.4

[a]样品的分析及处理按 GB 4789.1 和 GB 4789.18 执行

注：*n*——同一批次产品应采集的样品件数；
c——最大可允许超出 *m* 值的样品数；
m——微生物指标可接受水平的限量值；
M——微生物指标的最高安全限量值。

2．生乳微生物限量（GB 19301—2010）

项目	限量［CFU/g（mL）］	检验方法
菌落总数	$\leqslant 2\times10^6$	GB 4789.2

3．发酵乳微生物限量（GB 19302—2010）

项目	采样方案[a]及限量（若非指定，均以 CFU/g 或 CFU/mL 表示）				检测方法
	n	*c*	*m*	*M*	
大肠菌群	5	2	1	5	GB 4789.3 平板计数法
金黄色葡萄球菌	5	0	0/25 g（mL）	—	GB 4789.10 定性检测
沙门氏菌	5	0	0/25 g（mL）	—	GB 4789.4
酵母菌	≤100				GB 4789.15
霉菌	≤30				

[a]样品的分析及处理按 GB 4789.1 和 GB 4789.18 执行

4．乳粉微生物限量（GB 19644—2010）

项目	采样方案[a]及限量（若非指定，均以 CFU/g 表示）				检测方法
	n	*c*	*m*	*M*	
菌落总数[b]	5	2	50 000	200 000	GB 4789.2
大肠菌群	5	1	10	100	GB 4789.3 平板计数法
金黄色葡萄球菌	5	2	10	100	GB 4789.10 平板计数法
沙门氏菌	5	0	0/25 g	—	GB 4789.4

[a]样品的分析及处理按 GB 4789.1 和 GB 4789.18 执行
[b]不适用于添加活性菌种（好氧和兼性厌氧益生菌）的产品

5. 速冻面米制品中生制品微生物限量（GB 19295—2011）

项目	采样方案[a]及限量（若非指定，均以 CFU/g 表示）				检测方法
	n	c	m	M	
金黄色葡萄球菌	5	1	1 000	10 000	GB 4789.10 平板计数法
沙门氏菌	5	0	0/25 g	—	GB 4789.4

[a]样品的分析及处理按 GB 4789.1 和 GB 4789.18 执行

6. 速冻面米制品中熟制品微生物限量（GB 19295—2011）

项目	采样方案[a]及限量（若非指定，均以 CFU/g 表示）				检测方法
	n	c	m	M	
菌落总数	5	1	10 000	100 000	GB 4789.2
大肠菌群	5	1	10	100	GB 4789.3 平板计数法
金黄色葡萄球菌	5	1	1 000	1 000	GB 4789.10 平板计数法
沙门氏菌	5	0	0/25 g	—	GB 4789.4

[a]样品的分析及处理按 GB 4789.1 执行

7. 碳酸饮料微生物指标（GB 2759.2—2003）

项　目	指　标
菌落总数[a]/（cfu/mL）	≤100
大肠菌群/（MPN/100 mL）	≤6
霉菌[a]/（cfu/mL）	≤10
酵母菌[a]/（cfu/mL）	≤10
致病菌（沙门氏菌、志贺氏菌、金黄色葡萄糖菌）	不得检出

8. 糕点、面包微生物指标（GB 7099—2003）

项　目	指　标	
	热加工	冷加工
菌落总数[a]/（cfu/mL）	≤1 500	≤10 000
大肠菌群/（MPN/100 mL）	≤30	≤300
霉菌[a]/（cfu/mL）	≤100	≤150
致病菌（沙门氏菌、志贺氏菌、金黄色葡萄糖菌）	不得检出	

9. 酱油的微生物指标（GB 2717—2003）

项　目	指　标
菌落总数[a]/（cfu/mL）	≤30 000
大肠菌群/（MPN/100 mL）	≤30
致病菌（沙门氏菌、志贺氏菌、金黄色葡萄球菌）	不得检出

10. 酱的微生物指标（GB 2718—2003）

项　目	指　标
大肠菌群/（MPN/100 g）	≤30
致病菌（沙门氏菌、志贺氏菌、金黄色葡萄糖菌）	不得检出

11. 食醋的微生物指标（GB 2719—2003）

项　目	指　标
菌落总数[a]/（cfu/mL）	≤10 000
大肠菌群/（MPN/100 mL）	≤3
致病菌（沙门氏菌、志贺氏菌、金黄色葡萄糖菌）	不得检出

12. 熟肉制品的微生物指标（GB 2726—2005）

项　目	指　标
菌落总数/（cfu/g）	
烧烤肉、肴肉、肉灌肠	≤50 000
酱卤肉	≤80 000
熏煮火腿、其他熟肉制品	≤30 000
肉松、油酥肉松、肉粉松	≤30 000
肉干、肉脯、肉糜脯、其他熟肉干制品	≤10 000
大肠菌群/（MPN/100 g）	
肉灌肠	≤30
烧烤肉、熏煮火腿、其他熟肉制品	≤90
肴肉 、酱卤肉	≤150
肉松、油酥肉松、肉粉松	≤40
肉干、肉脯、肉糜脯、其他熟肉干制品	≤30
致病菌（沙门氏菌、金黄色葡萄球菌、志贺氏菌）	不得检出

13. 蛋制品的微生物指标（GB 2749—2003）

项　目	指　标
菌落总数/（cfu/g）	
巴氏杀菌冰全蛋	≤5 000
冰蛋黄、冰蛋白	≤1 000 000
巴氏杀菌全蛋粉	≤10 000
蛋黄粉	≤5 000
糟蛋	≤100
皮蛋	≤500
大肠菌群/（MPN/100 g）	
巴氏杀菌冰全蛋	≤1 000
冰蛋黄、冰蛋白	≤1 000 000
巴氏杀菌全蛋粉	≤90
蛋黄粉	≤40
糟蛋	≤30
皮蛋	≤30
致病菌（沙门氏菌、志贺氏菌）	不得检出

第三节　常见食品微生物检验样品的采集与处理

从产品中抽取少量的、有一定代表性的样品，供检验分析用，这一过程称为采样。微生物检验样品的采集一定要按照无菌取样技术进行。

一、样品采集的原则

1. 所采样品应具有代表性。

2. 采样必须符合无菌操作的要求，防止一切外来污染，一件用具只能用于一个样品，防止交叉污染。

3. 在保存和运送过程中应保证样品中微生物的状态不发生变化，采集的非冷冻食品一般在0～5℃冷藏，不能冷藏的食品应立即检验，一般在36 h内进行检验。

4. 采样标签应完整、清楚。每件样品的标签须标记清楚，尽可能提供详尽的资料。

二、采样前的准备工作

1. 包装无菌取样的工具

拥有合格的用于采取产品或加工过程的无菌取样的专用器械工具是至关重要的，采样时必须使用合适的采集工具，否则样品的完整性会被怀疑，甚至使样品毫无意义。为此，建议列出一张无菌取样工具清单，并按清单收集取样工具。如果可能盛样品的容器在最初进入加工区之前应当被预先标识，如样品号、取样日期、取样人等。这样可以使在不同的工厂条件下的样品取样更为方便一些。附加样品号码一般在样品采集中被正式确定下来，因此不用预先标明。

人员的工具设施，如工作服、发网或消毒处理过的清洁的鞋靴，必须保证采集者没有污染到食物产品或样品。

2. 生产线样品

生产线样品一般是指原材料、原料生产用水、包装材料或其他任何使用在生产线上的材料。生产线样品的采集一般用来确定细菌污染源是否来自于原材料或加工工序中的某些地方。

3. 环境样品

环境样品用无菌棉拭子（注：无菌棉拭子样品不能给出或测出微生物的定时结果，因为样品非常小，显著微生物会经常丢失），棉拭子的取样部位一般来自于食品接触面、地板喷溅物以及墙壁、顶部管道和检验中考察的其他潜在污染源，并且记录可能的联系，例如：

地面喷溅水：工人是否从有地面污水的地方走过后又回到加工区域?

墙壁：墙壁上面和在制品上面是否有有害昆虫?

天花板：冷凝物或喷漆有无掉落到产品上或被发现与产品相接触?

4. 其他准备

（1）干冰

要使样品在储运过程中保持冷却，一些种类的制冷剂如干冰是必需的。储运中应注意检查干冰袋子与样品是否有接触，如果袋子泄漏有可能污染样品。也可以用湿冰，湿冰可以由工厂提供。取样前必须清楚一点，如果想保持样品冷冻，干冰应在检验前获得。

（2）盒子或制冷皿

在储藏、运输样品时，对不需冷冻的样品，将其装入一个盒子即可。对需要冷却的样品，必须使用标准的制冷皿或保温箱。一般来讲，制冷皿随带着一个塑料袋，样品可以放在袋子里，制冷剂如干冰等可以放置在袋外，这样样品被冰污染的可能性就被避免了。

（3）灭菌容器

无菌塑料袋、玻璃容器及灭菌的加仑漆桶，可以用于有锐利边角的产品如蟹、虾等。

（4）取样工具

取样工具包括：茶匙、角匙、尖嘴钳、量筒和烧杯，工具的类型一般由取样产品来决定。

应当检查所有取样设施和容器的灭菌日期，其灭菌时间应当在仪器设施的标签和包装上标明。一些仪器设施可以在当地实验室进行灭菌处理或购买灭菌仪器，在当地实验室灭菌的仪器设施一般可以保持至少两个月，过期后设施必须重新灭菌。

（5）灭菌手套

灭菌手套在采样中并非必须启用，如果一个产品在样品收集过程中必须被接触，那么最好让该工厂生产线的工人（加工处理该产品的工人）来做，并在收集后直接将样品放入收集容器中（既然工人在生产过程中直接接触该产品，那么就不能认为他们对产品又有附加的污染）。

当需用手套时必须采用避免污染的方式，手套的大小必须适合工作的需要。

（6）无菌棉拭子

一般用于拭取仪器设施和工厂环境区域，使用棉拭子的正确程序是，第一步打开棉拭子剥掉表皮，然后小心地放在试管头上（注意不要沾染棉拭子的外端）；第二步擦拭要取样的部位，如案板头或顶部管道；第三步从试管头上小心翼翼地将拭子放入，然后将其全部推入直到试管中部。

（7）灭菌全包装袋

必须购买灭菌的包装袋，使用时只需撕掉封头，张开袋子，将样品放入，然后将袋子顶端卷起，用线绳扎牢；底部应当折叠两次，以保证线绳不会穿透塑料袋，导致样品泄漏。

收集样品时，要将样品采集时的条件例如产品的温度、地点等，连同采样样品号，一并记录入检验员的注释说明中，取样的样品可以从样品号、采集日期、附加样品号，最初调查人和其他鉴别信息等加以区分。

采集无菌样品时，一条最重要的规则是：千万别污染样品。这需要样品采集人非常小心地采集所有附加样品，确保不违反这条规则。

三、取样方案

微生物检验的特点是以小份样品的检测结果来说明一大批食品的卫生质量，因此，用于分析的样品的代表性至关重要，也即样品的数量、大小和性质对结果判定将产生重大影响。要保证样品的代表性首先要有一套科学的抽样方案，其次使用正确的抽样技术，并在样品的保存和运输过程中保持样品的原有状态。

一般来说，进出口贸易合同对食品抽样量有明确规定的，按合同规定抽样；进出口贸易合同没有具体抽样规定的，可根据检验的目的、产品及被抽样品批次的性质和分析方法的性质确定抽样方案。目前最为流行的抽样方案为国际食品微生物标准委员（ICMSF）推荐的抽样方案和随机抽样方案，有时也可参照同一产品的品质检验抽样数量抽样，或按单位包装件数 N 的开平方值抽样。无论采取何种方法抽样，每批货物的抽样数量不得少于 5 件，而对于需要检验沙门氏菌的食品，抽样数量应适当增加，最低不应少于 8 件。

ICMSF 提出的采样基本原则，一是根据各种微生物本身对人的危害程度各有不同；二是食品经不同条件处理后，其危害度变化的情况：①降低了危害度；②危害度未变；③增加了危害度。来设定抽样方案并规定其不同的采样数。目前，加拿大、以色列等很多国家已采用此法作为国家标准。

有些实验室在每批产品中，仅采一个检样进行检验，该批产品是否合格，全凭这个检样来决定。ICMSF 方法与此不同，它是从统计学原理来考虑，对一批产品，检查多少检样，才能够有代表性，才能客观地反映出该产品的质量而设定的。ICMSF 方法中包括二级法及三级法两种。二级法只设有 n、c 及 m 值，三级法则有 n、c、m 及 M 值。M 即附加条件后判定合格的菌数限量。具体如下：

1. 二级抽样方案

自然界中材料的分布曲线一般是正态分布，此方案以其一点作为食品微生物的限量值，只设合格判定标准 m 值，超过 m 值的，则为不合格品。检查在检样是否有超过 m 值的，来判定该批是否合格。以生食海产品鱼为例 $n=5$，$c=0$，$m=10^2$，$n=5$ 即抽样 5 个，$c=0$ 即意味着在该批检样中，未见到有超过 m 值的检样，此批货物为合格品。

2. 三级抽样方案

该方案设有微生物标准 m 及 M 值两个限量如同二级法，超过 m 值的检样，即算为不合格品。其中又以 m 值到 M 值的范围内的检样数，作为 c 值，如果在此范围内，即为附加条件合格，超过 M 值者，则为不合格。例如，冷冻生虾的细菌数标准 $n=5$，$c=3$，$m=10^1$，$M=10^2$，其意义是从一批产品中，取 5 个检样，经检样结果，允许 $\leqslant 3$ 个检样的菌数是在 $m \sim M$ 值之间，如果有 3 个以上检样的菌数是在 $m \sim M$ 值之间或一个检样菌数超过 M 值者，则判定该批产品为不合格品。

为了强调抽样与检样之间的关系，ICMSF 已经阐述了把严格的抽样计划与食品危害程度相联系的概念（ICMSF，1986）。建议在中等或严重危害的情况下使用二级抽样方案，对健康危害低的则建议使用三级抽样方案。

ICMSF 按照微生物的危害度、食品的特性及处理条件三者综合在一起进行食品中微生物危害度分类见表 8—1。

表 8—1　　ICMSF 按微生物的危害度及食品处理进行情况分类表

级别	微生物指标危害程度	微生物指标	食品经不同处理后的危害度		
			减少（加热）	无变化（冷冻品立刻进食）	增加（未加热食用或到食用前还有一段时间）
三级方案	1. 食品的保藏	细菌数	$n=5$ $c=3$	$n=5$ $c=2$	$n=5$ $c=1$
	2. 轻度间接指标菌	大肠菌群 大肠杆菌 金黄色葡萄球菌	$n=5$ $c=3$	$n=5$ $c=2$	$n=5$ $c=1$
	3. 中度程度局部传播	金黄色葡萄球菌 蜡样芽孢杆菌 产气荚膜梭菌	$n=7$ $c=2$	$n=5$ $c=1$	$n=10$ $c=1$
二级方案	1. 中度程度	沙门氏菌 副溶血性弧菌 致病性大肠杆菌	$n=5$ $c=0$	$n=10$ $c=0$	$n=20$ $c=3$
	2. 严重程度	肉毒梭菌 霍乱弧菌 伤寒沙门氏菌	$n=15$ $c=0$	$n=30$ $c=10$	$n=60$ $c=0$

注：表中“减少”是指食品经加热杀死污染的细菌。
“无变化”是指微生物数不增减例如冷冻食品或干燥食品。
“增加”是指将食品保存在不良环境中使微生物易于繁殖和产毒。

四、抽样方法

确定了抽样方案以后，抽样方法对抽样方案的有效执行和保证样品的有效性代表性至关重要。抽样必须遵循无菌操作程序，抽样工具如整套不锈钢勺子、镊子、剪刀等应当进行高压灭菌，防止一切可能的外来污染。容器必须清洁、干燥、防漏、广口、灭菌，大小适合盛放检样。抽样全过程中，应采取必要的措施防止食品中固有微生物的数量和生长能力发生变化。确定检验批次时，应注意产品的均质性和来源，确保检样的代表性。

1. 直接食用的小包装食品

尽可能取原包装，直到检验前不要开封，以防污染。

2. 桶装或大容器包装的液体食品

（1）抽样前摇动或用灭菌棒搅拌液体，尽量使其达到均质；

（2）抽样时应先将抽样用具浸入液体内略加漂洗，然后再取所需要的样品，装入灭菌盛样容器的量，不应超过其容量的3/4，以便于检验前将样品摇匀；

（3）取完样品后，应用消毒的温度计插入液体内测量食品的温度，并作记录。尽可能不用水银温度计测量，以防温度计破碎后水银污染食品；

（4）如为非冷藏易腐食品，应迅速将所抽样品冷却至0～4℃。

3. 桶装或大容器包装的固体和固体食品

（1）每份样品应用灭菌抽样器由几个不同部位采取，一起放入一个灭菌容器内；

（2）注意不要使样品过度潮湿，以防食品中固有的细菌增殖。

4. 桶装或大容器包装的冷冻食品

（1）对大块冷冻食品，应从几个不同部位用灭菌工具抽样，使之有充分的代表性。

（2）在将样品送达实验室前，要始终保持样品处于冷冻状态。样品一旦融化，不可使其再冻，保持冷却即可。

5. 生产过程中的抽样

（1）划分检验批次，应注意同批产品质量的均一性；

（2）如使用固定在储液桶或流水作业线上的抽样龙头抽样时，应事先将龙头消毒；

（3）当用自动抽样器抽取不需要冷却的粉状或固定食品时，必须履行相应的管理办法，保证产品的代表性不被人为地破坏。

五、样品的采集数量、标记、保存和运送

1. 样品的采集数量

取样数量的确定，应考虑分析项目、分析方法的要求及被检物的均匀程度三个因素。样品应一式三份，分别供检验、复检及备查使用，每份样品数量一般不少于200 g。根据不同种类采样数量略有不同，实验室检验样品一般为25 g。

2. 样品的标记、保存和运送

抽样过程中应对所抽样品进行及时、准确的标记。抽样结束后，应由抽样人写出完整的抽样报告，使样品尽可能保持在原有条件下并迅速发送到实验室。

（1）样品的标记

1）所有盛样容器必须要有和样品一致的标记。在标记上应记明样品标志与号码、样品顺序号以及其他需要说明的情况。标记应牢固，具防水性，字迹不会被擦掉或脱色。

2）当样品需要托运或由非专职抽样人员运送时，必须封识样品容器。

（2）样品的保存和运送

1）抽样结束后应尽快将样品送往实验室检验。如不能及时运送，冷冻样品应存放在－15℃以下冰箱或冷藏库内；冷却和易腐食品存放在0～4℃冰箱或冷却库内；其他食品可放在常温冷暗处。

2）运送冷冻和易腐食品应在包装容器内加适量的冷却剂或冷冻剂，以保证途中样品不升温或不融化，必要时可于途中补加冷却剂或冷冻剂。

3）如不能由专人携带送样时，也可托运。托运前必须将样品包装好，应能防破损、防冻结、防腐和防止冷冻样品升温或融化，在包装上应注明“防碎”“易腐”“冷藏”等字样。

4）做好样品运送记录，写明运送条件、日期、到达地点及其他需要说明的情况，并由运送人签字。

六、不同食品样品的采集与制备

1．肉与肉制品样品的采集与制备

（1）样品的采取

1）生肉及脏器检样。如果是屠宰后的畜肉，可于开腔后，用无菌刀采取两腿内侧肌肉各 50 g 或劈半后采取两侧背最长肌肉各 50 g；如是冷藏或销售的生肉，可用无菌刀取腿肉或其他部位的肌肉 100 g。检样采取后放入无菌容器内，立即送检；如条件不许可时，最好不超过 3 h。送检时应注意冷藏，不得加入任何防腐剂。检样送往化验室应立即检验或放置冰箱暂存。

2）禽类（包括家禽和野禽）。鲜、冻家禽采取整只放无菌容器内；带毛野禽可放清洁容器内，立即送检，以下处理要求同上述生肉。

3）各类熟肉制品。包括酱卤肉、肴肉、方圆腿、熟灌肠、熏烤肉、肉松、肉脯、肉干等，一般采取 200 g，熟禽采取整只，均放无菌容器内，立即送检，以下处理要求同上述生肉。

4）腊肠、香肠等生灌肠。采取整根，整只，小型的可采数根或数只，其总量不少于 250 g。

（2）检样的制备

1）生肉及脏器检样的处理。先将检样进行表面消毒（在沸水内烫 3～5 s，或灼烧消毒），再用无菌剪子剪取检样深层肌肉 25 g，放入无菌乳钵内用灭菌剪子剪碎后，加灭菌海砂或玻璃砂研磨，磨碎后加入灭菌水 225 mL，混匀后即为 1：10 稀释液。

2）鲜、冻家禽检样的处理。先将检样进行表面消毒，用灭菌剪子或刀去皮后，剪取肌肉 25 g（一般可从胸部或腿部剪取），以下处理同生肉。带毛野禽去毛后，同家禽检样处理。

3）各类熟肉制品检样的处理。直接切取或称取 25 g，以下处理同生肉。

4）腊肠、香肠等生灌肠检样处理。先对生灌肠表面进行消毒，用灭菌剪子取内容物 25 g，以下处理同生肉。

注：以上样品的采集和送检及检样的处理，均以检验肉禽及其制品内的细菌含量，从而判断其质量鲜度为目的。如需检验肉禽及其制品受外界环境污染的程度或检索其是否带有某种致病菌，应用棉拭采样法。

（3）棉拭采样法和检样处理

检验肉禽及其制品受污染的程度，一般可用板孔 5 cm^2 的金属制规板，压在受检物上，将灭菌棉拭稍沾湿，在板孔 5 cm^2 的范围内揩抹多次，然后将板孔规板移压另一点，用另一棉拭揩抹，如此共移压揩抹 10 次，总面积 50 cm^2，共用 10 只棉拭。每支棉拭在揩抹完毕后应立即剪断或烧断后投入盛有 50 mL 灭菌水的三角烧瓶或大试管中，立即送检。检验时先充分振摇，吸取瓶、管中的液体作为原液，再按要求作 10 倍递增稀释。

检验致病菌，不必用规板，在可疑部位用棉拭揩抹即可。

2. 乳与乳制品样品的采集与制备

（1）样品的采取和送检

1）散装或大型包装的乳品。用灭菌刀、勺取样，在移采另一件样品前，刀、勺先清洗灭菌。采样时应注意部位的代表性。每件样品数量不少于 200 g，放入灭菌容器内及时送检。鲜乳一般不应超过 3 h，在气温较高或路途较远的情况下应进行冷藏，不得使用任何防腐剂。

2）小型包装的乳品。应采取整件包装，采样时应注意包装的完整。各种小型包装的乳与乳制品，每件样品量为：生奶 1 瓶或 1 包；消毒奶 1 瓶或 1 包；奶粉 1 瓶或 1 包（大包装者 200 g）；奶油 1 块；酸奶 1 瓶或 1 罐；炼乳 1 瓶或 1 罐；奶酪（干酪）1 个。

3）成批产品。对成批产品进行质量鉴定时，其采样数理每批以千分之一计算，不足千件者抽取 1 件。

（2）检样的制备

1）乳及液态乳制品的处理。将检样摇匀，以无菌操作开启包装。塑料或纸盒（袋）装，75%酒精棉球消毒盒盖或袋口，用灭菌剪刀切开；玻璃瓶装，以无菌操作去掉瓶口的纸罩或瓶盖，瓶口经火焰消毒。用灭菌吸管吸取 25 mL（液态乳中添加固体颗粒状物的，应均质后取样）检样，放入装有 225 mL 灭菌生理盐水的锥形瓶内，振摇均匀。

2）半固态乳制品的处理

①炼乳。清洁瓶或罐的表面，再用点燃的酒精棉球消毒瓶或罐口周围，然后用灭菌的开罐器打开瓶或罐，以无菌手续称取 25 g 检样，放入预热至 45℃的装有 225 mL 灭菌生理盐水（或其他增菌液）的锥形瓶中，振摇均匀。

②稀奶油、奶油、无水奶油等。无菌操作打开包装，称取 25 g 检样，放入预热至 45℃的装有 225 mL 灭菌生理盐水（或其他增菌液）的锥形瓶中，振摇均匀。从检样融化到接种完毕的时间不应超过 30 min。

3）固态乳制品的处理

①干酪及其制品。以无菌操作打开外包装，对有涂层的样品削去部分表面封蜡，对无涂层的样品直接经无菌程序用灭菌刀切开干酪，用灭菌刀（勺）从表层和深层分别取出有代表性的适量样品，磨碎混匀，称取 25 g 检样，放入预热到 45℃的装有 225 mL 灭菌生理盐水（或其他稀释液）的锥形瓶中，振摇均匀。充分混合使样品均匀散开（1～3 min），分散过程时温度不超过 40℃，同时尽可能避免泡沫产生。

②乳粉、乳清粉、乳糖、酪乳粉。取样前将样品充分混匀。罐装乳粉的开罐取样法同炼乳处理，袋装奶粉应用 75%酒精的棉球涂擦消毒袋口，以无菌手续开封取样。称取检样 25 g，加入预热到 45℃盛有 225 mL 灭菌生理盐水等稀释液或增菌液的锥形瓶内（可使用玻璃珠助溶），振摇使充分溶解和混匀。

对于经酸化工艺生产的乳清粉，应使用 pH 值为 8.4±0.2 的磷酸氢二钾缓冲液稀释；对于含较高淀粉的特殊配方乳粉，可使用 α-淀粉酶降低溶液黏度，或将稀释液加倍以降低溶液黏度。

③酪蛋白和酪蛋白酸盐。以无菌操作，称取 25 g 检样，按照产品不同，分别加入 225 mL 灭菌生理盐水等稀释液或增菌液。在对黏稠的样品溶液进行梯度稀释时，应在无菌条件下反复多次吹打吸管，尽量将黏附在吸管内壁的样品转移到溶液中。

酸法工艺生产的酪蛋白：使用磷酸氢二钾缓冲液并加入消泡剂，在 pH 值为 8.4±0.2 的条件下溶解样品。

凝乳酶法工艺生产的酪蛋白：使用磷酸氢二钾缓冲液并加入消泡剂，在 pH 值为 7.5±0.2 的条件下溶解样品，室温静置 15 min。必要时在灭菌的匀浆袋中均质 2 min，再静置 5 min 后检测。

酪蛋白酸盐：使用磷酸氢二钾缓冲液在 pH 值为 7.5±0.2 的条件下溶解样品。

3. 调味品样品的采集与制备

(1) 样品的采取和送检

原包装的酱油、食醋和酱类采取一瓶，散装者采取 500 mL (g)。

(2) 检样的制备

瓶装者：用点燃的酒精棉球烧灼瓶口灭菌，用石碳酸纱布盖好，再用灭菌开瓶器启开后进行检验。

酱类：用无菌手续称取 25 g，放入灭菌容器内，加入 225 mL 蒸馏水，吸取酱油 25 mL，加入灭菌 225 mL 蒸馏水，制成混悬液。

食醋：用 20%～30%灭菌碳酸钠溶液调 pH 值到中性。

4. 蛋与蛋制品样品的采集与制备

(1) 样品的采取和送检

鲜蛋、糟蛋、皮蛋：用流水冲洗外壳，再用 75%酒精棉涂擦消毒后放入灭菌袋内，加封做好标记后送检。

巴氏杀菌冰全蛋、冰蛋黄、冰蛋白：先将铁听开处用 75%酒精棉球消毒，再将盖开启，用灭菌电钻由顶到底斜角钻入，徐徐钻取检样，然后抽出电钻，从中取出 250 g，检样装入灭菌广口瓶中，标明后送检。

巴氏杀菌全蛋粉、蛋黄粉、蛋白片：将包装铁箱上开口处用 75%酒精棉球消毒，然后将盖开启，用灭菌的金属制双层旋转式套管采样器斜角插入箱底，使套管旋转收取检样，再将采样器提出箱外，用灭菌小匙自上、中、下部收取检样，装入灭菌广口瓶中，每个检样质量不少于 100 g，标明后送检。

对成批产品进行质量鉴定时的采样数量如下：

巴氏杀菌全蛋粉、蛋黄粉、蛋白片等产品以一日或一班的生产量为一批检验沙门氏菌时，按每批总量的 5%抽样（即每 100 箱中抽验五箱，每箱一个检样），但每批最少不得少于三个检样。测定菌落总数和大肠菌群时，每批按装听过程前、中、后取样三次，每次取样 100 g，每批混合为一个检样。

巴氏杀菌冰全蛋、冰蛋黄、冰蛋白等产品按生产批号在装听时流动取样。检验沙门氏菌时，冰蛋黄及冰蛋白按每 250 kg 取样一件，巴氏消毒冰全蛋按每 500 kg 取样一件。菌落总数测定和大肠菌群测定时，在每批装听过程前、中、后取样三次，每次取样 100 g，然后混合为一个检样。

(2) 检样的制备

鲜蛋、糟蛋、皮蛋外壳：用灭菌生理盐水浸湿的棉拭子充分擦拭蛋壳，然后将棉拭子直接放入培养基内增菌培养；也可将整只蛋放入灭菌小烧杯或平皿中，按检样要求加入定量灭菌生理盐水或液体培养基，用灭菌棉拭子将蛋壳表面充分擦洗后，以擦洗液作为检样检验。

鲜蛋蛋液：将鲜蛋在流水下洗净，待干后再用75%酒精棉消毒蛋壳，然后根据检验要求，打开蛋壳取出蛋白、蛋黄或全蛋液，放入带有玻璃珠的灭菌瓶内，充分摇匀待检。

巴氏杀菌全蛋粉、蛋白片、蛋黄粉：将检样放入带有玻璃珠的灭菌瓶内，按比例加入灭菌生理盐水充分摇匀待检。

巴氏杀菌冰全蛋、冰蛋白、冰蛋黄：将装有冰蛋检样的瓶浸泡于流动冷水中，使检样融化后取出，放入带有玻璃珠的灭菌瓶中充分摇匀待检。

各种蛋制品的沙门氏菌增菌培养：以无菌手续称取检样，接种于亚硒酸盐煌绿或煌绿肉汤等增菌培养基中（此培养基预先置于盛有适量玻璃珠的灭菌瓶内），盖紧瓶盖，充分摇匀，然后放入（36±1)℃恒温箱中，培养（20±2）h。

接种以上各种蛋与蛋制品的数量及培养基的数量和成分：凡用亚硒酸盐煌绿增菌培养时，各种蛋与蛋制品的检样接种数量都为30 g，培养基数量都为150 mL。凡用煌绿肉汤进行增菌培养时，检样接种数量、培养基数量和浓度见表8—2。

表8—2　各种蛋与蛋制品的数量及培养基的数量和浓度表

检样种类	检样接种数量	培养基数量/mL	煌绿浓度/（g/mL）
巴氏杀菌全蛋粉	6 g（加24 mL灭菌水）	120	1/6 000～1/4 000
蛋黄粉	6 g（加24 mL灭菌水）	120	1/6 000～1/4 000
鲜蛋液	6 mL（加24 mL灭菌水）	120	1/1 000 000
蛋白片	6 g（加24 mL灭菌水）	150	1/6 000～1/4 000
巴氏杀菌冰全蛋	30 g	150	1/6 000～1/4 000
冰蛋液	30 g	150	1/6 000～1/4 000
冰蛋白	30 g	150	1/60 000～1/50 000
鲜蛋、糟蛋、皮蛋	30 g	150	1/6 000～1/4 000

注：煌绿应在临用时加入肉汤中，煌绿浓度系以检样和肉汤的总量计算。

5. 水产品样品的采集与制备

(1) 样品的采取和送检

现场采取水产食品样品时，应按检验目的和水产品的种类确定采样量。除个别大型鱼类和海兽只能割取其局部作为样品外，一般都采完整的个体，待检验时再按要求在一定部位采取检样。在以判断质量鲜度为目的时，鱼类和体型较大的贝甲类虽然应以一个个体为一件样品，单独采取一个检样。但当对一批水产品作质量判断时，仍须采取多个个体做多件检样以反映全面质量。而一般小型鱼类和对虾、小蟹，因个体过小在检验时只能混合采取检样，在采样时须采数量更多的个体，鱼糜制品（如灌肠、鱼丸等）和熟制品采取 250 g，放灭菌容器内。

水产食品含水较多，体内酶的活力也较旺盛，易于变质。因此在采好样品后应在最短时间内送检，在送检过程中应加冰保养。

（2）检样的制备

1）鱼类：采取检样的部位为背肌。先用流水将鱼体体表冲净、去鳞，再用 75%酒精棉球擦净鱼背；待干后用灭菌刀在鱼背部沿脊椎切开 5 cm，再切开两端使两块背肌分别向两侧翻开，然后用无菌剪子剪取肉 25 g，放入灭菌乳钵内；用灭菌剪子剪碎，加灭菌海砂或玻璃砂研磨（有条件情况下可用均质器），检样磨碎后加入 225 mL 灭菌生理盐水，混匀成稀释液。

剪取肉样时，勿触破及沾上鱼皮。鱼糜制品和熟制品应放乳钵内进一步捣碎后，再加生理盐水混匀成稀释液。

2）虾类：采取检样的部位为腹节内的肌肉。将虾体在流水下冲净，摘去头胸节，用灭菌剪子剪除腹节与头胸节连接处的肌肉，然后挤出腹节内的肌肉，称取 25 g 放入灭菌乳钵内，以后操作同鱼类检样处理。

3）蟹类：采取检样的部位为胸部肌肉。将蟹体在流水下冲净，剥去壳盖和腹脐，再去除鳃条，复置流水下冲净。用 75%酒精棉球擦拭前后外壁，置灭菌搪瓷盘上待干。然后用灭菌剪子剪开成左右两片，再用双手将一片蟹体的胸部肌肉挤出（用手指从足根一端向剪开的一端挤压），称取 25 g，置灭菌乳钵内。以下操作同鱼类检样处理。

4）贝壳类：从壳缝中徐徐切入，撬开壳盖，再用灭菌镊子取出整个内容物，称取 25 g 置灭菌乳钵内，以下操作同鱼类检样处理。

6. 清凉饮料样品的采集与制备

（1）样品的采集和送检

1）瓶装汽水、果味水、果子露、鲜果汁水、酸梅汤、可乐型饮料，应采取原瓶、袋和盒装样品；散装的应用无菌操作采取 500 mL，放入灭菌广口瓶中。

2）冰淇淋、冰棍，应采取原包装样品；散装的用无菌操作采取，放入灭菌广口瓶中，再放入冷藏或隔热容器内。

3）食用冰块，应取冷冻冰块放入灭菌容器内。

所用的样品采集后，应立即送检，最长不得超过 3 h。

（2）检样的制备

1）瓶装饮料：用点燃的酒精棉球灼烧瓶口灭菌，用石炭酸纱布盖好，塑料瓶口可用 75%酒精棉球擦拭灭菌，用灭菌开瓶器将盖启开，含有二氧化碳的饮料可倒入一灭菌容器内，口勿盖紧，覆盖一灭菌纱布，轻轻摇荡，待气体全部逸出后，进行检验。

2）冰棍：用灭菌镊子除去包装纸，将冰棍部分放入灭菌广口瓶内，木棒留在瓶外，盖上瓶盖，用力抽出木棒，或用灭菌剪子剪掉木棒，置于 45℃水浴 30 min，融化后立即进行检验。

3）冰淇淋：放在灭菌容器内，待其融化，立即进行检验。

7. 冷食菜、豆制品样品的采集与制备

（1）样品的采集和送检

1）冷食菜：将样品混匀，采取后放入灭菌容器内。

2）豆制品：采集接触盛器边缘、底部及上面不同部位的样品，放入灭菌容器内。

（2）检样的制备

以无菌操作称取 25 g 检样，放入 225 mL 灭菌蒸馏水，制成混悬液。

8. 糖果、糕点、果脯样品的采集与制备

糕点、果脯等类食品大多是由糖、牛奶、鸡蛋、水果等为原料而制成的甜食。部分食品有包装纸，污染机会较少，但如果包装纸、盒不清洁，或没有包装的食品放于不清洁的容器内也可造成污染。带馅的糕点往往因加热不彻底，存放时间长或温度高，可使细菌大量繁殖。带有裱花的糕点存放时间长时，细菌可大量繁殖，造成食品变质。

（1）样品的采集和送检

糕点、果脯可用灭菌镊子夹取不同部位的样品，放入灭菌容器内；糖果采取原包装样品，采取后立即送检。

（2）检样的制备

1）糕点：如为原包装，采用灭菌镊子夹下包装纸，采取外部及中心部位；如为带馅糕点，取外皮及内馅 25 g；裱花糕点，采取裱花及糕点部分各一半共 25 g，加入 225 mL 灭菌生理盐水中，制成混悬液。

2）果脯：采取不同部位称取 25 g，加入 225 mL 灭菌生理盐水中，制成混悬液，然后进行检验。

3）糖果：采用灭菌镊子夹下包装纸，称取数块共 25 g，放入预热至 45℃的 225 mL 灭菌生理盐水中，待其溶化后立即进行检验。

9. 酒类样品的采集与制备

一般酒类不进行微生物学检验，需要进行检验的主要是酒精度低的发酵酒（因为酒精度低，不能抑制微生物的生长）。污染的主要来源是原料或加工过程中不注意卫生操作而污染的水、土壤及空气中的细菌，尤其是散装生啤酒，因不加热往往生存大量细菌。

（1）样品的采集和送检

瓶装酒类应采取原包装样品；散装酒类往往用灭菌容器采取，放入灭菌广口瓶中。

（2）检样的制备

1）瓶装酒类：用点燃的酒精棉球灼烧瓶口灭菌，用石炭酸纱布盖好，再用灭菌开瓶器将盖启开，含有二氧化碳的酒类可倒入一灭菌容器内，口勿盖紧，覆盖一层灭菌纱布，轻轻摇荡，待气体全部逸出后，进行检验。

2）散装酒：可直接吸取，进行检验。

10．粮食样品的采集与制备

粮食很容易被霉菌污染，由于遭受到产毒霉菌的侵染，不但会发生霉败变质，造成经济上的巨大损失，而且能够产生各种不同性质的霉菌毒素。因此，加强对粮食中的霉菌检验非常必要。

(1) 样品的采集和送检

根据粮囤、粮垛的大小和类型，按照三层五点法取样，或者分层随机采取不同的样品混匀，取 500 g 左右做检验用，每增加 1 000 t，增加一个混样。

(2) 检样的制备

为了分离浸染粮食粒内部的霉菌，在分离培养前，必须先将附在粮食粒表面的霉菌除去。取粮粒 10～20 g，放入灭菌的 150 mL 三角瓶中，在无菌操作下加入无菌水超过粮粒 1～2c m，塞好棉塞充分振荡 1～2 min，将水倒净，再换水振荡，如此反复洗涤 10 次，最后将水弃去，将粮粒倒在无菌平皿中备用。如为原粮（如玉米、小麦）须先用 75%酒精浸泡 1～2 min，以脱去粮粒表面的蜡质，倾倒出酒精后再用无菌水洗涤粮粒，备用。

~思考与练习~

1. 食品企业微生物实验室的基本要求是什么？
2. 简述我国食品安全标准中微生物检验指标有哪些及其意义？
3. 举例说明三级抽样方案。
4. 针对各类食品的特点，简述如何正确进行微生物检验样品的采集与制备？

实训九　食品中菌落总数的测定

一、实训目的

1. 学习并掌握 GB 4789.2—2010 食品中菌落总数检验的原理和基本方法，以判别食品的安全与否和质量的优劣。

2. 体会食品菌落总数检验的目的和意义。

二、实训说明

菌落总数是指食品检样经过处理，并在一定条件下培养后，所得 1 g 或 1 mL 检样中所含细菌菌落的总数。菌落总数主要作为判别食品被污染程度的标志，也可以应用这一方法观察细菌在食品中繁殖的动态，以便对被检样品进行食品安全与质量评价时提供依据。

三、实训器材

1. 培养基

平板计数琼脂培养基，磷酸盐缓冲液，无菌生理盐水。

2. **仪器用具**

恒温培养箱（36℃）、恒温水浴锅、酒精灯、试管架、无菌培养皿、无菌移液管（10 mL 和 1 mL）、无菌不锈钢勺、酒精灯。

四、操作步骤（见图 8—1）

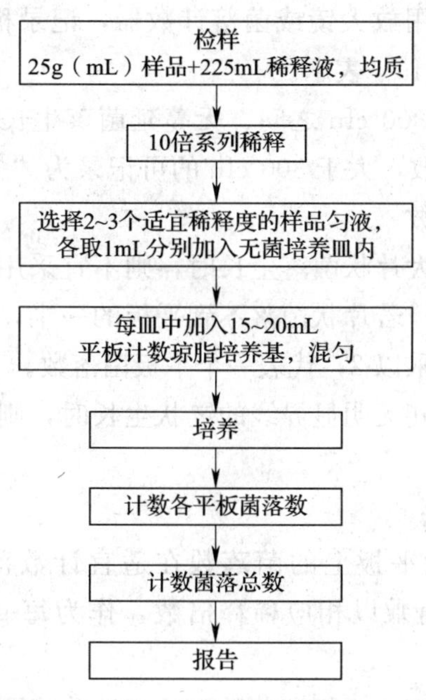

图 8—1　食品中菌落总数的检验程序

1. **取样、稀释**

(1) 以无菌操作，取检样 25 g（或 25 mL）剪碎放于含有 225 mL 灭菌生理盐水或磷酸盐缓冲液的灭菌玻璃瓶内（瓶内预置适量的玻璃珠）或灭菌乳钵内，经充分振摇或研磨制成 1∶10 的均匀稀释液。固体检样在加入稀释液后，最好置于灭菌均质器中以 8 000～10 000 r/min 的速度处理 1 min，制成 1∶10 的均匀稀释液。

(2) 用 1 mL 灭菌吸管吸取 1∶10 稀释液 1 mL，沿管壁徐徐注入含有 9 mL 灭菌生理盐水或磷酸盐缓冲液的试管内，振摇试管混合均匀，制成 1∶100 的稀释液。

(3) 另取 1 mL 灭菌吸管，按上项操作顺序，制 10 倍递增稀释液，如此再递增稀释一次。

(4) 根据对样品污染情况的估计选择 2～3 个适宜稀释度，分别在制作 10 倍递增稀释的同时，以吸取该稀释度的吸管移取 1 mL 稀释液于灭菌平皿中，每个稀释度做两个平皿。同时，分别吸取 1 mL 空白稀释液加入两个无菌平皿内作空白对照。

(5) 及时将 15～20 mL 冷却至 46℃的平板计数琼脂培养基（可放置于（46±1)℃恒温水浴箱中保温）倾注平皿，并转动平皿使其混合均匀。

2. **培养**

(1) 待琼脂凝固后，翻转平板，置（36±1)℃温箱内培养（48±2）h，水产品（30±1)℃培养（72±3）h。

（2）如果样品中可能含有在琼脂培养基表面弥漫生长的菌落时，可在凝固后的琼脂表面覆盖一薄层琼脂培养基（约 4 mL），凝固后翻转平板，按上述条件进行培养。

3. 菌落计数

可用肉眼观察，必要时用放大镜或菌落计数器，记录稀释倍数和相应的菌落数量。菌落计数以菌落形成单位（cfu）表示。

（1）选取菌落数在 30～300 cfu 之间、无蔓延菌落生长的平板计数菌落总数。低于 30 cfu 的平板记录具体菌落数，大于 300 cfu 的可记录为“多不可计”。每个稀释度的菌落数应采用两个平板的平均数。

（2）其中一个平板有较大片状菌落生长时，则不宜采用，而应以无片状菌落生长的平板作为该稀释度的菌落数；若片状菌落不到平板的一半，而其余一半中菌落分布又很均匀，即可计算半个平板后乘以 2，代表一个平板菌落数。

（3）当平板上出现菌落间无明显界线的链状生长时，则将每条单链作为一个菌落计数。

4. 菌落总数的计算方法

（1）若只有一个稀释度平板上的菌落数在适宜计数范围内，应计算两个平板菌落数的平均值，再将平均值乘以相应稀释倍数，作为每 g（mL）样品中菌落总数结果。

（2）若有两个连续稀释度的平板菌落数在适宜计数范围内时，按以下公式计算：

$$N=\frac{\sum C}{(n_1+0.1n_2)\ d}$$

式中 N——样品中菌落数；

$\sum C$——平板（含适宜范围菌落数的平板）菌落数之和；

n_1——第一稀释度（低稀释倍数）平板个数；

n_2——第二稀释度（高稀释倍数）平板个数；

d——稀释因子（第一稀释度）。

示例：

稀释度	1∶100（第一稀释度）	1∶1 000（第二稀释度）
菌落数/CFU	232，244	33，35

$$N=\frac{\sum C}{(n_1+0.1n_2)\ d}$$

$$=\frac{232+224+33+35}{[2\ (0.1\times2)]\times10^{-2}}=\frac{544}{0.022}=24\ 727$$

上述数据修约后，表示为 25 000 或 2.5×10^4。

（3）若所有稀释度的平板上菌落数均大于 300 cfu，则对稀释度最高的平板进行计数，其他平板可记录为“多不可计”，结果按平均菌落数乘以最高稀释倍数计算。

（4）若所有稀释度的平板菌落数均小于 30 cfu，则应按稀释度最低的平均菌落数乘以稀释倍数计算。

（5）若所有稀释度（包括液体样品原液）平板均无菌落生长，则以小于 1 乘以最低稀释倍数计算。

（6）若所有稀释度的平板菌落数均不在 30～300 cfu 之间，其中一部分小于 30 cfu 或大于 300 cfu 时，则以最接近 30 cfu 或 300 cfu 的平均菌落数乘以稀释倍数计算。

5．菌落总数的报告

（1）菌落数小于 100 cfu 时，按“四舍五入”原则修约，以整数报告。

（2）菌落数大于或等于 100 cfu 时，第 3 位数字采用“四舍五入”原则修约后，取前 2 位数字，后面用 0 代替位数；也可用 10 的指数形式来表示，按“四舍五入”原则修约后，采用两位有效数字。

（3）若所有平板上为蔓延菌落而无法计数，则报告菌落蔓延。

（4）若空白对照上有菌落生长，则此次检测结果无效。

（5）称重取样以 cfu/g 为单位报告，体积取样以 cfu/mL 为单位报告。

五、实训结果

1．将实训测出的样品数据以报表方式报告结果。

2．对样品菌落总数作出是否符合卫生要求的结论。

六、思考与练习

1．食品检验为什么要测定细菌菌落总数？

2．食品中检出的菌落总数是否代表该食品上所有的细菌数？为什么？

3．为什么平板计数琼脂培养基在使用前要保持在（46±1)℃的温度？

实训十　食品中大肠菌群的检验

一、实训目的

1．学习和掌握 GB 4789.3—2010 食品中大肠菌群的检验原理和方法，以判别食品的安全与质量优劣。

2．体会大肠菌群在食品安全检验中的意义。

二、实训说明

大肠菌群是指一群经 37℃24～48 h 培养能发酵乳糖、产酸产气、需氧和兼性厌氧的革兰氏阴性无芽孢杆菌。该菌主要来于人畜粪便，故以此作为粪便污染指标来评价食品的卫生质量，同时可以推断食品中有否污染肠道致病菌的可能。

三、实训器材

1．仪器和材料

恒温培养箱（36℃）、恒温水浴（46℃）、冰箱（2～5℃）、天平、显微镜、温度计、500 mL 无菌锥形瓶 1 个（内装 225 mL 无菌水和适量玻璃珠）、无菌培养皿（90 mm）

10 套、1 mL 无菌吸管 10 支、10 mL 无菌吸管 10 支、50 mL 试管 10 支、无菌生理盐水 200 mL；火柴、载玻片、接种针、试管架、杜氏管 10 支，如图 8—2 所示。

2. **培养基及试剂**

月桂基硫酸盐胰蛋白胨（Lauryl Sulfate Tryptose，LST）肉汤、煌绿乳糖胆盐（Brilliant Green Lactose Bile，BGLB）肉汤、结晶紫中性红胆盐琼脂（Violet Red Bile Agar，VRBA）、磷酸盐缓冲液、无菌生理盐水、无菌 1 mol/L NaOH、无菌 1 mol/L HCl、9 mL 乳糖胆盐发酵管 12 支、乳糖发酵管 12 支、伊红美蓝琼脂培养基（EMB）150 mL、革兰氏染色液 1 套。

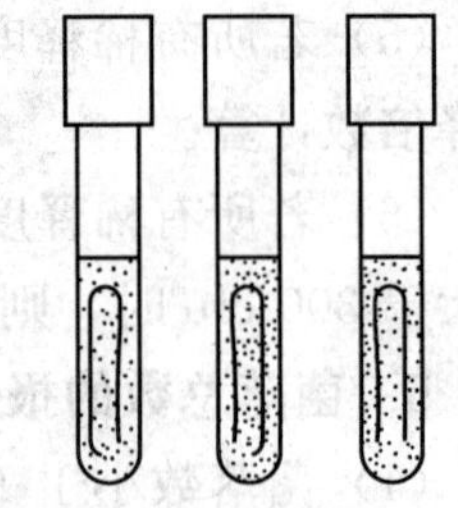

图 8—2 放好倒置杜氏管的试管

四、操作步骤

1. **方法 1：大肠菌群 LST 肉汤培养基 MPN 计数法（见图 8—3）**

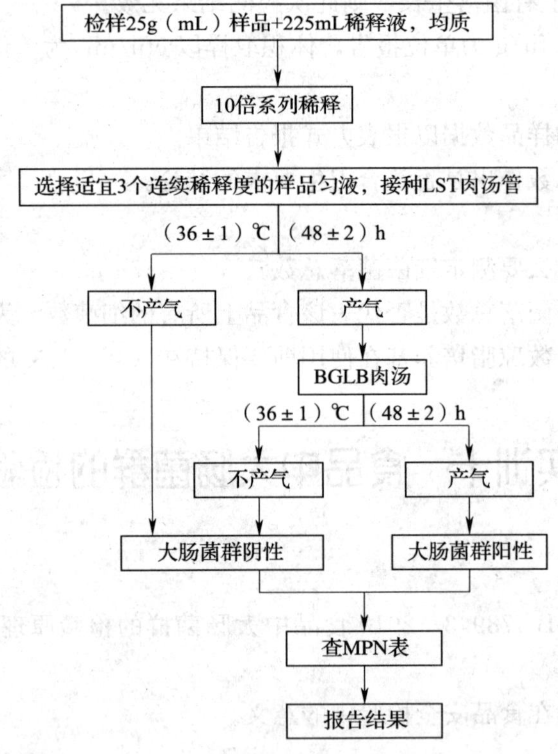

图 8—3 食品中大肠菌群 MPN 计数法检验程序

（1）采样及稀释

1）固体和半固体样品：称取 25 g 样品，放入盛有 225 mL 磷酸盐缓冲液或生理盐水的无菌均质杯内，8 000～10 000 r/min 均质 1～2 min，或放入盛有 225 mL 磷酸盐缓冲液或生理盐水的无菌均质袋中，用拍击式均质器拍打 1～2 min，制成 1：10 的样品匀液。

2）液体样品：以无菌吸管吸取 25 mL 样品置盛有 225 mL 磷酸盐缓冲液或生理盐水

的无菌锥形瓶（瓶内预置适当数量的无菌玻璃珠）中，充分混匀，制成 1∶10 的样品匀液。

3）样品匀液的 pH 值应在 6.5～7.5 之间，必要时分别用 1 mol/L NaOH 或 1 mol/L HCl 调节。

4）用 1 mL 无菌吸管或微量移液器吸取 1∶10 样品匀液 1 mL，沿管壁缓缓注入9 mL 磷酸盐缓冲液或生理盐水的无菌试管中（注意吸管或吸头尖端不要触及稀释液面），振摇试管或换用 1 支 1 mL 无菌吸管反复吹打，使其混合均匀，制成 1∶100 的样品匀液。

5）根据对样品污染状况的估计，按上述操作，依次制成 10 倍递增系列稀释样品匀液。每递增稀释 1 次，换用 1 支 1 mL 无菌吸管或吸头。从制备样品匀液至样品接种完毕，全过程不得超过 15 min。

（2）乳糖初发酵试验

每个样品，选择 3 个适宜的连续稀释度的样品匀液（液体样品可以选择原液），每个稀释度接种 3 管月桂基硫酸盐胰蛋白胨（LST）肉汤，每管接种 1 mL（如接种量超过 1 mL，则用双料 LST 肉汤），(36±1)℃培养（24±2）h，观察导管内是否有气泡产生，(24±2) h 产气者进行复发酵试验，如未产气则继续培养至（48±2）h，产气者进行复发酵试验。未产气者为大肠菌群阴性。

（3）复发酵试验

用接种环从产气的 LST 肉汤管中分别取培养物 1 环，移种于煌绿乳糖胆盐肉汤 (BGLB) 管中，(36±1)℃培养（48±2）h，观察产气情况。产气者，为大肠菌群阳性管。

（4）大肠菌群最可能数（MPN）的报告

根据大肠菌群 LST 阳性管数，检索 MPN 表（见表 8—3），报告每 g（mL）样品中大肠菌群的 MPN 值。

表 8—3　　大肠菌群最可能数（MPN）检索表

阳性管数			MPN	95%置信区间		阳性管数			MPN	95%置信区间	
0.1	0.01	0.001		下限	上限	0.1	0.01	0.001		下限	上限
0	0	0	<3.0	—	9.5	2	2	0	21	4.5	42
0	0	1	3.0	0.15	9.6	2	2	1	28	8.7	94
0	1	0	3.0	0.15	11	2	2	2	35	8.7	94
0	1	1	6.1	1.2	18	2	3	0	29	8.7	94
0	2	0	6.2	1.2	18	2	3	1	36	8.7	94
0	3	0	9.4	3.6	38	3	0	0	23	4.6	94
1	0	1	7.2	1.3	18	3	0	2	64	17	180
1	0	2	11	3.6	38	3	1	0	43	9	180
1	1	0	7.4	1.3	20	3	1	1	75	17	200
1	1	1	11	3.6	38	3	1	2	120	37	420

续表

阳性管数			MPN	95%置信区间		阳性管数			MPN	95%置信区间	
0.1	0.01	0.001		下限	上限	0.1	0.01	0.001		下限	上限
1	2	0	11	3.6	42	3	1	3	160	40	420
1	2	1	15	4.5	42	3	2	0	93	18	420
1	3	0	16	4.5	42	3	2	1	150	37	420
2	0	0	9.2	1.4	38	3	2	2	210	40	430
2	0	1	14	3.6	42	3	2	3	290	90	1 000
2	0	2	20	4.5	42	3	3	0	240	42	1 000
2	1	0	15	3.7	42	3	3	1	460	90	2 000
2	1	1	20	4.5	42	3	3	2	1 100	180	4 100
2	1	2	27	3.7	94	3	3	3	>1 100	420	—

注 1. 本表采用 3 个稀释度［0.1 g（mL）、0.01 g（mL）和 0.001 g（mL）］，每个稀释度接种 3 管。

2. 表内所列检样量如改用 1 g（mL）、0.1 g（mL）和 0.01 g（mL）时，表内数字应相应降低 10 倍；如改用 0.01 g（mL）、0.001 g（mL）、0.000 1 g（mL）时，则表内数字应相应增高 10 倍，其余类推。

2. 方法 2：大肠菌群平板计数法

（1）大肠菌群平板计数法检验程序（见图 8—4）

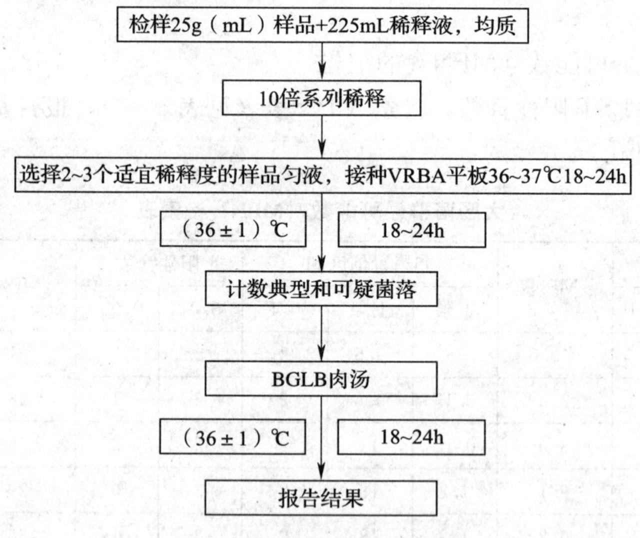

图 8—4 大肠菌群平板计数法的检验程序

（2）操作步骤

1）样品的稀释。同大肠菌群 MPN 计数法。

2）平板计数

①选取 2～3 个适宜的连续稀释度，每个稀释度接种 2 个无菌平皿，每皿 1 mL。同

时取 1 mL 生理盐水加入无菌平皿作空白对照。

②及时将 15～20 mL 冷至 46℃的结晶紫中性红胆盐琼脂（VRBA）倾注于每个平皿中。小心旋转平皿，将培养基与样液充分混匀，待琼脂凝固后，再加 3～4 mL VRBA 覆盖平板表层。翻转平板，置于（36±1）℃培养 18～24 h。

3）平板菌落数的选择。选取菌落数在 15～150 cfu 之间的平板，分别计数平板上出现的典型和可疑大肠菌群菌落。典型菌落为紫红色，菌落周围有红色的胆盐沉淀环，菌落直径为 0.5 mm 或更大。

4）证实试验。从 VRBA 平板上挑取 10 个不同类型的典型和可疑菌落，分别移种于 BGLB 肉汤管内，（36±1）℃培养 24～48 h，观察产气情况。凡 BGLB 肉汤管产气，即可报告为大肠菌群阳性。

（3）大肠菌群平板计数的报告

经最后证实为大肠菌群阳性的试管比例乘以（3）中计数的平板菌落数，再乘以稀释倍数，即为每 g（mL）样品中大肠菌群数。例：10^{-4}样品稀释液 1 mL，在 VRBA 平板上有 100 个典型和可疑菌落，挑取其中 10 个接种 BGLB 肉汤管，证实有 6 个阳性管，则该样品的大肠菌群数为：$100\times6/10\times10^4$/g（mL）$=6.0\times10^5$ cfu/g（mL）。

实训十一　食品中霉菌和酵母菌的检验

一、实训目的

1. 掌握霉菌和酵母菌的检验方法。

2. 体会霉菌和酵母菌在食品安全与质量检验中的意义。

二、实训说明

霉菌和酵母菌广泛分布于自然界并可作为食品中正常菌的一部分。霉菌和酵母菌也可造成食品腐败变质。有些霉菌的有毒代谢产物能够引起各种急性和慢性中毒，特别是有些霉菌毒素具有强烈的致癌性。因此霉菌也作为评价食品安全的指示菌，用以判断食品被污染的程度。

霉菌和酵母菌菌数的测定是指食品检样经过处理，并在一定条件下培养后，所得1 g 或 1 mL 检样中所含的霉菌和酵母菌菌落数。

三、实训器材

1. 仪器和材料

冰箱、恒温培养箱：（28±1）℃、均质器、恒温振荡器、显微镜：10×～100×、电子天平、无菌锥形瓶：容量 500 mL、250 mL、无菌广口瓶：500 mL、无菌吸管：1 mL（具 0.01 mL 刻度）、10 mL（具 0.1 mL 刻度）、无菌平皿：直径 90 mm、无菌试管：10 mm×75 mm、无菌牛皮纸袋、塑料袋。

2. 培养基和试剂

马铃薯－葡萄糖－琼脂培养基、孟加拉红培养基。

四、操作步骤（见图 8—5）

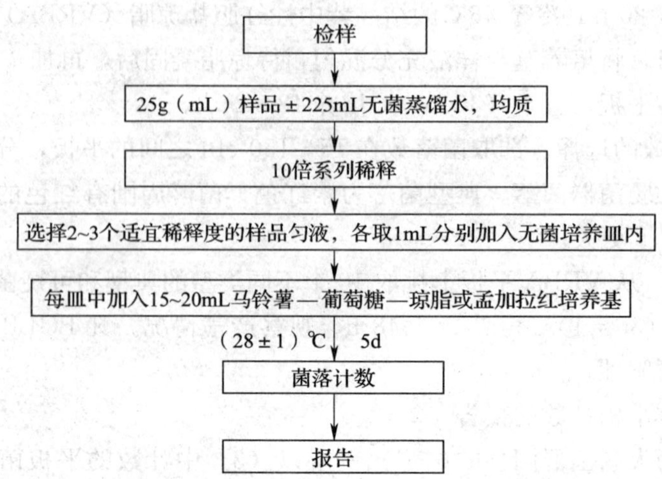

图 8—5 食品中霉菌、酵母菌的检验程序

1. 样品的稀释

(1) 固体和半固体样品：称取 25 g 样品至盛有 225 mL 灭菌蒸馏水的锥形瓶中，充分振摇，即为 1∶10 稀释液。或放入盛有 225 mL 无菌蒸馏水的均质袋中，用拍击式均质器拍打 2 min，制成 1∶10 的样品匀液。

(2) 液体样品：以无菌吸管吸取 25 mL 样品至盛有 225 mL 无菌蒸馏水的锥形瓶（可在瓶内预置适当数量的无菌玻璃珠）中，充分混匀，制成 1∶10 的样品匀液。

(3) 取 1 mL1∶10 稀释液注入含有 9 mL 无菌水的试管中，另换一支 1 mL 无菌吸管反复吹吸，此液为 1∶100 稀释液。

(4) 按上述操作程序，制备 10 倍系列稀释样品匀液。每递增稀释一次，换用 1 次 1 mL无菌吸管。

(5) 根据对样品污染状况的估计，选择 2～3 个适宜稀释度的样品匀液（液体样品可包括原液），在进行 10 倍递增稀释的同时，每个稀释度分别吸取 1 mL 样品匀液于 2 个无菌平皿内。同时分别取 1 mL 样品稀释液加入 2 个无菌平皿作空白对照。

(6) 及时将 15～20 mL 冷却至 46℃的马铃薯－葡萄糖－琼脂或孟加拉红培养基［可放置于（46±1)℃恒温水浴箱中保温］倾注平皿，并转动平皿使其混合均匀。

2. 培养

待琼脂凝固后，将平板倒置，(28±1)℃培养 5 d，观察并记录。

3. 菌落计数

肉眼观察，必要时可用放大镜，记录各稀释倍数和相应的霉菌和酵母菌数。以菌落形成单位（cfu）表示。选取菌落数在 100～150 cfu 的平板，根据菌落形态分别计数霉菌和酵母菌数。霉菌蔓延生长覆盖整个平板的可记录为“多不可计”。菌落数应采用两个平板的平均数。

4. 结果的计算

(1) 计算两个平板菌落数的平均值，再将平均值乘以相应稀释倍数计算。

(2) 若所有平板上菌落数均大于 150 cfu，则对稀释度最高的平板进行计数，其他平板可记录为“多不可计”，结果按平均菌落数乘以最高稀释倍数计算。

(3) 若所有平板上菌落数均小于 10 cfu，则应按稀释度最低的平均菌落数乘以稀释倍数计算。

(4) 若所有稀释度平板均无菌落生长，则以小于 1 乘以最低稀释倍数计算；如为原液，则以小于 1 计数。

5. 报告

(1) 菌落数在 100 以内时，按“四舍五入”原则修约，采用两位有效数字报告。

(2) 菌落数大于或等于 100 时，前 3 位数字采用“四舍五入”原则修约后，取前 2 位数字，后面用 0 代替位数来表示结果；也可用 10 的指数形式来表示，此时也按“四舍五入”原则修约，采用两位有效数字。

(3) 称重取样以 cfu/g 为单位报告，体积取样以 cfu/mL 为单位报告，报告或分别报告霉菌和酵母菌数。

五、思考与练习

霉菌、酵母菌数的测定与菌落总数的测定有什么相同的地方和不同的地方？

实训十二　食品中金黄色葡萄球菌的检验

一、实训目的

1. 掌握食品中金黄色葡萄球菌的检验原理和方法。

2. 体会食品中金黄色葡萄球菌检验的意义。

二、实训说明

金黄色葡萄球菌隶属于葡萄球菌属，可引起皮肤组织炎症，还能产生肠毒素。如果在食品中大量生长繁殖，产生毒素，人误食了含有这种毒素的食品，就会发生食物中毒。故食品中存在金黄色葡萄球菌对人的健康是一种潜在危险，检查食品中金黄色葡萄球菌及数量具有重要意义。

金黄色葡萄球菌能产生凝固酶，使血浆凝固，多数致病菌株能产生溶血毒素，使血琼脂平板菌落周围出现溶血环，在试管中出现溶血反应。这些是鉴定致病性金黄色葡萄球菌的重要指标。

三、实训材料及仪器设备

1. 仪器和材料

恒温培养箱（36℃）、恒温水浴（37～65℃）、天平、均质器、振荡器、500 mL 无菌锥形瓶 1 个（内装 225 mL 无菌水和适量玻璃珠）、无菌培养皿（90 mm）10 套、1 mL无菌吸管 10 支、10 mL 无菌吸管 10 支、50 mL 试管 10 支、无菌生理盐水 200 mL、火柴；载玻片、接种针、涂布棒、试管架。

2．培养基及试剂

10%氯化钠胰酪胨大豆肉汤、7.5%氯化钠肉汤、血琼脂平板、Baird-Parker 琼脂平板、脑心浸出液肉汤（BHI）、兔血浆、稀释液：磷酸盐缓冲液、营养琼脂小斜面、革兰氏染色液、无菌生理盐水。

四、操作步骤

1．方法 1：金黄色葡萄球菌定性检验（见图 8—6）

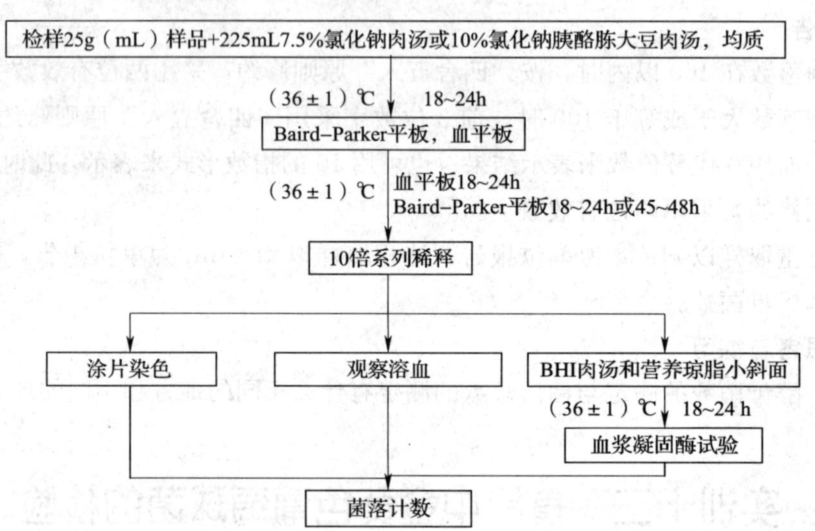

图 8—6 食品中金黄色葡萄球菌的检验程序

（1）样品处理

称取 25 g 样品至盛有 225 mL7.5%氯化钠肉汤或 10%氯化钠胰酪胨大豆肉汤的无菌均质杯内，8 000～10 000 r/min 均质 1～2 min，或放入盛有 225 mL7.5%氯化钠肉汤或 10%氯化钠胰酪胨大豆肉汤的无菌均质袋中，用拍击式均质器拍打 1～2 min。若样品为液态，吸取 25 mL 样品至盛有 225 mL7.5%氯化钠肉汤或 10%氯化钠胰酪胨大豆肉汤的无菌锥形瓶（瓶内可预置适当数量的无菌玻璃珠）中，振荡混匀。

（2）增菌和分离培养

将上述样品匀液于（36±1)℃培养 18～24 h。金黄色葡萄球菌在 7.5%氯化钠肉汤中呈混浊生长，污染严重时在 10%氯化钠胰酪胨大豆肉汤内呈混浊生长。

将上述培养物，分别划线接种到 Baird-Parker 平板和血平板，血平板（36±1)℃培养 18～24 h。Baird-Parker 平板（36±1)℃培养 18～24 h 或 45～48 h。

（3）观察

金黄色葡萄球菌在 Baird-Parker 平板上，菌落直径为 2～3 mm，颜色呈灰色到黑色，边缘为淡色，周围为一混浊带，在其外层有一透明圈。用接种针接触菌落有似奶油至树胶样的硬度，偶然会遇到非脂肪溶解的类似菌落；但无混浊带及透明圈。长期保存的冷冻或干燥食品中所分离的菌落比典型菌落所产生的黑色较淡些，外观可能粗糙并干燥。在血平板上，形成菌落较大，圆形、光滑凸起、湿润、金黄色（有时为白色），菌落周围可见完全透明溶血圈。挑取上述菌落进行革兰氏染色镜检及血浆凝固酶试验。

（4）鉴定

1）染色镜检：金黄色葡萄球菌为革兰氏阳性球菌，排列呈葡萄球状，无芽孢，无荚膜，直径为 0.5～1 nm。

2）血浆凝固酶试验。挑取 Baird - Parker 平板或血平板上可疑菌落 1 个或以上，分别接种到 5 mL BHI 和营养琼脂小斜面，(36±1)℃培养 18～24 h。

取新鲜配制兔血浆 0.5 mL，放入小试管中，再加入 BHI 培养物 0.2～0.3 mL，振荡摇匀，置（36±1)℃温箱或水浴箱内，每半小时观察一次，观察 6 h，如呈现凝固（即将试管倾斜或倒置时，呈现凝块）或凝固体积大于原体积的一半，被判定为阳性结果。同时以血浆凝固酶试验阳性和阴性葡萄球菌菌株的肉汤培养物作为对照。也可用商品化的试剂，按说明书操作，进行血浆凝固酶试验。结果如可疑，挑取营养琼脂小斜面的菌落到 5 mLBHI，(36±1)℃培养 18～48 h，重复试验。

（5）葡萄球菌肠毒素的检验

对可疑食物中毒样品或产生葡萄球菌肠毒素的金黄色葡萄球菌菌株的鉴定，应检测葡萄球菌肠毒素。

（6）结果与报告

结果判定：符合 4.5 可判定为金黄色葡萄球菌。

结果报告：在 25 g（mL）样品中检出或未检出金黄色葡萄球菌。

2. 方法 2：金黄色葡萄球菌 Baird - Parker 平板计数

（1）检验程序

金黄色葡萄球菌平板计数程序如图 8—7 所示。

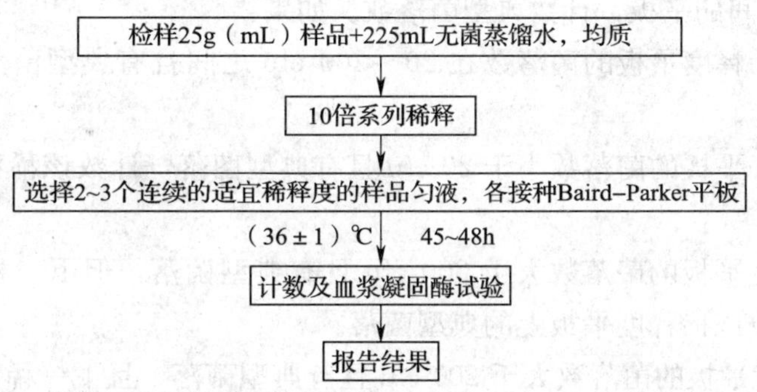

图 8—7 金黄色葡萄球菌 Baird - Parker 平板法检验程序

（2）操作步骤

1）样品的稀释。

固体和半固体样品：称取 25 g 样品置盛有 225 mL 磷酸盐缓冲液或生理盐水的无菌均质杯内，8 000～10 000 r/min 均质 1～2 min，或置盛有 225 mL 稀释液的无菌均质袋中，用拍击式均质器拍打 1～2 min，制成 1∶10 的样品匀液。

液体样品：以无菌吸管吸取 25 mL 样品置盛有 225 mL 磷酸盐缓冲液或生理盐水的

无菌锥形瓶（瓶内预置适当数量的无菌玻璃珠）中，充分混匀，制成 1∶10 的样品匀液。

用 1 mL 无菌吸管或微量移液器吸取 1∶10 样品匀液 1 mL，沿管壁缓慢注于盛有 9 mL稀释液的无菌试管中（注意吸管或吸头尖端不要触及稀释液面），振摇试管或换用 1 支 1 mL 无菌吸管反复吹打使其混合均匀，制成 1∶100 的样品匀液。

按上述操作程序，制备 10 倍系列稀释样品匀液。每递增稀释一次，换用 1 次 1 mL 无菌吸管或吸头。

2）样品的接种。根据对样品污染状况的估计，选择 2～3 个适宜稀释度的样品匀液（液体样品可包括原液），在进行 10 倍递增稀释时，每个稀释度分别吸取 1 mL 样品匀液以 0.3 mL、0.3 mL、0.4 mL 接种量分别加入三块 Baird - Parker 平板，然后用无菌 L 棒涂布整个平板，注意不要触及平板边缘。使用前，如 Baird - Parker 平板表面有水珠，可放在 25～50℃的培养箱里干燥，直到平板表面的水珠消失。

3）培养。在通常情况下，涂布后，将平板静置 10 min，如样液不易吸收，可将平板放在培养箱（36±1)℃培养 1 h；等样品匀液吸收后翻转平皿，倒置于培养箱，(36±1)℃培养 45～48 h。

4）典型菌落计数和确认。金黄色葡萄球菌在 Baird - Parker 平板上，菌落直径为 2～3 mm，颜色呈灰色到黑色，边缘为淡色，周围为一混浊带，在其外层有一透明圈。用接种针接触菌落有似奶油至树胶样的硬度，偶然会遇到非脂肪溶解的类似菌落，但无混浊带及透明圈；长期保存的冷冻或干燥食品中所分离的菌落比典型菌落所产生的黑色较淡些，外观可能粗糙并干燥。

选择有典型的金黄色葡萄球菌菌落的平板，且同一稀释度 3 个平板所有菌落数合计在 20～200 cfu 之间的平板，计数典型菌落数。如果：

①只有一个稀释度平板的菌落数在 20～200 cfu 之间且有典型菌落，计数该稀释度平板上的典型菌落。

②最低稀释度平板的菌落数小于 20 cfu 且有典型菌落，计数该稀释度平板上的典型菌落。

③某一稀释度平板的菌落数大于 200 cfu 且有典型菌落，但下一稀释度平板上没有典型菌落，应计数该稀释度平板上的典型菌落。

④某一稀释度平板的菌落数大于 200 cfu 且有典型菌落，且下一稀释度平板上有典型菌落，但其平板上的菌落数不在 20～200 cfu 之间，应计数该稀释度平板上的典型菌落。

以上按公式（1）计算。

⑤2 个连续稀释度的平板菌落数均在 20～200 cfu 之间，按公式（2）计算。

5）结果计算：

公式（1）：

$$T=\frac{AB}{Cd} \tag{1}$$

式中　T——样品中金黄色葡萄球菌菌落数；

A——某一稀释度典型菌落的总数；

B——某一稀释度血浆凝固酶阳性的菌落数；

C——某一稀释度用于血浆凝固酶试验的菌落数；

d——稀释因子。

公式（2）：

$$T=\frac{A_1B_1/C_1+A_2B_2/C_2}{1.1d} \tag{2}$$

式中　T——样品中金黄色葡萄球菌菌落数；

A_1——第一稀释度（低稀释倍数）典型菌落的总数；

A_2——第二稀释度（高稀释倍数）典型菌落的总数；

B_1——第一稀释度（低稀释倍数）血浆凝固酶阳性的菌落数；

B_2——第二稀释度（高稀释倍数）血浆凝固酶阳性的菌落数；

C_1——第一稀释度（低稀释倍数）用于血浆凝固酶试验的菌落数；

C_2——第二稀释度（高稀释倍数）用于血浆凝固酶试验的菌落数；

1.1——计算系数；

d——稀释因子（第一稀释度）。

6）结果与报告。根据 Baird - Parker 平板上金黄色葡萄球菌的典型菌落数，按 9 中公式计算，报告每 g（mL）样品中金黄色葡萄球菌数，以 cfu/g（mL）表示；如 T 值为 0，则以小于 1 乘以最低稀释倍数报告。

3. 方法 3：金黄色葡萄球菌 MPN 计数

（1）检验程序

金黄色葡萄球菌 MPN 计数程序如图 8—8 所示。

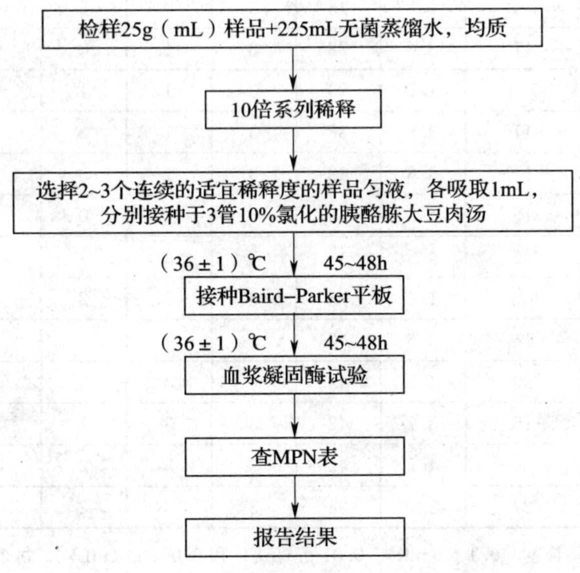

图 8—8　金黄色葡萄球菌 MPN 法检验程序

（2）操作步骤

1）样品的稀释。参照方法 2。

2）接种和培养。根据对样品污染状况的估计，选择 3 个适宜稀释度的样品匀液（液体样品可包括原液），在进行 10 倍递增稀释时，每个稀释度分别吸取 1 mL 样品匀液接种到 10%氯化钠胰酪胨大豆肉汤管，每个稀释度接种 3 管，将上述接种物于（36±1)℃培养 45～48 h 。

用接种环从有细菌生长的各管中，移取 1 环，分别接种 Baird－Parker 平板，（36±1)℃培养 45～48 h。

3）典型菌落确认。参照方法 2。

从典型菌落中至少挑取 1 个菌落接种到 BHI 肉汤和营养琼脂斜面，（36±1)℃培养 18～24 h。进行血浆凝固酶试验，参照方法 2。

4）结果与报告。计算血浆凝固酶试验阳性菌落对应的管数，查 MPN 检索表（见表 8—4），报告每 g（mL）样品中金黄色葡萄球菌的最可能数，以 MPN/g（mL）表示。

表 8—4　　金黄色葡萄球菌最可能数（MPN）检索表

阳性管数			MPN	95%置信区间		阳性管数			MPN	95%置信区间	
0.1	0.01	0.001		下限	上限	0.1	0.01	0.001		下限	上限
0	0	0	<3.0	—	9.5	2	2	0	21	4.5	42
0	0	1	3.0	0.15	9.6	2	2	1	28	8.7	94
0	1	0	3.0	0.15	11	2	2	2	35	8.7	94
0	1	1	6.1	1.2	18	2	3	0	29	8.7	94
0	2	0	6.2	1.2	18	2	3	1	36	8.7	94
0	3	0	9.4	3.6	38	3	0	0	23	4.6	94
1	0	1	7.2	1.3	18	3	0	2	64	17	180
1	0	2	11	3.6	38	3	1	0	43	9	180
1	1	0	7.4	1.3	20	3	1	1	75	17	200
1	1	1	11	3.6	38	3	1	2	120	37	420
1	2	0	11	3.6	42	3	1	3	160	40	420
1	2	1	15	4.5	42	3	2	0	93	18	420
1	3	0	16	4.5	42	3	2	1	150	37	420
2	0	0	9.2	1.4	38	3	2	2	210	40	430
2	0	1	14	3.6	42	3	2	3	290	90	1 000
2	0	2	20	4.5	42	3	3	0	240	42	1 000
2	1	0	15	3.7	42	3	3	1	460	90	2 000
2	1	1	20	4.5	42	3	3	2	1 100	180	4 100
2	1	2	27	3.7	94	3	3	3	>1 100	420	—

注：1. 本表采用 3 个稀释度［0.1 g（mL）、0.01 g（mL）和 0.001 g（mL）］，每个稀释度接种 3 管。

2. 表内所列检样量如改用 1 g（mL）、0.1 g（mL）和 0.01 g（mL）时，表内数字应相应降低 10 倍；如改用 0.01 g（mL）、0.001 g（mL）、0.000 1 g（mL）时，则表内数字应相应增高 10 倍，其余类推。

实训十三　空气中微生物的检验

一、实训目的

1. 通过实训确证在实验室、食品加工厂等场所的空气中存在的微生物。

2. 观察不同微生物的菌落形态特征。

3. 学习从环境中采集微生物的方法，进一步掌握无菌操作技术。

二、实训说明

在空间的不同区域放置培养基，利用沉降法收集微生物，之后进行培养，通过琼脂平板上生长出的微生物菌落种类和数量，可以确证特定环境中微生物的存在，根据菌落的形态特征可以初步判断该环境微生物的种类和数量。一般食品企业生产车间空气洁净度要求≤10 cfu/每个平皿。

三、实训材料及仪器设备

1. 仪器和材料

高压蒸汽灭菌器、干热灭菌器、恒温培养箱、冰箱、培养皿（90 mm）、量筒、三角烧瓶、pH 计或精密 pH 试纸等。

2. 培养基及试剂

牛肉膏蛋白胨琼脂培养基制作方法：

将蛋白胨 10 g、牛肉膏 3 g、氯化钠 5 g 溶解于蒸馏水内，加入 15%氢氧化钠溶液约 2 mL 校正 pH 值至 7.2～7.4。加入 15～20 g 琼脂，加热煮沸，使琼脂熔化。定容至 1 000 mL，分装烧瓶，121℃高压灭菌 15 min。

四、操作步骤

1. 采样、培养

设置采样点时，应根据现场的大小，选择有代表性的位置作为空气细菌检测的采样点。通常设置 5 个采样点，即室内墙角对角线交点为一采样点，该交点与四墙角连线的中点为另外 4 个采样点。采样高度为 1.2～1.5 m。采样点应远离墙壁 1 m 以上，并避开空调、门窗等空气流通处。将营养琼脂平板置于采样点处，打开皿盖，暴露 5 min，盖上皿盖，翻转平板，置（36±1）℃恒温箱中，培养 48 h。

2. 菌落计数

观察并计数每块平板上生长的菌落数，求出全部采样点的平均菌落数。以每平皿菌落数（cfu/皿）报告。

3. 菌落形态观察

（1）大小：大、中、小、针尖状，可测量菌落的直径（mm）。

（2）颜色：黄、浅黄、乳白、灰白、红、粉红等。

（3）干湿：干燥、湿润、黏稠。

（4）质地：蜡状、液滴状、皱褶。

(5) 形态：圆形、不规则。

(6) 表面：扁平、隆起、凹、凸、突脐状。

(7) 透明：透明、半透明、不透明。

(8) 边缘：整齐、不整齐、缺刻、裂叶、不定形。

按表 8—5 所列各项将实训结果填入。

表 8—5　　空气中菌落形态观察记录表

样品来源	菌落数	菌落类型	特征描述							
			大小	颜色	干湿	质地	形态	表面	透明	边缘
1		1								
		2								
		3								
2		1								
		2								
		3								
3		1								
		2								
		3								
4		1								
		2								
		3								
5		1								
		2								
		3								

五、思考与练习

1. 通过本次实训，你对环境中的微生物分布有何认识？
2. 为什么在进行微生物检测时要严格按照无菌操作进行？

实训十四　鲜乳或乳粉中抗生素残留检验

一、实训目的

1. 学习并掌握乳粉或鲜乳中抗生素残留的检验原理和方法。
2. 体会抗生素在鲜乳和乳粉中残留的危害。

二、实训说明

TTC 法，即氯化三苯基四氮唑法，是目前我国食品安全标准（GB/T 4789.27—2008）中规定的检查牛乳中抗生素残留的检验方法。该法简便、快速，无须特殊设备，3～4 h 可见报告，很适合牧场、乳品厂及食品卫生检验部门采用。检验各种抗生素所用的 TTC 法试验的灵敏度（最低检出量）分别为：青霉素 0.004 U/mL，链霉素

0.5 U/mL，庆大霉素 0.4 U/mL，卡那霉素 5 U/mL。其测定原理基于抗生素对微生物的抑制作用。如果牛奶中含有抗生素，则加入菌种（嗜热链球菌）经培育 2.5～3 h 后，加入 TTC 指示剂（三苯基四氮唑）不发生还原反应，所以样品呈无色状态；如果牛奶中不含抗生素，则样品呈红色。这样实验后样品颜色不变的为阳性，样品染成红色的为阴性。

三、实训材料及仪器设备

1. 设备和材料

冰箱 4～20℃

恒温培养箱：(36±1)℃

恒温水浴锅：(36±1)℃；(79±1)℃

天平：0～100 g，精度至 0.01 g

灭菌吸管：1 ml（具 0.01 mL 刻度）、10 mL（具 0.1 mL 刻度）

灭菌试管：16 mm×160 mm

100℃温度计、蜡笔。

2. 菌种、培养基和试剂

菌种：嗜热乳酸链球菌

脱脂乳：经 113℃灭菌 20 min

4%的 2，3，5-氯化三苯四氮唑（TTC）水溶液：称取 1 克 TTC，溶于 5 mL 灭菌蒸馏水中，装褐色瓶内于 7℃保存，临用时用灭菌蒸馏稀释至 5 倍，如遇溶液变为玉色或淡褐色，则不能再用。

四、检验程序（见图 8—9）

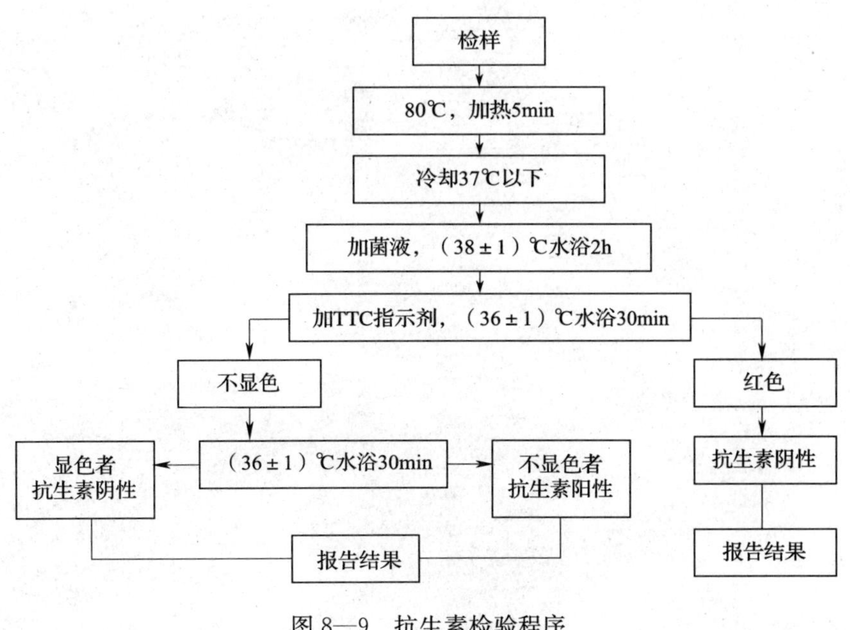

图 8—9　抗生素检验程序

五、操作步骤

1. 菌种制备：将菌种移种脱脂乳，在（36±1)℃培养 15 h 后，以灭菌脱脂乳 1∶1 稀释待用。

2. 样品处理：按照 1∶7 比例用蒸馏水溶解乳粉制成复原乳。

3. 取样品鲜乳或复原乳检验样品 9 mL，置于试管内，80℃水浴加热 5 min，冷却 37℃以下，加菌液 1 ml，（36±1)℃水浴 2 h，加 TTC0.3 ml，（36±1)℃水浴 30 min，如为阳性，再水浴培养 30 min，做第二次观察，样品做两个平行样，做阴性和阳性样品各一份，阳性对照管用无抗生素的乳液 8 mL 加抗生素和 TTC，阴性对照管用无抗生素的乳液 9 mL 加菌液和 TTC。

六、结果判定方法

检验呈乳的颜色即未显色者为阳性，呈红色为阴性，微红色者为可疑。准确培养 30 min，如为阳性或可疑者，再水浴培养 30 min，做第二次观察，观察时要迅速避免光照干扰。

附录　常用微生物培养基配方

一、食品中菌落总数的检测

1. 平板计数琼脂（plate count agar，PCA）培养基

成分：

胰蛋白胨	5.0 g
酵母浸膏	2.5 g
葡萄糖	1.0 g
琼脂	15.0 g
蒸馏水	1 000 mL
pH 值	7.0±0.2

制法：将上述成分加于蒸馏水中，煮沸溶解，调节 pH 值，然后分装试管或锥形瓶，121℃高压灭菌 15 min。

2. 磷酸盐缓冲液

成分：

磷酸二氢钾（KH_2PO_4）	34.0 g
蒸馏水	500 mL
pH 值	7.2

制法：

储存液：称取 34.0 g 的磷酸二氢钾溶于 500 mL 蒸馏水中，用约 175 mL 的 1 mol/L 氢氧化钠溶液调节 pH 值，用蒸馏水稀释至 1 000 mL 后储存于冰箱。

稀释液：取储存液 1.25 mL，用蒸馏水稀释至 1 000 mL，分装于适宜容器中，121℃高压灭菌 15 min。

3. 无菌生理盐水

成分：

氯化钠	8.5 g
蒸馏水	1 000 mL

制法：称取 8.5 g 氯化钠溶于 1 000 mL 蒸馏水中，121℃高压灭菌 15 min。

二、食品中大肠菌群的测定

1. 月桂基硫酸盐胰蛋白胨（LST）肉汤

成分：

胰蛋白胨或胰酪胨	20.0 g

氯化钠　　5.0 g

乳糖　　5.0 g

磷酸氢二钾（K_2HPO_4）　　2.75 g

磷酸二氢钾（KH_2PO_4）　　2.75 g

月桂基硫酸钠　　0.1 g

蒸馏水　　1 000 mL

pH 值　　6.8±0.2

制法：将上述成分溶解于蒸馏水中，调节 pH 值。分装到有玻璃小导管的试管中，每管 10 mL，然后 121℃高压灭菌 15 min。

2. 煌绿乳糖胆盐（BGLB）肉汤

成分：

蛋白胨　　10.0 g

乳糖　　10.0 g

牛胆粉（oxgall 或 oxbile）溶液　　200 mL

0.1%煌绿水溶液　　13.3 mL

蒸馏水　　800 mL

pH 值　　7.2±0.1

制法：将蛋白胨、乳糖溶于约 500 mL 蒸馏水中，加入牛胆粉溶液 200 mL（将 20.0 g 脱水牛胆粉溶于 200 mL 蒸馏水中，调节 pH 值至 7.0～7.5，用蒸馏水稀释到 975 mL，调节 pH 值，再加入 0.1%煌绿水溶液 13.3 mL，用蒸馏水补足到 1 000 mL，用棉花过滤后，分装到有玻璃小导管的试管中，每管 10 mL，然后 121℃高压灭菌 15 min。

3. 乳糖蛋白胨培养液

成分：

蛋白胨　　10.0 g

乳糖　　5.0 g

牛胆膏　　3.0 g

1.6%溴甲酚紫乙醇溶液　　1 mL

蒸馏水　　1 000 mL

pH 值　　7.2～7.4

制法：121℃高压灭菌 15 min，注意最后加入 1.6%溴甲酚紫乙醇溶液，用于饮用水、水源水中总大肠菌群的测定（GB 标准）。

4. 结晶紫中性红胆盐琼脂（VRBA）

成分：

蛋白胨　　7.0 g

酵母膏　　3.0 g

乳糖　　10.0 g

氯化钠　　5.0 g

胆盐或3号胆盐　　1.5 g
中性红　　0.03 g
结晶紫　　0.002 g
琼脂　　15～18 g
蒸馏水　　1 000 mL
pH值　　7.4±0.1

制法：将上述成分溶于蒸馏水中，静置几分钟，充分搅拌，调节pH值，然后煮沸2 min，将培养基冷却至45～50℃倾注平板。使用前临时制备，不得超过3 h。

5. 磷酸盐缓冲液

成分：

磷酸二氢钾（KH_2PO_4）　　34.0 g
蒸馏水　　500 mL
pH值　　7.2

制法：

储存液：称取34.0 g的磷酸二氢钾溶于500 mL蒸馏水中，用约175 mL的1 mol/L氢氧化钠溶液调节pH值，用蒸馏水稀释至1 000 mL后储存于冰箱。

稀释液：取储存液1.25 mL，用蒸馏水稀释至1 000 mL，分装于适宜容器中，121℃高压灭菌15 min。

6. 1 mol/L NaOH

成分：

NaOH　　40.0 g
蒸馏水　　1 000 mL

制法：称取40 g氢氧化钠溶于1 000 mL蒸馏水中，121℃高压灭菌15 min。

7. 1 mol/L HCl

成分：

HCl　　90 mL
蒸馏水　　1 000 mL

制法：移取浓盐酸90 mL，用蒸馏水稀释至1 000 mL，121℃高压灭菌15 min。

8. 乳糖胆盐发酵培养基

成分：

蛋白胨　　20 g
猪胆盐（或牛、羊胆盐）　　5 g
乳糖　　10 g
0.04%溴甲酚紫水溶液　　25 mL
蒸馏水　　1 000 mL
pH值　　7.4

制法：将蛋白胨、胆盐及乳糖溶于水中，校正pH值，加入指示剂，分装每管

10 mL，并放入一个小导管，115℃，15 min 高压灭菌。

注：双料乳糖胆盐培养基除蒸馏水外，其他成分加倍。

9. 伊红美兰琼脂培养基

成分：

蛋白胨	20 g
乳糖	10 g
磷酸氢二钾	2 g
琼脂	17 g
2%伊红水溶液	20 mL
0.65%美兰溶液	10 mL
蒸馏水	1 000 mL
pH 值	7.1

制法：将蛋白胨、磷酸氢二钾和琼脂溶解于蒸馏水中，校正 pH 值，分装于烧瓶内，高压灭菌 121℃，15 min 备用。临用时，加入乳糖，并加热溶化琼脂，冷至 50～55℃，加入伊红和美兰溶液，摇匀，倾注平板。

10. 乳糖发酵培养基

成分：

蛋白胨	20 g
乳糖	10 g
0.04%溴甲酚紫水溶液	25 mL
蒸馏水	1 000 mL
pH 值	7.4

制法：将蛋白胨、乳糖溶于水中，校正 pH 值，加入指示剂，按检验要求分装 30 mL、10 mL 或 3 mL，并放入一个小导管，115℃，15 min 高压灭菌。

三、食品中霉菌及酵母菌的检测

1. 马铃薯—葡萄糖—琼脂

成分：

马铃薯（去皮切块）	300 g
葡萄糖	20.0 g
琼脂	20.0 g
氯霉素	0.1 g
蒸馏水	1 000 mL

制法：将马铃薯去皮切块，加 1 000 mL 蒸馏水，煮沸 10～20 min。用纱布过滤，补加蒸馏水至 1 000 mL。加入葡萄糖和琼脂，加热熔化，分装后，121℃灭菌 20 min。倾注平板前，用少量乙醇溶解氯霉素加入培养基中。

2. 孟加拉红培养基

成分：

蛋白胨	5.0 g
葡萄糖	10.0 g
磷酸二氢钾	1.0 g
硫酸镁（无水）	0.5 g
琼脂	20.0 g
孟加拉红	0.033 g
氯霉素	0.1 g
蒸馏水	1 000 mL

制法：上述各成分加入蒸馏水中，加热熔化，补足蒸馏水至 1 000 mL，分装后，121℃灭菌 20 min。倾注平板前，用少量乙醇溶解氯霉素加入培养基中。

四、食品中金黄色葡萄球菌的检测

1. 10%氯化钠胰酪胨大豆肉汤

成分：

胰酪胨（或胰蛋白胨）	17.0 g
植物蛋白胨（或大豆蛋白胨）	3.0 g
氯化钠	100.0 g
磷酸氢二钾	2.5 g
丙酮酸钠	10.0 g
葡萄糖	2.5 g
蒸馏水	1 000 mL
pH 值	7.3±0.2

制法：将上述成分混合，加热，轻轻搅拌并溶解，调节 pH 值，分装，每瓶 225 mL，121℃高压灭菌 15 min。

2. 7.5%氯化钠肉汤

成分：

蛋白胨	10.0 g
牛肉膏	5.0 g
氯化钠	75 g
蒸馏水	1 000 mL
pH 值	7.4

制法：将上述成分加热溶解，调节 pH 值，分装，每瓶 225 mL，121℃高压灭菌 15 min。

3. 血琼脂平板

成分：

豆粉琼脂（pH 值为 7.4～7.6）	100 mL
脱纤维羊血（或兔血）	5～10 mL

制法：加热溶化琼脂，冷却至 50℃，以无菌操作加入脱纤维羊血，摇匀，倾注平板。

4. Baird－Parker 琼脂平板

成分：

胰蛋白胨	10.0 g
牛肉膏	5.0 g
酵母膏	1.0 g
丙酮酸钠	10.0 g
甘氨酸	12.0 g
氯化锂（$LiCl \cdot 6H_2O$）	5.0 g
琼脂	20.0 g
蒸馏水	950 mL
pH 值	7.0±0.2

增菌剂的配法：30%卵黄盐水 50 mL 与经过除菌过滤的 1%亚碲酸钾溶液 10 mL 混合，保存于冰箱内。

制法：将各成分加到蒸馏水中，加热煮沸至完全溶解，调节 pH 值。分装每瓶 95 mL，121℃高压灭菌 15 min。临用时加热溶化琼脂，冷至 50℃，每 95 mL 加入预热至 50℃的卵黄亚碲酸钾增菌剂 5 mL 摇匀后倾注平板。培养基应是致密不透明的，使用前在冰箱储存不得超过 48 h。

5. 脑心浸出液肉汤（BHI）

成分：

胰蛋白质胨	10.0 g
氯化钠	5.0 g
磷酸氢二钠（$Na_2HPO_4 \cdot 12H_2O$）	2.5 g
葡萄糖	2.0 g
牛心浸出液	500 mL
pH 值	7.4±0.2

制法：加热溶解，调节 pH 值，分装 16 mm×160 mm 试管，每管 5 mL 置 121℃，15 min 灭菌。

6. 兔血浆

取柠檬酸钠 3.8 g，加蒸馏水 100 mL，溶解后过滤，装瓶，121℃高压灭菌 15 min。

兔血浆制备：取 3.8%柠檬酸钠溶液一份，加兔全血四份，混好静置（或以 3 000 r/min 离心 30 min），使血液细胞下降，即可得血浆。

7. 磷酸盐缓冲液

成分：

磷酸二氢钾（KH_2PO_4）	34.0 g
蒸馏水	500 mL
pH 值	7.2

制法：储存液：称取 34.0 g 的磷酸二氢钾溶于 500 mL 蒸馏水中，用约 175 mL 的

1 mol/L氢氧化钠溶液调节 pH 值至 7.2，用蒸馏水稀释至 1 000 mL 后储存于冰箱。

稀释液：取储存液 1.25 mL，用蒸馏水稀释至 1 000 mL，分装于适宜容器中，121℃高压灭菌 15 min。

8. 营养琼脂小斜面

成分：

蛋白胨	10.0 g
牛肉膏	3.0 g
氯化钠	5.0 g
琼脂	15.0～20.0 g
蒸馏水	1 000 mL
pH 值	7.2～7.4

制法：将除琼脂以外的各成分溶解于蒸馏水内，加入 15%氢氧化钠溶液约 2 mL 调节 pH 值至 7.2～7.4。加入琼脂，加热煮沸，使琼脂熔化，分装 13 mm×130 mm 管，121℃高压灭菌 15 min。

9. 革兰氏染色液

(1) 结晶紫染色液

成分：

结晶紫	1.0 g
95%乙醇	20.0 mL
1%草酸铵水溶液	80.0 mL

制法：将结晶紫完全溶解于乙醇中，然后与草酸铵水溶液混合。

(2) 革兰氏碘液

成分：

碘	1.0 g
碘化钾	2.0 g
蒸馏水	300 mL

制法：将碘与碘化钾先行混合，加入蒸馏水少许充分振摇，待完全溶解后，再加蒸馏水至 300 mL。

(3) 沙黄复染液

成分：

沙黄	0.25 g
95%乙醇	10.0 mL
蒸馏水	90.0 mL

制法：将沙黄溶解于乙醇中，然后用蒸馏水稀释。

五、空气中微生物的检测

牛肉膏蛋白胨琼脂培养基

成分：

牛肉膏	3.0 g
氯化钠	5.0 g
蛋白胨	10.0 g
蒸馏水	1 000 mL
pH 值	7.4～7.6

制法：称取蛋白胨 10 g、牛肉膏 3 g、氯化钠 5 g 溶解于蒸馏水内，加入 15%氢氧化钠溶液约 2 mL，校正 pH 值至 7.4～7.5，加入 15～20 g 琼脂，加热煮沸，使琼脂熔化，定容 1 000 mL，分装烧瓶，121℃高压灭菌 15 min。

六、其他培养基

1. 高氏Ⅰ号培养基

成分：

可溶性淀粉	20 g
NaCl	0.5 g
KNO_3	1 g
$K_2HPO_4 \cdot 3H_2O$	0.5 g
$MgSO_4 \cdot 7H_2O$	0.5 g
$FeSO_4 \cdot 7H_2O$	0.01 g
琼脂	15～25 g
水	1 000 mL
pH 值	7.2～7.4

制法：配制时，先用少量冷水，将淀粉调成糊状，倒入少于所需水量的沸水中，在火上加热，边搅拌边依次逐一溶化其他成分，溶化后，补足水分到 1 000 mL，调节 pH 值。121℃高压灭菌 20 min 高温灭菌。高氏Ⅰ号培养基是分离和培养放线菌的合成培养基。

2. 察氏培养基

成分：

蔗糖	30 g
$NaNO_3$	2 g
K_2HPO_4	1 g
KCl	0.5 g
$MgSO_4 \cdot 7H_2O$	0.5 g
$FeSO_4 \cdot 7H_2O$	0.01 g
琼脂	15～25 g
蒸馏水	1 000 mL

制法：将上述成分混合，加热溶解，分装后 121℃灭菌 20 min。用于青霉、曲霉分离、培养及保存菌种用。

参考文献

［1］王叔淳主编. 食品卫生检验技术手册. 北京：化学工业出版社，2002.

［2］万萍主编. 食品微生物基础与实验技术（第二版）. 高职高专食品类教材系列. 北京：科学出版社，2010.

［3］贾英民主编. 食品微生物学. 高等职业教育教材. 北京：中国轻工业出版社，2004.

［4］刘用成主编. 食品检验技术（微生物部分）. 高等职业教育教材. 北京：中国轻工业出版社，2006.

［5］魏明奎、段鸿宾主编. 食品微生物学检验技术. 高职高专“十一五”规划教材食品系列. 北京：化学工业出版社，2008.

［6］黄高明主编. 食品检验工（中级）. 国家职业资格培训教材. 北京：机械工业出版社，2005.

［7］樊明涛主编. 食品微生物学. 普通高等教育食品类专业“十二五”规划教材. 郑州：郑州大学出版社，2011.

［8］彭珊珊、钟瑞敏、李琳主编. 食品添加剂（第二版）. 北京：中国轻工业出版社，2009.

［9］夏延斌主编. 食品化学. 高等职业教育教材. 北京：中国轻工业出版社，2006.

［10］翁连海主编. 食品微生物基础. 北京：高等教育出版社，2005.

［11］苏世彦主编. 食品微生物检验手册. 北京：中国轻工业出版社，1998.

［12］沈萍主编. 微生物学. 北京：高等教育出版社，2000.

［13］盛祖嘉主编. 微生物遗传学. 北京：科学出版社，2007.

［14］李阜棣，胡正嘉主编. 微生物学第5版. 北京：中国农业出版社，2000.

［15］周德庆主编. 微生物学教程. 北京：高等教育出版社，2002.

［16］祖若夫、胡宝龙、周德庆主编. 微生物学实验教程. 上海：复旦大学出版社，1993.

［17］焦瑞身、周德庆主编. 微生物生理代谢实验技术. 北京：科学出版社，1990.

［18］王卫卫主编. 微生物生理学. 北京：科学出版社，2008.

［19］周俊初主编. 微生物遗传学. 北京：中国农业出版社，2009.

［20］翟礼嘉、顾红雅等主编. 现代生物技术导论. 北京：高等教育出版社—施普林格出版社，1998.

[21] 卢振祖主编. 细菌分类学. 武汉：武汉大学出版社，1994.

[22] 刘国生主编. 微生物学实验技术. 北京：化学工业出版社，2007.

[23] 牛天贵主编. 食品微生物学实验技术. 北京：中国农业大学出版社，2002.

[24] 何国庆主编，孔庆学副主编. 食品微生物学. 北京：中国农业大学出版社，2005.

[25] 谢梅英主编. 食品微生物学. 北京：中国轻工业出版社，2004.

[26] 中华人民共和国国家标准. 食品卫生检验方法（微生物部分）. 北京：中国标准出版社，2003.

[27] 中国国家标准化管理委员会. 中华人民共和国国家标准 .2010.

[28] 吴永宁主编. 现代食品安全科学. 北京：化学工业出版社，2003.